Energiemethoden der Technischen Mechanik

Christian Spura

Energiemethoden der Technischen Mechanik

Mechanische Prinzipe der Elastostatik

Christian Spura
Hochschule Hamm-Lippstadt
Hamm, Deutschland

ISBN 978-3-658-29573-8 ISBN 978-3-658-29574-5 (eBook)
https://doi.org/10.1007/978-3-658-29574-5

Die Deutsche Nationalbibliothek verzeichnet diese Publikation in der Deutschen Nationalbibliografie; detaillierte bibliografische Daten sind im Internet über http://dnb.d-nb.de abrufbar.

Springer Vieweg ist ein Imprint der eingetragenen Gesellschaft Springer Fachmedien Wiesbaden GmbH und ist ein Teil von Springer Nature.
Die Anschrift der Gesellschaft ist: Abraham-Lincoln-Str. 46, 65189 Wiesbaden, Germany

Vorwort

Neben der Elementaren Technischen Mechanik, welche als Technische Mechanik 1 bis 3 eine der Grundlagen in den heutigen Ingenieurstudiengängen bildet, ist die Höhere Technische Mechanik zu finden. Die in diesem Lehrbuch behandelten Energiemethoden werden eben dieser Höheren Technische Mechanik zugeschrieben, da sie auf einer vollkommen anderen Grundidee basieren als die auf den NEWTON'schen Axiomen basierende Elementare Technische Mechanik. Als Basis der Energiemethoden dienen die Begriffe von Arbeit und Energie. Bei diesen Begriffen ist auch die Thermodynamik nicht weit entfernt. Vielmehr stammen sogar einige grundlegende Überlegungen aus der Thermodynamik. Beispielsweise fand MAXWELL heraus, dass der Flächeninhalt des Druck-Volumen-Diagramms einer Wärmekraftmaschine und des Kraft-Weg-Diagramms eines linear-elastischen Fachwerks nichts weiter als die in Form von mechanischer Arbeit ausgetauschte Energie des jeweiligen technischen Systems ist. Auf eben solchen energetischen Überlegungen basiert auch das im Jahre 1879 publizierte Werk *Théorie de l'Équilibre des Systèmes Élastiques et ses Applications* von CASTIGLIANO, in welchem er auf Basis des Energieprinzips den Energieerhaltungssatz für die Strukturmechanik definierte. Daher sind die Energiemethoden ein überaus wichtiger Bestandteil der heutigen Technischen Mechanik. Wie wir noch sehen werden, können die eigentlichen Energiemethoden auf zwei zueinander komplementäre, d. h. sich ergänzende, Ansätze eingeteilt werden. Auf der einen Seite finden wir mithilfe des *kraftgeregelten* Ansatzes das Prinzip der virtuellen Kräfte (PdvK) oder auch die beiden jeweils ersten Sätze von CASTIGLIANO und ENGESSER. Diese Verfahren haben für die Handrechnungen in der Ingenieurpraxis eine unverzichtbare Rolle erlangt. Dagegen finden wir auf der anderen Seite mithilfe des *verschiebungsgeregelten* Ansatzes das Prinzip der virtuellen Verrückungen (PdvV) oder auch den zweiten Satz von CASTIGLIANO. Diese Verfahren bilden demgegenüber die Grundlage für numerische Methoden, wie z. B die Finite-Elemente-Methode (FEM), welche aus der heutigen Ingenieurpraxis nicht mehr wegzudenken ist. Aber nun genug zur Geschichte. Schließlich wollen wir uns ja nicht mit der Geschichte, sondern den eigentlichen Energiemethoden und ihrer Anwendung befassen.

Natürlich bleibt es Ihnen auch bei den Energiemethoden nicht erspart, dass Sie Stift und Papier zur Hand nehmen müssen, um Herleitungen nachzuvollziehen und Übungsaufgaben händisch durchzurechnen. Es geht halt nichts über die praktische Anwendung der Berechnungen, um eine Routine beim Lösen von Übungsaufgaben und damit die so notwendige Selbstsicherheit zu erlangen. Zudem sollten Sie auch wieder die gleichen Zusammenhänge in anderen Lehrbüchern nachlesen, um unterschiedliche Darstellungen und Erklärungen der gleichen Sachverhalte zu bekommen.

Für dieses Lehrbuch möchte ich mich beim Springer Vieweg Verlag und insbesondere bei Herrn Thomas Zipsner für die hervorragende Zusammenarbeit, das Engagement und die vielen Freiheiten zur Ausgestaltung ganz herzlich bedanken.

Und nun wünsche ich Ihnen viel Erfolg und Spaß beim Durcharbeiten der Energiemethoden der Elastostatik ☺

Christian Spura

Wenn Du etwas nicht einfach erklären kannst, hast Du es selbst nicht gut genug verstanden.

Albert EINSTEIN
1879–1955

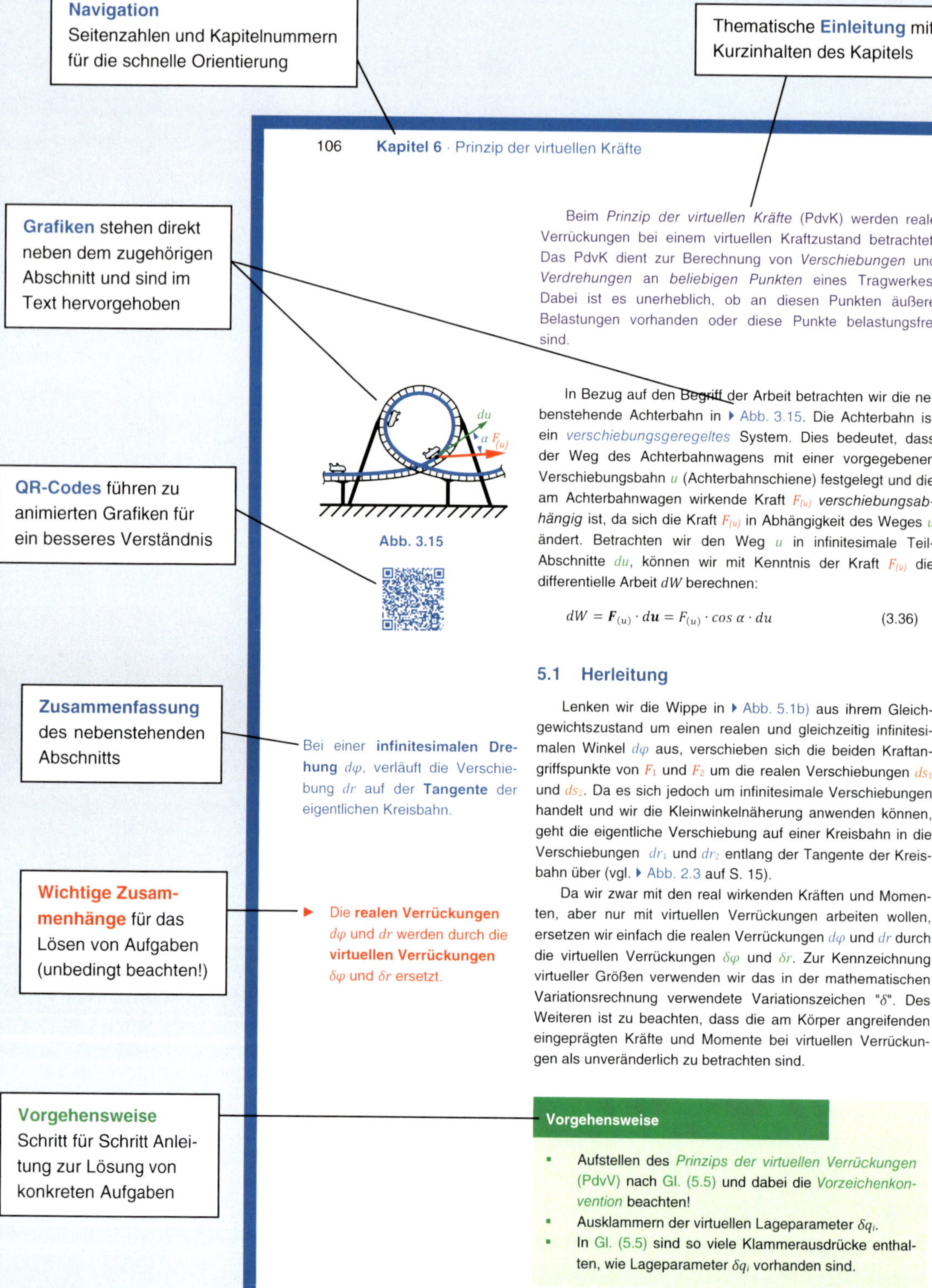

Navigation
Seitenzahlen und Kapitelnummern für die schnelle Orientierung

Thematische Einleitung mit Kurzinhalten des Kapitels

Grafiken stehen direkt neben dem zugehörigen Abschnitt und sind im Text hervorgehoben

QR-Codes führen zu animierten Grafiken für ein besseres Verständnis

Zusammenfassung des nebenstehenden Abschnitts

Wichtige Zusammenhänge für das Lösen von Aufgaben (unbedingt beachten!)

Vorgehensweise
Schritt für Schritt Anleitung zur Lösung von konkreten Aufgaben

106 **Kapitel 6** · Prinzip der virtuellen Kräfte

Beim *Prinzip der virtuellen Kräfte* (PdvK) werden reale Verrückungen bei einem virtuellen Kraftzustand betrachtet. Das PdvK dient zur Berechnung von *Verschiebungen* und *Verdrehungen* an *beliebigen Punkten* eines Tragwerkes. Dabei ist es unerheblich, ob an diesen Punkten äußere Belastungen vorhanden oder diese Punkte belastungsfrei sind.

Abb. 3.15

In Bezug auf den Begriff der Arbeit betrachten wir die nebenstehende Achterbahn in ▸ Abb. 3.15. Die Achterbahn ist ein *verschiebungsgeregeltes* System. Dies bedeutet, dass der Weg des Achterbahnwagens mit einer vorgegebenen Verschiebungsbahn u (Achterbahnschiene) festgelegt und die am Achterbahnwagen wirkende Kraft $F_{(u)}$ *verschiebungsabhängig* ist, da sich die Kraft $F_{(u)}$ in Abhängigkeit des Weges u ändert. Betrachten wir den Weg u in infinitesimale Teil-Abschnitte du, können wir mit Kenntnis der Kraft $F_{(u)}$ die differentielle Arbeit dW berechnen:

$$dW = \mathbf{F}_{(u)} \cdot d\mathbf{u} = F_{(u)} \cdot \cos\alpha \cdot du \qquad (3.36)$$

5.1 Herleitung

Bei einer **infinitesimalen Drehung** $d\varphi$, verläuft die Verschiebung dr auf der **Tangente** der eigentlichen Kreisbahn.

Lenken wir die Wippe in ▸ Abb. 5.1b) aus ihrem Gleichgewichtszustand um einen realen und gleichzeitig infinitesimalen Winkel $d\varphi$ aus, verschieben sich die beiden Kraftangriffspunkte von F_1 und F_2 um die realen Verschiebungen ds_1 und ds_2. Da es sich jedoch um infinitesimale Verschiebungen handelt und wir die Kleinwinkelnäherung anwenden können, geht die eigentliche Verschiebung auf einer Kreisbahn in die Verschiebungen dr_1 und dr_2 entlang der Tangente der Kreisbahn über (vgl. ▸ Abb. 2.3 auf S. 15).

▶ Die **realen Verrückungen** $d\varphi$ und dr werden durch die **virtuellen Verrückungen** $\delta\varphi$ und δr ersetzt.

Da wir zwar mit den real wirkenden Kräften und Momenten, aber nur mit virtuellen Verrückungen arbeiten wollen, ersetzen wir einfach die realen Verrückungen $d\varphi$ und dr durch die virtuellen Verrückungen $\delta\varphi$ und δr. Zur Kennzeichnung virtueller Größen verwenden wir das in der mathematischen Variationsrechnung verwendete Variationszeichen "δ". Des Weiteren ist zu beachten, dass die am Körper angreifenden eingeprägten Kräfte und Momente bei virtuellen Verrückungen als unveränderlich zu betrachten sind.

Vorgehensweise

- Aufstellen des *Prinzips der virtuellen Verrückungen* (PdvV) nach Gl. (5.5) und dabei die *Vorzeichenkonvention* beachten!
- Ausklammern der virtuellen Lageparameter δq_i.
- In Gl. (5.5) sind so viele Klammerausdrücke enthalten, wie Lageparameter δq_i vorhanden sind.

Farblich hervorgehobene
Beispiele mit Musterlösung

Formelzeichen haben in den Grafiken und im Text die gleiche Schriftart

Beispiel 6.6

Ein masseloser Rahmen (a = 1 m, E = 210 GPa, I = 48 cm^4) wird durch eine Einzelkraft F = 200 N und eine konstante Streckenlast q_0 = 500 N/m belastet. Berechnen Sie die Verschiebung am Lager B.

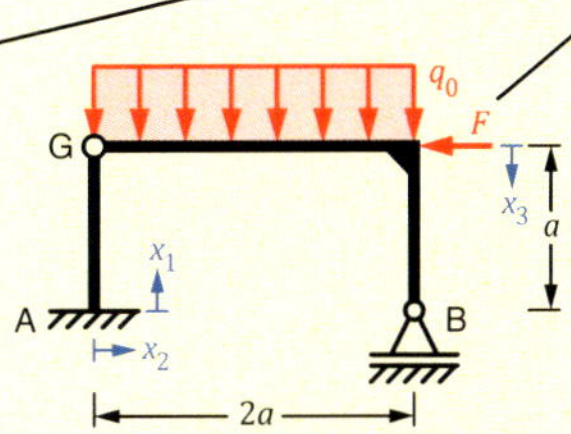

Lösung

Wir bestimmen uns als erstes für jeden Bereich die realen Biegemomentenverläufe $M_{(x)}$ infolge der realen Belastung durch die Einzelkraft F und die Streckenlast q_0 und erhalten damit:

$$M_{(x_1)} = F \cdot (-x_1 + a)$$

$$M_{(x_2)} = q_0 \cdot \left(-\frac{1}{2} \cdot x_2^2 + a \cdot x_2\right)$$

$$M_{(x_3)} = 0$$

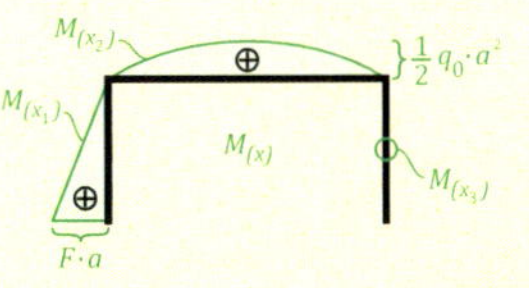

Als nächstes entfernen wir die realen Belastungen und fügen eine virtuelle Kraft δF in horizontaler Richtung an das Lager B an. Damit bestimmen wir uns wieder für jeden Bereich die virtuellen Biegemomentenverläufe $\delta M_{(x)}$ infolge der virtuellen Kraft δF:

$$\delta M_{(x_1)} = \delta F \cdot (x_1 - a)$$

$$\delta M_{(x_2)} = \frac{1}{2} \cdot \delta F \cdot x_2$$

$$\delta M_{(x_3)} = \delta F \cdot (-x_3 + a)$$

Navigation
Kapitelnummern für die schnelle Orientierung

6

In Kürze

In Kürze: fasst ein Kapitel bzw. Unterkapitel strukturiert zusammen

Arbeit

- Eine mechanische Arbeit W wird verrichtet, wenn ein Körper unter Aufwendung einer Kraft längs eines Weges verschoben oder durch eine Kraft verformt wird
- Die Arbeit ist das Produkt aus *Kraft mal zurückgelegtem Weg* und besitzt die Einheit Newtonmeter oder JOULE.
- Eine Kraft kann nur dann eine Arbeit W verrichten, wenn die Kraft in Richtung ihrer Wirkungslinie verschoben wird.
- *Vorzeichenkonvention der Arbeit:*
  - *positiv*: wenn Kraft und Weg gleichgerichtet sind
  - *Null*: wenn Kraft und Weg senkrecht aufeinander stehen
  - *negativ*: wenn Kraft und Weg entgegengesetzt gerichtet sind.

Arbeitssatz

Die an einem elastischen Körper von den äußeren Belastungen geleistete Arbeit W (äußere Energie) wird als Formänderungsenergie Π (innere Energie) im verformten Körper gespeichert. Dabei ist Π immer positiv (auch bei Druck).

$$W = \Pi$$

Komplementärer Arbeitssatz

Die an einem elastischen Körper von den äußeren Belastungen geleistete komplementäre Arbeit W^* wird als komplementäre Formänderungsenergie Π^* im verformten Körper gespeichert. Dabei ist Π immer positiv.

$$W^* = \Pi^*$$

Inhaltsverzeichnis

1 Eine Einführung in die Energiemethoden

C. Spura, *Energiemethoden der Technischen Mechanik*,
https://doi.org/10.1007/978-3-658-29574-5_1

Wir wollen uns zunächst mit einer Einführung in die Thematik der Energiemethoden und mit einigen Grundbegriffen vertraut machen, um anschließend die in der Elastostatik angewandten Energiemethoden näher zu behandeln.

Die Mechanik[1] als eine der zentralen Disziplinen der Physik beinhaltet eine große Anzahl an Formulierungen und Prinzipien wie kaum ein anderer naturwissenschaftlicher Bereich. Zudem ist die Mechanik der historische Ursprung aller anderen physikalisch-technischen Disziplinen. Das Gesamtgebiet der Mechanik lässt sich in folgende Anwendungsgebiete einteilen:

Die **Klassische Mechanik** befasst sich mit der **Bewegung** von festen, flüssigen oder gasförmigen Körpern unter dem **Einfluss von Kräften**. Die klassische Mechanik teilt sich in die **NEWTON'sche**, **LAGRANGE'sche** und **HAMILTON'sche Mechanik**.

Klassische Mechanik: Die Klassische Mechanik, als Disziplin der theoretischen Physik, befasst sich vorwiegend mit der Bewegung von festen, flüssigen oder gasförmigen Körpern unter dem Einfluss von Kräften. Grundlage bildet die NEWTON'sche[2] Mechanik als ein geschlossenes System der Mechanik und beinhaltet die NEWTON'schen Axiome sowie die NEWTON'schen Bewegungsgleichungen. In historischer Fortschreitung und Weiterentwicklung der NEWTON'schen Mechanik folgten aufbauend auf den NEWTON'schen Axiomen aber in anderen Betrachtungen und mathematischen Schreibweisen die LAGRANGE'sche[3] und HAMILTON'sche[4] Mechanik. Die Klassische Mechanik dient als Ausgangspunkt der Entwicklung moderner physikalischer Theorien, wie z. B. der relativistischen Mechanik und der Quantenmechanik.

Die **Analytische Mechanik** befasst sich mit den mathematischen Grundlagen der Grundgleichungen der Klassischen Mechanik. Die ***lineare* analytische Mechanik** endet mit dem **NOETHER-Theorem**, wohingegen die ***nichtlineare* analytische Mechanik** als eigenständiges **Teilgebiet der Physik** weitergeführt wird.

Analytische Mechanik: Die Analytische Mechanik (auch *Theoretische Mechanik*), befasst sich mit den mathematischen Grundlagen der Klassischen Mechanik und untersucht die Eigenschaften der Grundgleichungen und ihrer Beschreibung. Es werden Methoden zur exakten oder näherungsweisen Lösung der Grundgleichungen entwickelt. Historisch betrachtet besitzt die *lineare* analytische Mechanik einen Endpunkt mit dem NOETHER[5]-Theorem von 1918. Dagegen ist die *nichtlineare* analytische Mechanik, vertreten mit der *nichtlinearen Dynamik*, bei weitem noch lange nicht abgeschlossen und besitzt eine solche Bedeutung, dass sie allgemein als eigenständiges Teilgebiet der Physik betrachtet wird.

---

[1] *lat.* mechanica; mēchanikḗ *griech.* μηχανική: die Kunst, Maschinen zu erfinden und zu bauen

[2] Sir Isaac NEWTON (1643–1727), engl. Physiker, Mathematiker, Astronom, Philosoph, Professor für Mathematik

[3] Joseph-Louis de LAGRANGE (1736–1813), ital. Mathematiker, Astronom, Professor für Mathematik und Physik

[4] Sir William Rowan HAMILTON (1805–1865), ir. Mathematiker, Physiker, Professor für Astronomie

[5] Amalie Emmy NOETHER (1882–1935), dt. Mathematikerin, Professorin für Mathematik

1

Technische Mechanik: Die Technische Mechanik wiederum befasst sich mit der Bereitstellung der Berechnungsverfahren zur Untersuchung der Wirkung von Bewegungen und Kräften an technischen Systemen sowie der praktischen Anwendung auf ingenieurwissenschaftliche Fragestellungen. Das Ziel der Technischen Mechanik ist die statische und dynamische Analyse von Körpern, damit bestimmte Belastungen ertragen oder bestimmte Bewegungen ausgeführt werden können. Gegenstand der Technischen Mechanik sind daher die Gesetze der Klassischen Mechanik, die mathematischen Modelle der mechanischen Zusammenhänge physischer Körper sowie die Methoden der rechnerischen Analyse mechanischer Systeme.

Die **Technische Mechanik** befasst sich mit der Bereitstellung von Berechnungsverfahren zur Untersuchung der Wirkung von Bewegungen und Kräften an technischen Systemen.

Relativistische Mechanik: Die Relativistische Mechanik, kurz auch Relativitätstheorie genannt, besteht aus der von EINSTEIN begründeten Speziellen Relativitätstheorie und der 1916 abgeschlossenen Allgemeinen Relativitätstheorie. Aus der EINSTEIN'schen Speziellen Relativitätstheorie ist der bekannte Ausdruck der Ruheenergie $E = m \cdot c^2$ bekannt.

Die **Relativitätstheorie** befasst sich mit der Struktur von Raum und Zeit sowie der Gravitation.

Quantenmechanik: Die Quantenmechanik befasst sich mit den Eigenschaften und Gesetzmäßigkeiten materieller Objekte und betrachtet diese als aus einzelnen Teilchen bestehend. Dadurch ergeben sich Modelle, in denen Elementarteilchen, Atome, Moleküle und die makroskopische Materie detailliert beschrieben werden kann. Zur Berechnung wird ein spezieller mathematischer Formalismus genutzt.

Die **Quantenmechanik** befasst sich mit der Beschreibung von Materie, deren Eigenschaften und Gesetzmäßigkeiten.

1.1 Technische Mechanik

Innerhalb der Technischen Mechanik lassen sich weitere Teilgebiete beschreiben. Diese Einteilung ist jedoch nicht überall einheitlich und auch von der jeweiligen Betrachtungsweise unterschiedlich aufgeteilt. Wir wollen hier die Einteilung nach ▸ Abb. 1.1 vornehmen:

Elementare Technische Mechanik: Die Elementare Technische Mechanik bildet die Grundlage der Technischen Mechanik in der Ingenieurausbildung. Es sind die drei Bereiche der *Stereostatik* (Starrkörperstatik; Lehre von Kräften an nicht beschleunigten starren Körpern; *TM1*), *Elastostatik* (Festigkeitslehre; Lehre von Deformationen an Körpern infolge der Wirkung von Kräften; *TM2*) und der *Kinematik und Kinetik* (*Kinematik*: Lehre vom geometrischen und zeitlichen Bewegungsablauf ohne die Berücksichtigung von Kräften; *Kinetik*: Lehre vom geometrischen und zeitlichen Bewegungsablauf infolge der Wirkung von Kräften; TM3).

Die **Elementare Technische Mechanik** lässt sich in die **Stereostatik** (TM1), die **Elastostatik** (TM2) und die **Kinematik und Kinetik** (TM3) aufteilen.

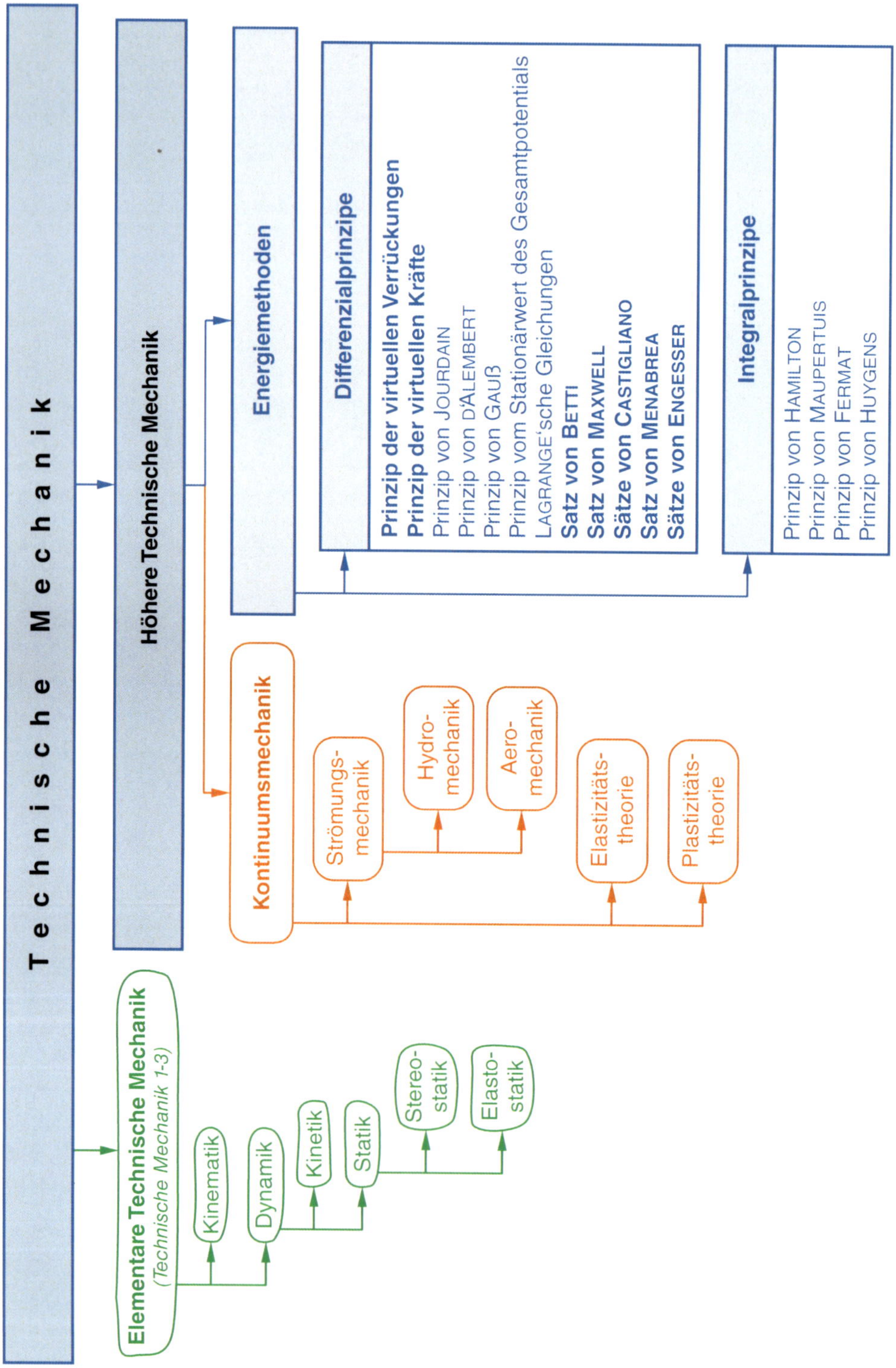
Technische Mechanik
Elementare Technische Mechanik
(Technische Mechanik 1-3)
Kinematik
Dynamik
Kinetik
Statik
Stereo-statik
Elasto-statik
Höhere Technische Mechanik
Kontinuumsmechanik
Strömungs-mechanik
Hydro-mechanik
Aero-mechanik
Elastizitäts-theorie
Plastizitäts-theorie
Energiemethoden
Differenzialprinzipe
Prinzip der virtuellen Verrückungen
Prinzip der virtuellen Kräfte
Prinzip von JOURDAIN
Prinzip von D'ALEMBERT
Prinzip von GAUß
Prinzip vom Stationärwert des Gesamtpotentials
LAGRANGE'sche Gleichungen
Satz von BETTI
Satz von MAXWELL
Sätze von CASTIGLIANO
Satz von MENABREA
Sätze von ENGESSER
Integralprinzipe
Prinzip von HAMILTON
Prinzip von MAUPERTUIS
Prinzip von FERMAT
Prinzip von HUYGENS

Abb. 1.1

Höhere Technische Mechanik: Die Höhere Technische Mechanik kann in die Kontinuumsmechanik und in die Energiemethoden unterteilt werden. In der *Kontinuumsmechanik* werden die Bewegungen von deformierbaren Körpern (feste Körper, Flüssigkeiten, Gase) unter der Einwirkung von äußeren Belastungen untersucht. Dabei bleibt die Mikrostruktur der Körper unberücksichtigt. Auch wenn ein Körper bzw. eine Materie einen realen atomistischen und diskontinuierlichen Aufbau besitzt, wird in der Kontinuumsmechanik die Materie als ein Kontinuum betrachtet. Dies hat den Hintergrund, dass die mathematische Behandlung eines Kontinuums wesentlich einfacher ist als die eines atomistischen Diskontinuums. Die Untersuchungen von Flüssigkeiten und Gasen werden dann unter dem Oberbegriff der *Strömungsmechanik* vorgenommen. Darin werden Flüssigkeiten speziell in der *Hydromechanik* und Gase in der *Aeromechanik* behandelt. Bei festen Körpern findet eine Unterscheidung in *elastisch deformierbare* (*Elastizitätstheorie*) und *plastisch deformierbare* (*Plastizitätstheorie*) Körper statt. Darüber hinaus kann die Untergruppierung der elementaren Technischen Mechanik von Kinematik, Dynamik und Statik auch auf die Strömungsmechanik, Elastizitätstheorie und Plastizitätstheorie übertragen werden. Damit ergeben sich beispielsweise die Untergruppen der Hydrostatik und Hydromechanik. Auf der anderen Seite der höheren Technischen Mechanik sind dann die *Energiemethoden* zu finden.

Die **Höhere Technische Mechanik** kann in die beiden Gebiete der **Kontinuumsmechanik** und der **Energiemethoden** unterteilt werden.

Die **Kontinuumsmechanik** befasst sich mit der Beschreibung der **Bewegungen** eines **Kontinuums** infolge der **Wirkung äußerer Belastungen**, ohne Berücksichtigung der Mikrostruktur des Kontinuums.

1.2 Energiemethoden

Mit Energiemethoden werden verschiedene mathematische Methoden, Formulierungen und Beschreibungen bezeichnet, welche der Höheren Technischen Mechanik zugeordnet werden. Die *Energiemethoden* (auch *Prinzipe der Mechanik*) lassen sich mehr oder weniger der klassischen und analytischen Mechanik zuordnen.

Grundsätzlich sind die Energiemethoden eine andere äquivalente mathematische Formulierung der Bewegungsgleichungen (und damit auch der Verformungen) von Körpern unter dem Einfluss von Kräften. Dabei beinhalten die Energiemethoden keine neuen Zusammenhänge, sondern sind vereinfachende Gesamtbetrachtungen an abgeschlossenen Systemen, die aus den bekannten NEWTON'schen Axiomen folgen und somit eine einfachere und schnelle Berechnung ermöglichen. Teilweise sind die Energiemethoden auch die einzige Möglichkeit, um Systeme zu berechnen. Der Vorteil der Energieme-

Energiemethoden (auch ***Prinzipe der Mechanik***) sind lediglich eine andere Möglichkeit einer **äquivalenten mathematischen Formulierung der Bewegungsgleichungen** und damit auch der Verformungen von Körpern unter dem Einfluss von Kräften.

thoden ist also, dass diese anstelle der Gleichgewichtsbedingungen angewendet werden können, ohne dabei das System erst aufwändig freischneiden zu müssen und somit schneller zur gewünschten Lösung führen. Dies kann gleichzeitig auch als ein Nachteil angesehen werden, da die Energiemethoden nur skalare Gleichungen beinhalten und somit nur Aussagen über einzelne Größen getroffen werden können.

An einem **beweglichen System** leisten **äußere Kräfte** eine **Arbeit**.

Für die Gesamtbetrachtung eines abgeschlossenen Systems wird die im System vorhandene Energie verwendet. An einem beweglichen System leisten äußere eingeprägte Kräfte und Momente eine gewisse Arbeit in Bewegungsrichtung und verändern damit die Energiebilanz. Die geleistete Arbeit lässt sich z. B. durch eine Feder in Form von potenzieller Energie speichern und bei Entlastung wieder verlustfrei freisetzen. Eingeprägte Kräfte mit einer solchen Eigenschaft werden als *Potenzialkräfte* oder *konservative Kräfte*[6] bezeichnet. Demgegenüber stehen die *dissipativen Kräften*[7], welche die Energiebilanz des Systems verändern. Auftretende Reibung wird in einem bewegten System teilweise in Wärme umgewandelt. Damit ändert sich auch die Energiebilanz, da die Wärmeenergie nicht wieder in das System zurückgeführt werden kann, wie z. B. die gespeicherte potenzielle Energie einer Feder. Neben den eingeprägten Kräften sind aber auch noch Reaktionskräfte im System enthalten. Die Reaktionskräfte verrichten jedoch keine Arbeit, da Reaktionskräfte senkrecht auf den Bewegungsrichtungen stehen. In den jeweiligen Gleichungen werden die Reaktionskräfte bei der Energiebetrachtung automatisch eliminiert und vereinfachen somit die Berechnung.

Reaktionskräfte innerhalb des System leisten **keine Arbeit**, da diese senkrecht zur Bewegungsrichtung wirken.

Die Energiemethoden als solches lassen sich in die beiden Gruppen der Differenzialprinzipe und Integralprinzipe aufteilen. Bei den *Differenzialprinzipen* werden benachbarte Augenblickszustände verglichen, wohingegen bei den *Integralprinzipen* das Verhalten des Systems während endlicher Zeiten auf benachbarten Bahnkurven verglichen wird. Beispiele der Differenzialprinzipe sind u. a.:

Energiemethoden können in die beiden Gruppen der **Differenzialprinzipe** und **Integralprinzipe** aufgeteilt werden.

- Prinzip der virtuellen Verrückungen
- Prinzip der virtuellen Kräfte
- Prinzip von JOURDAIN[8] (Prinzip der virtuellen Leistung)
- Prinzip von D'ALEMBERT[9]

---

[6] Konservative Kräfte sind Kräfte, die längs eines in sich geschlossenen Weges keinerlei Arbeit verrichten, wie z. B. die Gewichtskraft

[7] Dissipative Kräfte sind Kräfte, die längs eines in sich geschlossenen Weges Arbeit verrichten. Diese Kräfte lassen sich in eine andere Form umwandeln, wie z. B. die Reibung (Umwandlung einer Bewegung in Wärme).

[8] Philip Edward Bertrand JOURDAIN (1879–1919), engl. Mathematiker

[9] Jean-Baptiste le Rond D'ALEMBERT (1717–1783), franz. Mathematiker, Physiker

- Prinzip von GAUß[10] (Prinzip des kleinsten Zwanges)
- Prinzip vom Stationärwert des Gesamtpotentials
- LAGRANGE'sche Gleichungen erster und zweiter Art
- Satz von CLAPEYRON[11]
- Satz von BETTI
- Satz von MAXWELL
- Sätze von CASTIGLIANO
- Satz von MENABREA
- Sätze von ENGESSER

Als Beispiele der Integralprinzipe können u. a. die folgenden genannt werden:

- Prinzip von HAMILTON
- Prinzip von MAUPERTUIS[12] (Prinzip der kleinsten Wirkung)
- Prinzip von FERMAT[13]
- Prinzip von HUYGENS[14]

Einige dieser Energiemethoden sind mit entsprechenden Randbedingungen einander äquivalent. Beispielsweise ist bei einem System mit holonomen Zwangsbedingungen und konservativen Kräften das Prinzip von D'ALEMBERT äquivalent zur LAGRANGE'schen Gleichung erster Art. Zudem basieren einige Energiemethoden auf anderen Energiemethoden, so resultiert beispielsweise das Prinzip der virtuellen Verrückungen aus dem Prinzip von JOURDAIN (Prinzip der virtuellen Leistung). Die Anwendung der verschiedenen Energiemethoden hängt dabei von der jeweiligen Aufgabenstellung ab. Beispielsweise wird das Prinzip von MAUPERTUIS zur Beschreibung der Bewegung eines Systems und das Prinzip von Fermat zur Beschreibung der Bewegung eines Lichtstrahls verwendet.

Im weiteren Verlauf dieses Lehrbuches beschränken wir unsere Betrachtungen auf die folgenden Energiemethoden:

► **Energiemethoden der Elastostatik**

- Prinzip der virtuellen Verrückungen
- Prinzip der virtuellen Kräfte
- Satz von BETTI
- Satz von MAXWELL
- Sätze von CASTIGLIANO
- Satz von MENABREA
- Sätze von ENGESSER

[10] Johann Carl Friedrich GAUß (1777–1855), dt. Mathematiker, Physiker, Astronom, Professor für Astronomie

[11] Benoît Paul Émile CLAPEYRON (1799–1864), franz. Physiker, Professor für Maschinenbau und Mechanik

[12] Pierre Louis Moreau de MAUPERTUIS (1698–1759), franz. Mathematiker, Geodät, Astronom

[13] Pierre de FERMAT (1607–1665), franz. Mathematiker, Jurist

[14] Christiaan HUYGENS (1629–1695), niederl. Mathematiker, Physiker, Astronom

1.3 Historisches

Der zeitliche Ablauf und die Geschichte hinter den verschiedenen Energiemethoden ist nicht so stringent, wie es die verschiedenen Methoden vermuten lassen. Vielmehr wurde einiges erst lange nach der eigentlichen Veröffentlichung der Autoren in die heute bekannten mathematischen Gleichungen überführt. An anderer Stellen wurden die heute üblichen Begrifflichkeiten, welche in den verschiedenen Theorien indirekt schon enthalten sind, erst viel später definiert. Daher soll ein kurzer zeitlich-historischer Ablauf aufgezeigt werden, wann die verschiedenen Energiemethoden entstanden sind bzw. erstmals angewendet wurden.

1678 Die ersten grundlegenden Zusammenhänge eines Elastizitätsgesetzes werden von Robert HOOKE anhand des Federgesetzes aufgezeigt.

1691 Jakob I. BERNOULLI lieferte eine erste Veröffentlichung zur elastischen Biegung eines Balkens. In den folgenden 13 Jahren verfeinerte Jakob I. BERNOULLI seine Balkentheorie, konnte diese aber nicht abschließend vervollständigen.

1727 Als Student von Jakob I. BERNOULLI leitet Leonhard EULER erstmals eine Differenzialgleichung der Biegung anhand eines Ringes (auch als gekrümmter Stab zu sehen) mit einem linearelastischen Materialgesetz her. Zudem erwähnt Euler in dieser Veröffentlichung eine elastische Materialkonstante, welche Jahre später zum Elastizitätsmodul E wird.

1744 Leonhard EULER leitet, auf Anregung von Daniel BERNOULLI, die Eigenwertgleichungen für transversal schwingende Stäbe her.

1776 Die elementare Balkentheorie wurde von Charles COULOMB abgeschlossen.

1823 In der Veröffentlichung von Augustin CAUCHY liefert er die Grundlagen der heutigen Kontinuumsmechanik und definiert zugleich den heute üblichen Begriff der Spannung σ.

1826 Der Begriff des Elastizitätsmoduls E wird von Claude NAVIER eingeführt und die heute bekannte Differenzialgleichung der Biegelinie angegeben.

1827 In seiner Veröffentlichung definiert Augustin CAUCHY die Begriffe des Spannungstensors und Verzerrungstensors. Ebenso führt CAUCHY erstmals das *Prinzip der virtuellen Kräfte* (PdvK) für Starrkörper ein.

Die umfassenden Gleichungssätze der Elastizitätstheorie werden von Augustin CAUCHY aufgestellt. 1828

Das Theorem vom Minimum der Deformationsarbeit (Formänderungsenergie) Π und damit der Satz von MENABREA wird von Luigi MENABREA veröffentlicht. 1858

Der Energiesatz in der Elastizitätstheorie (Satz von CLAPEYRON) wird von Émile CLAPEYRON veröffentlicht. 1858

James MAXWELL veröffentlicht eine Arbeit, in welcher er eine umfassende Theorie über das *Prinzip der virtuellen Kräfte* (PdvK) an statisch unbestimmten Fachwerken sowie den *Vertauschungssatz* (Satz von MAXWELL) formuliert. 1864

Von Otto MOHR wird, das nach ihm benannte, MOHR'sche Arbeitsintegral formuliert, welches im Grunde eine andere Form des *Prinzips der virtuellen Kräfte* (PdvK) ist. 1868

Der für die Weiterentwicklung der Elastizitätstheorie sowie für die Baustatik bedeutende *Reziprozitätssatz* (Satz von BETTI) wird von Enrico BETTI veröffentlicht. Der Reziprozitätssatz stellt eine Verallgemeinerung des Satzes von MAXWELL dar. 1872

In seiner Diplomarbeit definiert Carlo Castigliano die drei nach ihm benannten Sätze von Castigliano auf Grundlage des Theorems vom Minimum der Deformationsarbeit (Formänderungsenergie) Π. 1873

Unabhängig von MAXWELL (1864), wendet Otto MOHR das *Prinzip der virtuellen Kräfte* (PdvK) an statisch unbestimmten Fachwerken an. 1874

In seinem Hauptwerk publizierte Carlo CASTIGLIANO den Energieerhaltungssatz für die Strukturmechanik und legte damit den Grundstein des Energieprinzips für die Statik und Elastizitätstheorie der Baustatik. 1879

In seiner Veröffentlichung zeigte Friedrich ENGESSER, dass mit den Sätzen von CASTIGLIANO auch nichtlinear-elastische Stabwerke berechenbar sind. Zugleich findet hier auch die Unterscheidung zwischen der Formänderungsenergie Π und der komplementären Formänderungsenergie Π^* durch ENGESSER statt. 1889

Es sei angemerkt, dass diese kurze Liste nur ein Auszug und nicht vollständig ist. Auch vor und nach den hier angegebenen Jahren gab es erhebliche Diskussion und Kontroversen um die verschiedenen Theorien.

1.4 Anwendung

Wir wollen in diesem Einführungskapitel noch auf ein paar Regeln zur praktischen Berechnung mit den im weiteren Verlauf dieses Lehrbuchs gezeigten Energiemethoden hinweisen.

1) Für die Berechnung von *statisch bestimmten* Tragwerken kann das *Prinzip der virtuellen Kräfte* (PdvK) nach Gleichung (6.17) bzw. (6.18) von S. 117, die Abwandlung des PdvK als *Methode der Hilfskräfte* (siehe Unterkapitel 6.5 auf S. 125) oder der *erste Satz von Castigliano* nach Gleichung (8.9) von S. 160 verwendet werden. Beide bzw. alle drei Methoden sind gleichwertig.
2) Für die Berechnung von statisch unbestimmten Tragwerken kann das *Kraftgrößenverfahren* nach Kapitel 7.3 auf S. 134 ff. oder der *Satz von Menabrea* nach Gleichung (8.13) von S. 167 verwendet werden. Beide Methoden sind gleichwertig.
3) Für linear-elastisches Materialverhalten sind der *erste Satz von Castigliano* nach Gl. (8.9) und der *zweite Satz von Castigliano* nach Gl. (8.10) von S. 160 komplementär zueinander. Für Handrechnungen besitzt jedoch nur der erste Satz von Castigliano eine besondere Bedeutung, da die Formulierung der komplementären Formänderungsenergie Π^* als Funktion der Schnittgrößen recht einfach zu handhaben ist.
4) Das *Prinzip der virtuellen Verrückungen* (PdvV) und das *Prinzip der virtuellen Kräfte* (PdvK) sind komplementär zueinander. Für Handrechnungen ist jedoch nur das PdvK von Bedeutung, da die Formulierung der kinematischen Beziehungen im Allgemeinen Schwierigkeiten bereitet. Dafür liefert das PdvV die wichtigste methodische Grundlage für die Finite-Elemente-Methode (FEM) zur rechnergestützten Simulation komplexer Strukturen.

Zudem sei auf das Unterkapitel 6.5 auf S. 125 hingewiesen, in welchem die Analogie des *Prinzips der virtuellen Kräfte* (PdvK) zu anderen Verfahren aufgezeigt wird.

1

In Kürze

Technische Mechanik
Die Technische Mechanik befasst sich mit der Bereitstellung von Berechnungsverfahren zur Untersuchung der Wirkung von Bewegungen und Kräften an technischen Systemen.

Elementare Technische Mechanik
Die Elementare Technische Mechanik lässt sich in die Stereostatik (TM1), die Elastostatik (TM2) und die Kinematik und Kinetik (TM3) aufteilen.

Höhere Technische Mechanik
Die Höhere Technische Mechanik kann in die beiden Gebiete der Kontinuumsmechanik und der Energiemethoden unterteilt werden.

Kontinuumsmechanik
Die Kontinuumsmechanik befasst sich mit der Beschreibung der Bewegungen eines Kontinuums infolge der Wirkung äußerer Belastungen, ohne Berücksichtigung der Mikrostruktur des Kontinuums.

Energiemethoden
Energiemethoden (auch *Prinzipe der Mechanik*) sind lediglich eine andere Möglichkeit einer äquivalenten mathematischen Formulierung der Bewegungsgleichungen und damit auch der Verformungen von Körpern unter dem Einfluss von Kräften.
Energiemethoden können in die beiden Gruppen der Differenzialprinzipe und Integralprinzipe aufgeteilt werden.

Differenzialprinzipe
- *Prinzip der virtuellen Verrückungen*
- *Prinzip der virtuellen Kräfte*
- Prinzip von JOURDAIN (Prinzip der virtuellen Leistung)
- Prinzip von D'ALEMBERT
- Prinzip von GAUß (Prinzip des kleinsten Zwanges)
- Prinzip vom Stationärwert des Gesamtpotentials
- LAGRANGE'sche Gleichungen 1. und 2. Art
- Satz von CLAPEYRON
- *Satz von BETTI*
- *Satz von MAXWELL*
- *Sätze von CASTIGLIANO*
- *Satz von MENABREA*
- *Sätze von ENGESSER*

Integralprinzipe
- Prinzip von HAMILTON
- Prinzip von MAUPERTUIS (Prinzip der kleinsten Wirkung)
- Prinzip von FERMAT
- Prinzip von HUYGENS

2 Verschiebungen und Polplan

C. Spura, *Energiemethoden der Technischen Mechanik*,
https://doi.org/10.1007/978-3-658-29574-5_2

Der *Polplan* ist eine graphische Methode, um die Kinematik (geometrische Bewegungen) eines Tragwerks, speziell eines mehrteiligen Tragwerks, zu untersuchen. Zur Darstellung der Tragwerkskinematik wird aufbauend auf dem Polplan die *Verschiebungsfigur* des Tragwerks erstellt. Zudem lässt sich mithilfe des Polplans eine Aussage über die kinematische Bestimmtheit eines Tragwerks treffen. Lässt sich der Polplan widerspruchslos aufstellen, so ist das Tragwerk kinematisch beweglich. Hingegen ist das Tragwerk kinematisch bestimmt, also kinematisch unbeweglich gelagert, wenn ein Widerspruch im Polplan existiert.

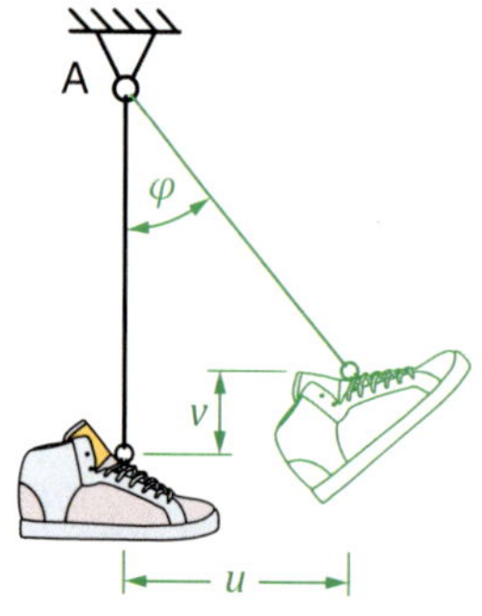

Abb. 2.1

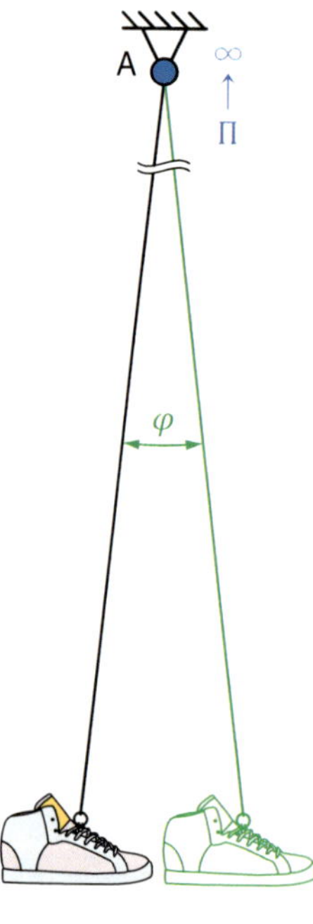

Abb. 2.2

Bei den in diesem Lehrbuch enthaltenen Energiemethoden handelt es sich um Differenzialprinzipe, welche benachbarte Augenblickszustände eines Tragwerks miteinander vergleichen. Diese Augenblickszustände können wir auch als Ausgangszustand und ausgelenkter Zustand des Tragwerks auffassen. Daher benötigen wir den für das jeweilige Tragwerk geltenden Polplan, um die Auslenkung des Tragwerks bestimmen zu können.

Ganz allgemein lässt sich die Bewegung eines Starrkörpers aus einer Translation und einer Rotation zusammensetzen. In der Ebene besitzt ein Starrkörper entsprechend zwei Translationen (horizontal und vertikal) sowie eine Rotation (um die senkrecht auf der Ebene stehende Achse). Beispielhaft ist dies in nebenstehender ▸ Abb. 2.1 mit dem in Punkt *A* aufgehängten Schuh dargestellt.

Wenn wir diesen Gedanken der Bewegung eines Starrkörpers weiter führen, gelangen wir zu der Überlegung, dass wir die Bewegung eines Starrkörpers auch als eine reine Rotation um einen augenblicklichen Drehpunkt Π (auch *Momentanpol* genannt) betrachten können. Definitionsgemäß ist die augenblickliche Geschwindigkeit des Starrkörpers im Momentanpol Π gleich Null. Bei einer Bewegung wie in ▸ Abb. 2.1 liegt der Momentanpol Π im Lager *A*, weil dies der Drehpunkt des Schuhes ist und die Geschwindigkeit in diesem Punkt Null ist. Führt ein Starrkörper eine reine Translation aus, wie in ▸ Abb. 2.2 dargestellt, muss der Momentanpol Π zwangsläufig im Unendlichen (∞) liegen. Denn nur dann geht die Rotationsbewegung des Schuhes in eine geradlinige (tangentiale) Bewegung über, da der Radius zum Momentanpol Π unendlich groß bzw. die Krümmung unendlich klein wird. Somit ergibt sich eine translatorische Bewegung.

Im weiteren Verlauf wollen wir unsere Betrachtungen aber auf infinitesimale (unendlich kleine) Bewegungen beschränken.

2.1 Infinitesimale Bewegungen

Der Momentanpol eines Starrkörpers ist der spezielle Punkt, in welchem die augenblickliche Geschwindigkeit des Starrkörpers Null ist und der Starrkörper als nur drehend angesehen werden kann. Der Momentanpol Π (kurz *Pol*) kann sowohl innerhalb als auch außerhalb eines Starrkörpers liegen. Für die Besonderheit einer ebenen infinitesimalen Bewegung betrachten wir den in ▸ Abb. 2.3 dargestellten Balken. Da der Balken keine Lagerung besitzt, kann er sich in der Ebene frei bewegen. Wenn wir den Balken um den Pol Π mit dem Winkel $d\varphi$ drehen, würden sich die beiden auf dem Balken befindlichen Punkte *P* und *Q* auf einer Kreisbahn bewegen (Bogenmaße: ds_P und ds_Q). Der Mittelpunkt dieser Kreisbahn ist der Pol Π und die beiden Punkte verschieben sich in die dargestellte neue Lage *P'* und *Q'*. Wenn wir nun annehmen, dass der Verdrehwinkel $d\varphi$ infinitesimal (unendlich klein) ist, so können wir nicht mehr unterscheiden, ob sich die beiden Punkte auf der dargestellten Kreisbahn (ds_P und ds_Q) oder auf dessen Tangente (du_P und du_Q) bewegen. Die eigentliche Bewegung des Punktes *P* auf der Kreisbahn ds_P kann somit durch die Gerade du_P ersetzt werden. Die Gerade du_P bzw. du_Q, steht dabei immer senkrecht auf der Verbindungslinie $\overline{\Pi P}$ bzw. $\overline{\Pi Q}$. Diese Verbindungslinie (Gerade zwischen *P* und Pol Π) wird mit *Polstrahl* oder *Geometrischer Ort* (*GO*) bezeichnet. Ersetzen wir also die Bewegung entlang der Kreisbahn durch die Bewegung entlang der Tangente, können wir die aus der Mathematik bekannte *Kleinwinkelnäherung* anwenden:

Momentanpol (kurz: *Pol*): Drehpunkt, um den ein Starrkörper im Moment (Zeitpunkt) als nur drehend angesehen werden kann.

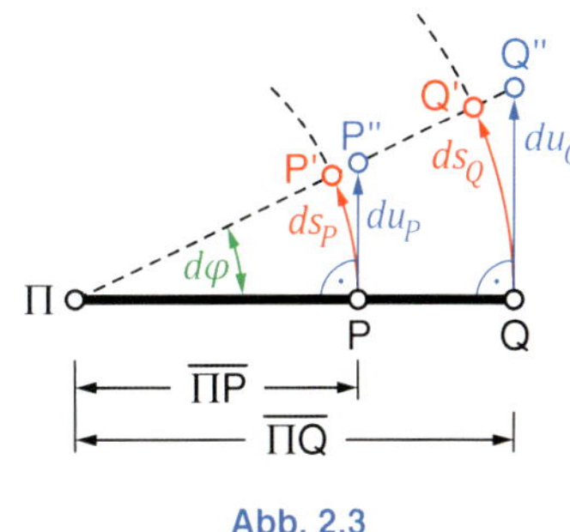

Abb. 2.3

Bei einer **infinitesimalen** Drehung $d\varphi$, verläuft die **Rotation** des Punktes *P* auf der **Tangente** du_P.

Ein **Polstrahl** (Geometrischer Ort) verläuft immer **senkrecht zur Verschiebungsrichtung**.

$$\sin d\varphi \approx d\varphi \qquad \cos d\varphi \approx 1 \qquad \tan d\varphi \approx d\varphi \tag{2.1}$$

Kleinwinkelnäherung

Die Kleinwinkelnäherung gilt jedoch nur für kleine Winkel bis ca. 5°. Da wir in unseren Modellen jedoch immer nur von infinitesimalen Winkeln ausgehen, können wir die Kleinwinkelnäherung problemlos anwenden.

Diese Überlegungen können wir auch umgekehrt anwenden. Wenn wir z. B. die Verschiebungsrichtungen du_P und du_Q von zwei Punkten *P* und *Q* eines Starrkörpers kennen, zeichnen wir die Polstrahlen senkrecht zur Verschiebungsrichtung ein und der Schnittpunkt der beiden Polstrahlen ist dann der Pol Π des Starrkörpers.

▸ Sind du_P und du_Q bekannt, ist der **Schnittpunkt** der beiden senkrecht auf den Verschiebungen stehenden **Polstrahlen** der **Pol** Π.

Bei der schon angesprochenen rein translatorischen Bewegung eines Starrkörpers muss der Pol Π im Unendlichen liegen. Je weiter der Pol vom Starrkörper entfernt ist, desto mehr geht die Kreisbahn ds_P in die Tangente du_P über. In

▸ Abb. 2.3 können wir dies sehr schön bei einem Vergleich der beiden Lagen von P' und P'' sowie von Q' und Q'' verdeutlichen. Da der Punkt P näher am Pol Π liegt als der Punkt Q, ist der Unterschied zwischen P' und P'' viel geringer als zwischen Q' und Q''. Damit der Unterschied zwischen der Kreisbahn und der Tangente nicht mehr vorhanden ist, muss der Momentanpol Π schließlich im Unendlichen (∞) liegen. Dann geht die Kreisbahn in die Tangente über und der Körper bewegt sich rein translatorisch (geradlinig).

▸ Bei einer **translatorischen Bewegung** eines Körpers liegt der **Pol Π im Unendlichen**.

Zur besseren Übersicht sind all diese gerade aufgestellten Überlegungen und Zusammenhänge in ▸ Tab. 2-1 nochmals in Kürze aufgeführt.

Tab. 2-1 Regeln für ebene infinitesimale Bewegungen

- Momentanpol (kurz: Pol): Drehpunkt, um den ein Starrkörper im Moment (Zeitpunkt) als nur drehend angesehen und behandelt werden kann.
- Die Bewegung eines Starrkörpers kann gleichgesetzt werden mit einer Drehung $d\varphi$ um einen Momentanpol bzw. Pol Π.
- Bei infinitesimalen (unendlich kleinen) Drehungen $d\varphi$ verläuft die Bewegung entlang der Tangente anstatt auf der Kreisbahn. Somit kann der Kreisbogen ds_P näherungsweise als Tangente du_P betrachtet werden.
- Für kleine Winkeländerungen $d\varphi$ gilt die Kleinwinkelnäherung:
  $\sin d\varphi \approx d\varphi;\ \cos d\varphi \approx 1;\ \tan d\varphi \approx d\varphi$
- Der Betrag der Verschiebung des Punktes P berechnet sich zu: $du_P = \overline{\Pi P} \cdot d\varphi$
- Es gilt: die Verschiebung du_P steht immer senkrecht auf dem Polstrahl $\overline{\Pi P}$.
- Die Verschiebungen du_P und du_Q sind proportional zueinander (Strahlensatz beachten).
- Bei einer reinen Translation liegt der Pol im Unendlichen.

2.2 Polplan

Mithilfe der Regeln für ebene infinitesimale Bewegungen können wir den Pol sowie die Verschiebungen eines Starrkörpers identifizieren. Da wir es aber mit mehrteiligen Tragwerken zu tun haben, müssen wir die Regeln entsprechend auch auf mehrteilige Tragwerke anwenden. Dazu betrachten wir einige Beispiele, um anschließend die Polplanregeln für mehrteilige Tragwerke zusammenstellen zu können.

Da wir nachfolgend die Verschiebung eines Tragwerks bestimmen, werden wir anstelle der differentiellen Größen $d\ldots$ *virtuelle Größen* verwenden und diese mit dem griechischen Buchstaben $\delta\ldots$ ersetzen.

Beispiel 1

Zwei Balken sind mittels zwei gelenkigen Festlagern A und B gelagert und durch ein Drehgelenk G miteinander verbunden, siehe ▸ Abb. 2.4a). Da sich die beiden Balken um ihre jeweiligen Festlager drehen können, sind die beiden gelenkigen Festlager die beiden Hauptpole Π_1 und Π_2 der daran befindlichen Starrkörper ① und ②, siehe ▸ Abb. 2.4b). Das Drehgelenk G, welches die beiden Starrkörper ① und ② miteinander verbindet, stellt eine Besonderheit dar. In diesem Punkt sind die Verschiebungen der beiden Balken gleich groß. Eine Relativverschiebung zwischen den Balken tritt nicht auf, da das Gelenk dies ja nicht zulässt. Somit stellt das Gelenk einen Nebenpol dar, welcher die beiden Starrkörper ① und ② verbindet. Ein Nebenpol wird mit den Nummern der verbundenen Starrkörper, also $(1,2)$, bezeichnet. Verbinden wir nun die beiden Hauptpole Π_1, Π_2 und den zugehörigen Nebenpol $(1,2)$ mit einem Polstrahl, dann liegen alle drei Pole auf diesem Polstrahl. Wir können auch sagen, dass die beiden Hauptpole Π_1, Π_2 und der gemeinsame Nebenpol $(1,2)$ auf einer Geraden liegen. Die mit diesem Polplan mögliche Verschiebung dieses Tragwerks ist in ▸ Abb. 2.4c) dargestellt. Das Gelenk wird sich aufgrund der Symmetrie geradlinig um δr nach unten bewegen und die Balken verdrehen sich um $\delta\varphi_1$, $\delta\varphi_2$ um die beiden Hauptpole. Auch wenn das Gelenk in der Realität nur sehr kleine (infinitesimale) Bewegungen ausführen kann, handelt es sich hier dennoch um eine Bewegung.

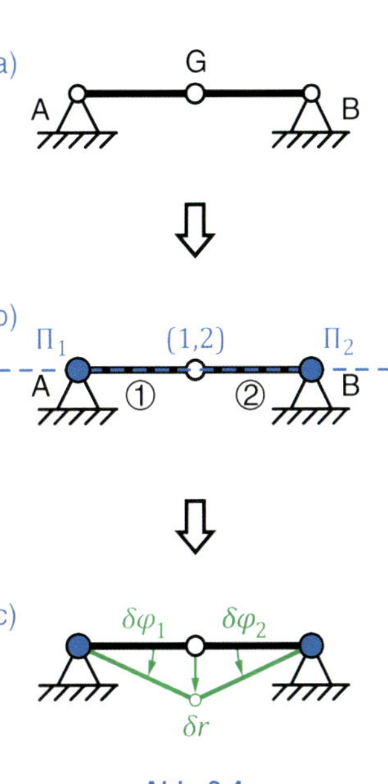

Abb. 2.4

Beispiel 2

Ein fest eingespannter Balken ist über ein Drehgelenk mit einem Balken verbunden, welcher durch ein gelenkiges Festlager A und B gelagert ist, siehe ▸ Abb. 2.5a). Da der Balken ① durch die feste Einspannung keinen Freiheitsgrad besitzt und damit auch keine Bewegung ausführen kann, hat dieser Balken auch keinen Hauptpol. Der Balken ① ist somit starr und unverschieblich gelagert. Das gelenkige Loslager B besitzt eine horizontale Verschiebungsrichtung. Dementsprechend zeichnen wir senkrecht zur Verschiebungsrichtung einen Polstrahl $GO_{(2)}$ (Index 2 für Körper ②) ein, siehe ▸ Abb. 2.5b). Das Drehgelenk verbindet die beiden Balken ① und ② miteinander und ist somit der gemeinsame Nebenpol $(1,2)$. Aufgrund der festen Einspannung ergibt sich jetzt eine Besonderheit für das Gelenk. Durch die Kombination des Gelenks mit einer festen Einspannung wird aus dem Gelenk G ein Lager. Das sich somit ergebende Lager muss aufgrund der festen Ein-

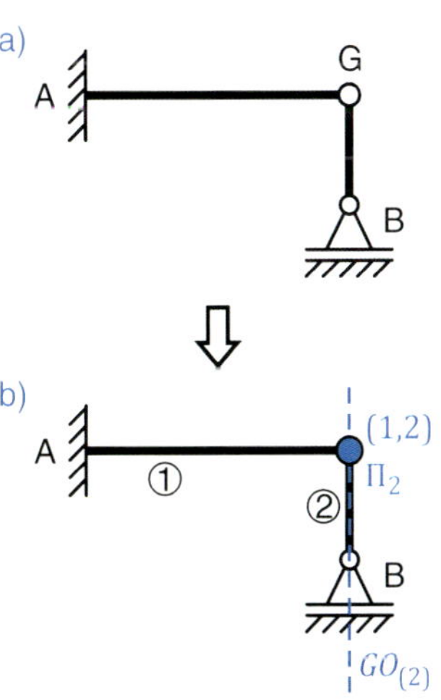

Abb. 2.5

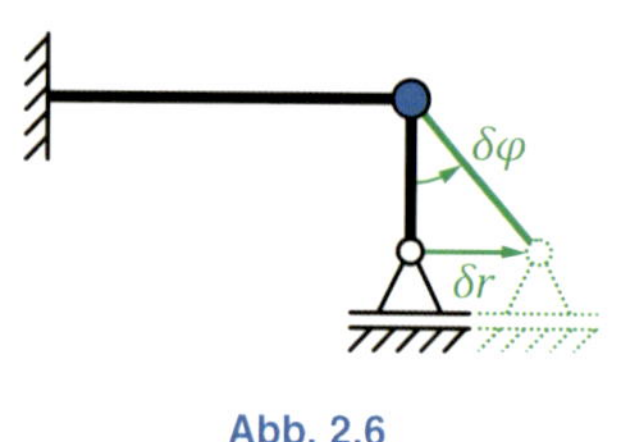

Abb. 2.6

spannung unverschieblich sein und aufgrund des Drehgelenks einen Rotationsfreiheitsgrad besitzen. Daher kommt nur das gelenkige Festlager dafür in Frage. Weiterhin ist ein gelenkiges Festlager immer ein Hauptpol des sich daran anschließenden Starrkörpers. Dadurch ist der Nebenpol (1,2) gleichzeitig auch der Hauptpol Π_2 des Balkens ②. Des Weiteren sehen wir, dass der Polstrahl durch den Hauptpol Π_2 verläuft, wodurch der Balken ② nur einen einzigen Hauptpol besitzt, welcher auf dem Polstrahl und damit im Gelenk *G* liegt. Das entsprechend ausgelenkte Tragwerk ist in ▸ Abb. 2.6 dargestellt. Da sich der Balken ② um den Winkel $\delta\varphi$ verdreht, verschiebt sich das Ende des Balkens und damit das Lager *B* um δr in horizontaler Richtung. Auch dies ist wieder eine übertriebene Darstellung der infinitesimalen Bewegung vom Balken und Lager *B*.

Beispiel 3

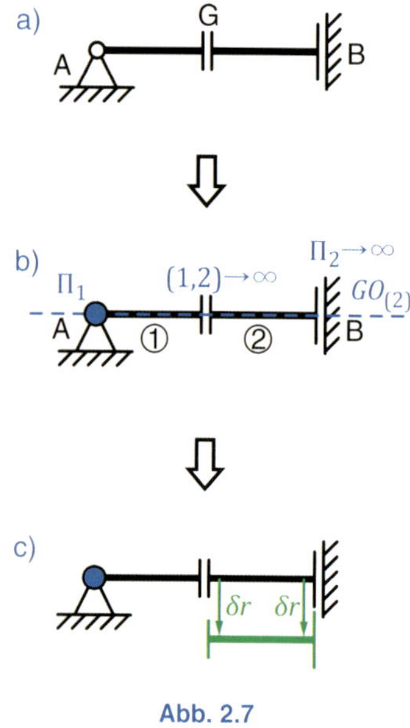

Abb. 2.7

Zwei Balken sind über ein Querkraftgelenk *G* miteinander verbunden. Ein Balken ist mit einem gelenkigen Festlager *A* und der andere mit einer Parallelführung *B* gelagert, siehe ▸ Abb. 2.7a). Das gelenkige Festlager ist der Hauptpol Π_1 des Balkens ①. Senkrecht zur Verschiebungsrichtung der Parallelführung zeichnen wir den Polstrahl $GO_{(2)}$ ein. Da die Parallelführung nur eine reine Translation ausführen kann, liegt der entsprechende Hauptpol Π_2 des Balkens ② im Unendlichen. Das Querkraftgelenk *G* verbindet die beiden Balken ① und ② miteinander und ist der gemeinsame Nebenpol (1,2). Da sich das Querkraftgelenk, analog zur Parallelführung, nur rein translatorisch bewegen kann, liegt der Nebenpol (1,2) ebenfalls im Unendlichen. Anhand des Polstrahls $GO_{(2)}$ ist ersichtlich, dass die beiden Hauptpole Π_1, Π_2 und der gemeinsame Nebenpol (1,2) alle auf dem Polstrahl liegen. Die damit resultierende Verschiebung des Tragwerks ist in ▸ Abb. 2.7c) dargestellt. Aufgrund des Querkraftgelenkes verschiebt sich nur der Balken ② translatorisch um δr in vertikaler Richtung. Der Balken ① verharrt unbeweglich in seiner Position.

Beispiel 4

Drei Balken sind mit zwei Drehgelenken *G* miteinander verbunden und mittels zwei gelenkiger Festlager *A* und *B* gelagert, siehe ▸ Abb. 2.8a). Die beiden gelenkigen Festlager sind die Hauptpole Π_1 und Π_3 der Balken ① und ③. Die beiden Drehgelenke *G* sind die entsprechenden Nebenpole (1,2) und (2,3) der anschließenden Balken ①, ② und ③, siehe ▸ Abb. 2.8b). Verbinden wir den Hauptpol Π_1 und den Nebenpol (1,2)

a)
G
G
B
A

b)
Π2
GO(1)
GO(2)
(1,2)
②
(2,3)
GO(4)
(1,3)
①
③
GO(3)
Π3
B
Π1
A

c)
Π2
δφ2
δφ2
(1,2)
δr1
δr2
δφ1
(2,3)
δφ3
(1,3)
Π3
Π1

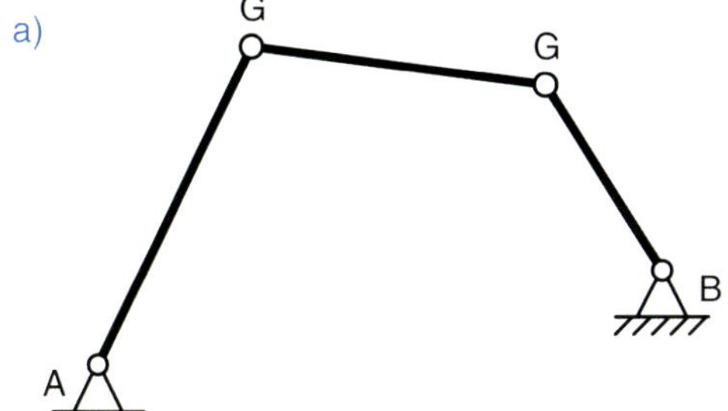

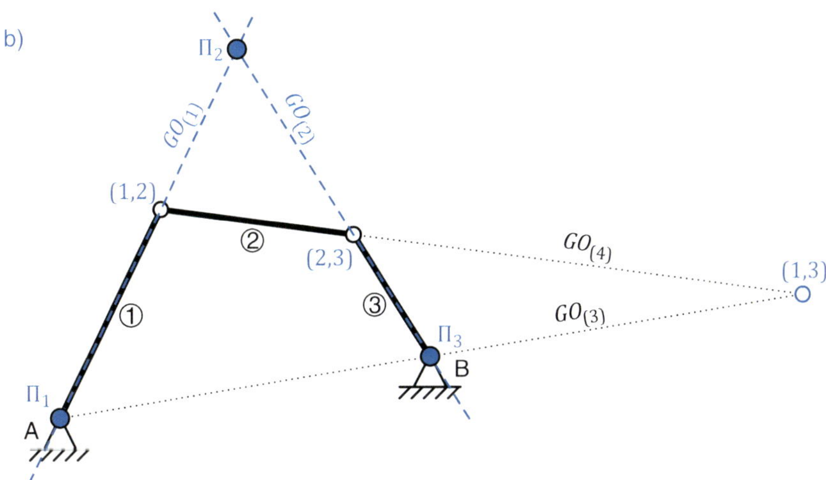

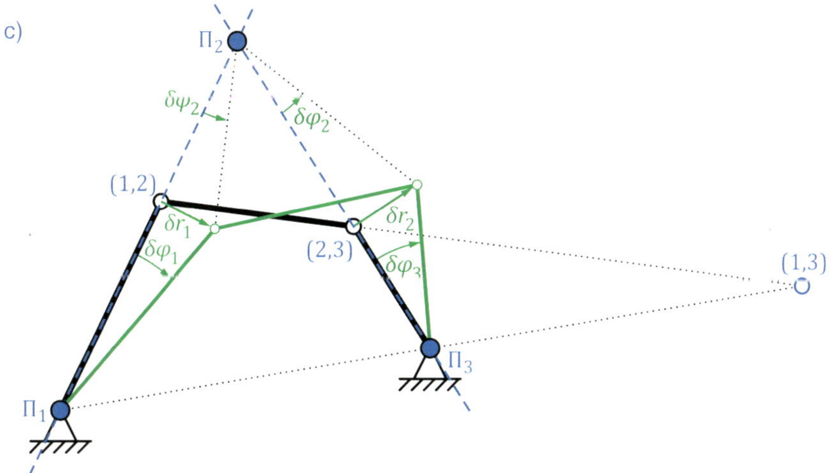

Abb. 2.8

mit einem Polstrahl $GO_{(1)}$ auf der linken Seite und machen das gleiche mit dem Hauptpol Π_3 und den Nebenpol $(2{,}3)$ mit dem Polstrahl $GO_{(2)}$ auf der rechten Seite, erhalten wir im Schnittpunkt der Polstrahlen den Hauptpol Π_2 des Balkens ②. Da wir nun ein Tragwerk bestehend aus drei Balken haben, muss es noch einen Nebenpol $(1{,}3)$ der Balken ① und ③ geben. Diesen finden wir, indem wir einen Polstrahl $GO_{(3)}$ durch die beiden Hauptpole Π_1, Π_3 der Balken ①, ③ zeichnen. Auf dieser Geraden muss dann zwangsläufig der gesuchte Nebenpol $(1{,}3)$ liegen. Verbinden wir mit einem weiteren Polstrahl $GO_{(4)}$ die schon bekannten Nebenpole $(1{,}2)$, $(2{,}3)$ miteinander, erhalten wir in Verlängerung dieses Polstrahles ein Schnittpunkt mit $GO_{(3)}$. In diesem Schnittpunkt liegt dann der gesuchte Nebenpol $(1{,}3)$. Somit gilt, dass drei Nebenpole auf einer Gerade liegen müssen. Verdrehen wir nun den Balken ① um den Winkel $\delta\varphi_1$ erhalten wir die Verschiebung δr_1 des linken Gelenkes, siehe ▸ Abb. 2.8c). Die weiteren markanten Verschiebungen erhalten wir analog zu den schon behandelten Beispielen.

2.2.1 Hauptpol und Nebenpol

An Beispiel 4 haben wir die Besonderheit von Haupt- und Nebenpolen kennengelernt. Dies wollen wir noch etwas vertiefen. Die genaue Unterscheidung zwischen einem Haupt- und einem Nebenpol ist:

- *Hauptpol*: Drehpunkt Π_i eines Starrkörpers i.
- *Nebenpol*: gemeinsamer Punkt (i,j) von zwei Starrkörpern i und j, bei dem die relative Verschiebung zwischen zwei beliebigen Punkten der beiden Starrkörper i und j gleich Null ist (oder auch: im Nebenpol besitzen die beiden Starrkörper i und j die gleiche Verschiebung).

▸ **Drehgelenk:** der **Nebenpol** liegt direkt im **Gelenk**.

▸ **Normal-/Querkraftgelenk:** der **Nebenpol** liegt im **Unendlichen**.

Ein Nebenpol ist demnach ein Gelenk, welches zwei Starrkörper miteinander verbindet. Bei einem Drehgelenk ist der Nebenpol im Gelenk selbst vorhanden, wohingegen bei einem Normal- und Querkraftgelenk der Nebenpol im Unendlichen liegt. Bei den Nebenpolen $(1{,}2)$ und $(2{,}3)$ im Beispiel 4 ist dies auf den ersten Blick erkennbar. Die Verschiebung δr_1 am Nebenpol $(1{,}2)$ gilt für beide Balken ① und ② gleichermaßen. Analog gilt dies auch für die Verschiebung δr_2 am Nebenpol $(2{,}3)$ für die Balken ② und ③.

Anders verhält es sich da mit dem Nebenpol $(1{,}3)$. Hier ist die Verschiebung der Balken ① und ③ bezogen auf den Nebenpol nicht sofort erkennbar. Dazu betrachten wir das verschobene Tragwerk aus Beispiel 4 nochmal. Dieses ist in ▸ Abb. 2.9 dargestellt. Ebenfalls ist hier eine Vergrößerung der

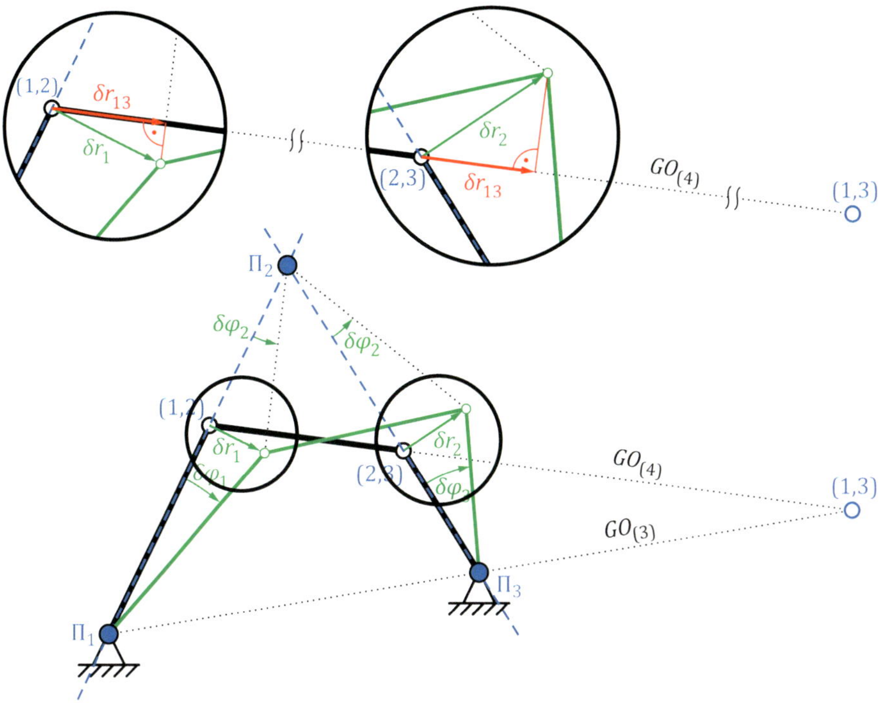

Abb. 2.9

Verschiebungen δr_1, δr_2 an den Nebenpolen enthalten. Wenn wir die Verschiebungen δr_1, δr_2 auf den Polstrahl $GO_{(4)}$ projizieren, erhalten wir damit die in Richtung dieses Polstrahls verlaufende Verschiebung δr_{13}. Diese Verschiebung ist an beiden Stellen identisch groß, was bedeutet, dass es keine relative Verschiebung zwischen den beiden Balken ① und ③ gibt, denn beide Balken haben die gleiche Verschiebung. Dies entspricht auch der Definition des Nebenpols.

Angemerkt sei, dass der Nebenpol (1,3) in diesem Beispiel existiert, jedoch wird dieser für die Erstellung des verschobenen Tragwerks nicht benötigt.

2.2.2 Polplanregeln

Fassen wir die bisherigen Überlegungen alle zusammen, so erhalten wir die Polplanregeln für infinitesimale Bewegungen von mehrteiligen Tragwerken. Der besseren Übersicht sind alle Regeln in ▸ Tab. 2-2 zusammengefasst aufgeführt. Durch Anwendung dieser Regeln können wir die sogenannte Verschiebungsfigur (also die ausgelenkte Lage) eines Tragwerks erstellen.

Hinweis: Bei den Polplanregeln ist es nicht zwingend erforderlich, immer alle Regeln anzuwenden. In der Regel benötigen wir nur ein paar dieser Regeln für ein Tragwerk.

Tab. 2-2 Regeln für den Polplan mehrteiliger Tragwerke

- Polstrahl (auch: geometrischer Ort GO): ist eine Gerade durch den Punkt P senkrecht zur Verschiebung du_P.
- Ist ein Polstrahl vorhanden, so liegt der Hauptpol Π_i eines Starrkörpers irgendwo auf dem Polstrahl.
- *Feste Einspannung*: der Starrkörper ist unverschieblich und besitzt keinen Hauptpol. Alle Gelenkverbindungen zu diesem Starrkörper werden zu Lagern und wie solche behandelt.
- *Gelenkiges Festlager*: Hauptpol Π_i des Starrkörpers i.
- *Gelenkiges Loslager*: Polstrahl verläuft senkrecht zur Verschiebungsrichtung und der Hauptpol Π_i liegt auf dem Polstrahl.
- Verschiebt sich ein Körper nur parallel, so liegt der Hauptpol Π_i senkrecht zur Verschiebungsrichtung in ∞.
- *Parallelführung und Schiebehülse*: Polstrahl verläuft senkrecht zur Verschiebungsrichtung und der Hauptpol Π_i liegt in ∞.
- *Querkraft- und Normalkraftgelenk*: der Nebenpol (i,j) liegt senkrecht zur Verschiebungsrichtung in ∞.
- Nebenpol liegt (i,j) in ∞: die zugehörigen Starrkörper verdrehen sich um den gleichen Verdrehwinkel.
- Bei parallelen Polstrahlen liegt der Hauptpol Π_i in ∞.
- Der Schnittpunkt zweier Polstrahlen ist entweder ein Hauptpol Π_i oder ein Nebenpol (i,j).
- Die Verbindung zweier Hauptpole sowie zweier Nebenpole ist ein Polstrahl (GO).
- Die Hauptpole Π_i und Π_j der beiden Starrkörper i und j sowie der gemeinsame Nebenpol (i,j) liegen auf einer Geraden: Π_i–(i,j)–Π_j.
- Die Nebenpole dreier Starrkörper i, j, k liegen auf einer Geraden: (i,j)–(j,k)–(i,k).
- Liegen die Nebenpole (i,j) und (j,k) auf dem gleichen Punkt, liegt auch der Nebenpol (i,k) in diesem Punkt, sofern alle drei Hauptpole i, j, k auf einer Geraden liegen.

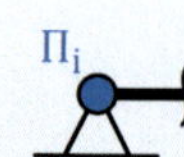

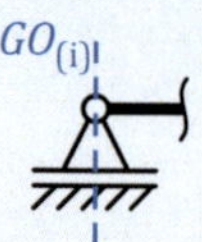

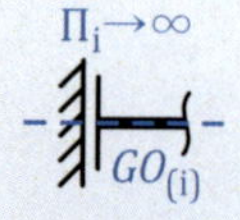

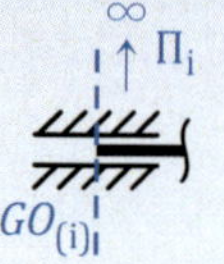

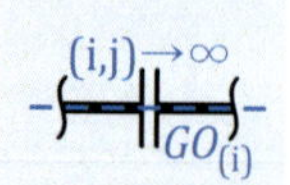

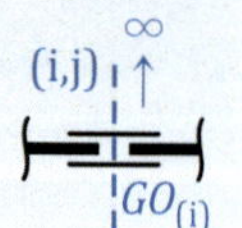

2.3 Verschiebungsfigur

Für die Erstellung der Verschiebungsfigur wenden wir die Polplanregeln nach ▸ Tab. 2-2 auf das vorliegende Tragwerk an. Wichtig hierbei ist, dass es sich um ein bewegliches Tragwerk handeln muss. Andernfalls, bei einem kinematisch bestimmten Tragwerk, existiert keine Verschiebungsfigur.

Die prinzipielle Vorgehensweise wollen wir uns am Beispiel des Tragwerks in ▸ Abb. 2.10a) verdeutlichen. Da es sich um einen Dreigelenkbogen handelt, ist dies ein statisch und kinematisch bestimmtes Tragwerk, welches keinen Freiheitsgrad besitzt und damit auch keine Bewegungen zulässt. Somit müssen wir im ersten Schritt eine Bindung lösen und damit einen Freiheitsgrad herbeiführen. In unserem Beispiel wählen wir als Freiheitsgrad die horizontale Verschiebung des Lagers *A*, wodurch aus dem gelenkigen Festlager ein gelenkiges Loslager wird, siehe ▸ Abb. 2.10b). Danach wenden wir die Polplanregeln an. Das gelenkige Festlager *B* ist der Hauptpol Π_2 des Balkens ②. Das gelenkige Loslager *A* bekommt einen Polstrahl $GO_{(1)}$ senkrecht zur Verschiebungsrichtung und das Gelenk *G* ist der Nebenpol (1,2), der die beiden Balken ① und ② miteinander verbindet. Weiterhin gilt nach den Polplanregeln, dass die die beiden Hauptpole Π_1, Π_2 sowie der gemeinsame Nebenpol (1,2) auf einer Geraden liegen müssen. Daher zeichnen wir einen weiteren Polstrahl $GO_{(2)}$ ein, der durch den Hauptpole Π_2 und den Nebenpol (1,2) verläuft. Im Schnittpunkt von $GO_{(1)}$ und $GO_{(2)}$ liegt dann der Hauptpol Π_1 des Balkens ①.

Da wir nun alle Haupt- und Nebenpole des Tragwerks kennen, zeichnen wir jetzt die Verschiebungsfigur. Dazu legen wir zuerst den Drehsinn fest, mit dem wir das Tragwerk um die Hauptpole verdrehen wollen. In diesem Beispiel wählen wir für den Balken ① eine Verdrehung im Gegenuhrzeigersinn um den Hauptpol Π_1. Um die Erstellung der Verschiebungsfigur möglichst einfach zu halten, werden wir nur markante Punkte des Tragwerks verschieben. Als markante Punkte zählen Lager und Gelenke sowie Eckpunkte von Balken, Rahmen und Bögen. Wir beginnen also mit der Verschiebung des Balkens ①. Als markanten Punkt wählen wir das Lager *A*. Vom Hauptpol Π_1 ziehen wir einen Polstrahl ($GO_{(1)}$) zum markanten Punkt (Lager *A*) und verdrehen diesen Polstrahl um die Verdrehung $\delta\varphi_1$ (Punktlinie). Zur Verdrehung $\delta\varphi_1$ wird dann die Verschiebung δr_1 eingezeichnet, welche senkrecht auf dem Polstrahl $GO_{(1)}$ steht und das Lager *A* horizontal nach rechts verschiebt. Die gleiche Vorgehensweise wenden wir nun für den nächsten

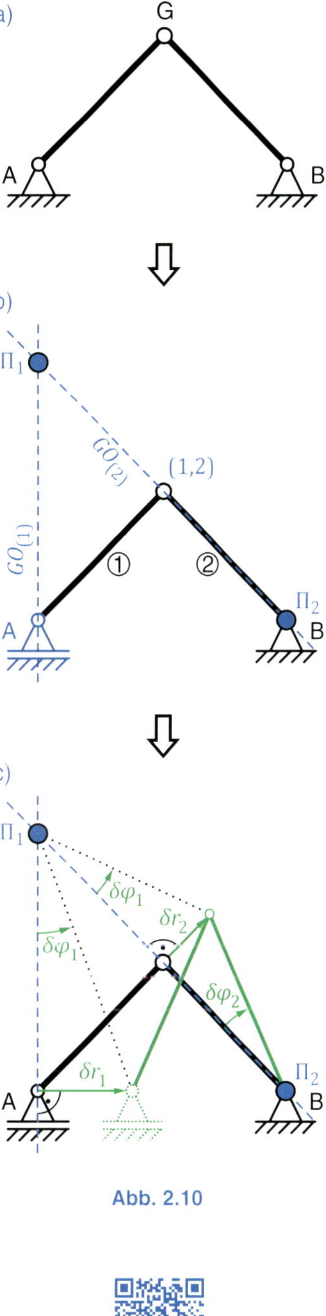

Abb. 2.10

markanten Punkt, das Gelenk *G*, an. Vom Hauptpol Π_1 ziehen wir einen Polstrahl ($GO_{(2)}$) zum Gelenk *G* und verdrehen diesen Polstrahl um die identische Verdrehung $\delta\varphi_1$ (Punktlinie). Jede Verdrehung eines markanten Punktes des Balkens ① muss dieselbe Verdrehung $\delta\varphi_1$ erfahren, denn wir verdrehen schließlich den kompletten Balken ① um seinen Hauptpol Π_1. Anschließend zeichnen wir die zum Gelenk *G* gehörende Verschiebung δr_2 (senkrecht zum Polstrahl) ein. Da der Abstand vom Gelenk *G* zum Hauptpol Π_1 kleiner ist als der Abstand vom Lager *A* zum Hauptpol Π_1, ist auch die Verschiebung δr_2 kleiner als δr_1. Dies ergibt sich aus den Zusammenhängen des aus der Geometrie bekannten 1. Strahlensatzes. Wenn sich das Gelenk *G* um δr_2 verschiebt, muss sich entsprechend der Endpunkt des Balkens ② um den gleichen Betrag und in die gleiche Richtung verschieben. Somit finden wir auch die Verdrehung $\delta\varphi_2$ von Körper ② im Uhrzeigersinn um den Hauptpol Π_2, denn zwischen δr_2 und $\delta\varphi_2$ besteht die gleiche Abhängigkeit, wie zwischen $\delta\varphi_1$ und δr_1. Damit haben wir alle markanten Punkte verschoben und können nun das verschobene/ausgelenkte Tragwerk zeichnen, siehe ▸ Abb. 2.10c).

Aufgrund der übertriebenen Darstellung der Verschiebungsfigur stimmen die Balkenlängen des Ursprungstragwerks und die der Verschiebungsfigur (ausgelenktes Tragwerk) nicht mehr überein. Da es sich bei der Verschiebungsfigur um eine übertriebene und nicht realistische Darstellung handelt und die Verdrehungen infinitesimal sein sollen, können wir die Abweichungen durchaus vernachlässigen und damit nicht weiter beachten.

Die **Längenabweichungen** zwischen **Ursprungssystem** und **Verschiebungsfigur** sind **nicht von Bedeutung**, da die Verschiebungsfigur eine **übertriebene Darstellung** ist.

Vorgehensweise

- Bei statisch bestimmten Systemen muss eine Bindung gelöst werden.
- Hauptpole der einzelnen Starrkörper mittels Polplan identifizieren (Polplan muss widerspruchslos sein).
- Drehsinn der einzelnen Starrkörper festlegen.
- Verschiebungen einzelner markanter Punkte zeichnen (Polstrahl zu markanten Punkten, welche verschoben werden sollen).
- Starrkörper ① wird mit der Verdrehung $\delta\varphi_1$ um den Hauptpol Π_1 gedreht, Starrkörper ② entsprechend mit $\delta\varphi_2$ um Π_2 usw.
- Verschiebungen sind immer senkrecht zum Polstrahl.

Beispiel 2.1

Zeichnen Sie die Verschiebungsfigur des dargestellten Rahmens für eine Verdrehung $\delta\varphi$ im Uhrzeigersinn um das Lager A.

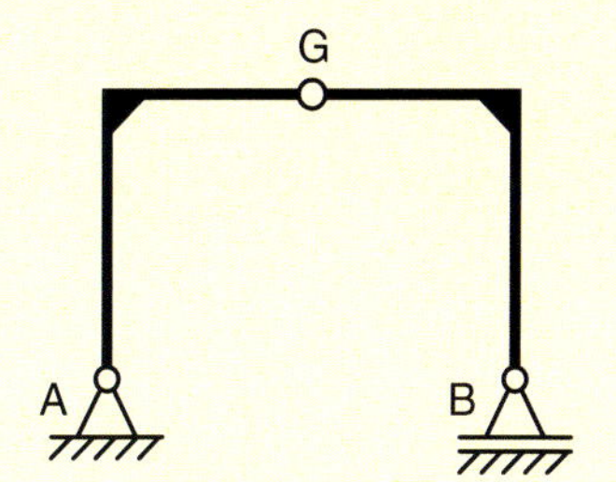

Lösung

Da der Rahmen verschieblich ist, brauchen wir hier keine Bindung zu lösen und können direkt den Polplan nach den Regeln aus ▸ Tab. 2-2 auf S. 22 erstellen. Das gelenkige Festlager A ist der Hauptpol Π_1 vom Rahmen ①. Senkrecht zur Verschiebungsrichtung des Loslagers B wird ein Polstrahl $GO_{(2)}$ eingezeichnet. Das Drehgelenk G ist der Nebenpol $(1,2)$, welcher mit den Hauptpolen Π_1 und Π_2 auf einer Geraden liegen soll. Somit zeichnen wir einen Polstrahl $GO_{(1)}$ vom Hauptpol Π_1 durch den Nebenpol $(1,2)$ und finden im Schnittpunkt der beiden Polstrahle $GO_{(1)}$ und $GO_{(2)}$ den Hauptpol Π_2 vom Balken ②.

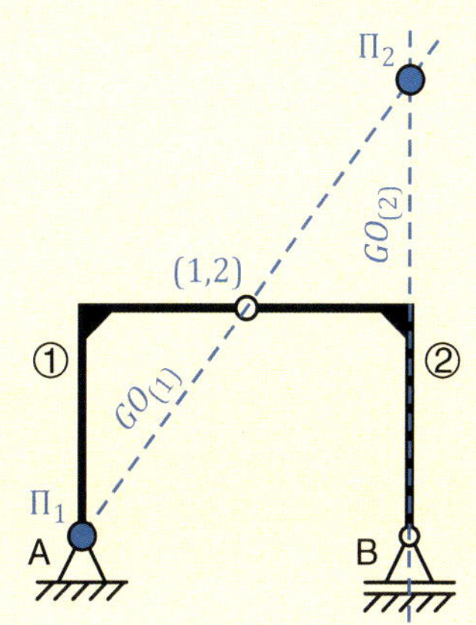

Danach verdrehen wir den Rahmen ① im Uhrzeigersinn um den Hauptpol Π_1. Die markanten Punkte, die wir verschieben, sind: linke Rahmenecke, Gelenk G, rechte Rahmenecke und Lager B. Zum Verschieben der linken Rahmenecke zeichnen wir einen Polstrahl von Π_1 zur Rahmenecke. Verdrehen wir den Rahmen um den Winkel $\delta\varphi_1$, erhalten wir senkrecht zum Polstrahl die Verschiebung δr_1 der Rahmenecke. Analog finden wir die Verschiebung δr_2 des Gelenks G. In Bezug auf Π_2 muss sich der Rahmen ② im Gegenuhrzeigersinn verdrehen. Die Größe der Verdrehung $\delta\varphi_2$ des Rahmens ② erhalten wir anhand von δr_2. Ausgehend von Π_2 muss das Gelenk G mit der Verschiebung δr_2 im Gegenuhrzeigersinn verdreht werden. Danach verdrehen wir die rechte Rahmenecke mit der identischen Verdrehung $\delta\varphi_2$ um Π_2. Wir erhalten damit die Verschiebungen δr_3. Analog erhalten wir die Verschiebungen δr_4 des Lagers B.

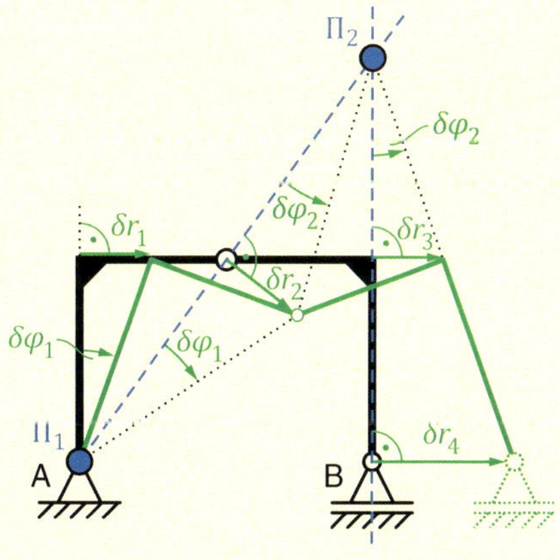

Da wir die Verschiebungen δr_3 und δr_4 mit dem gleichen Polstrahl gefunden haben, ergibt sich deren Länge nach dem Strahlensatz und es gilt $\delta r_4 > \delta r_3$.

Beispiel 2.2

Zeichnen Sie die Verschiebungsfigur des nebenstehenden Tragwerks für eine Verdrehung $\delta\varphi$ im Gegenuhrzeigersinn um das Lager *B*.

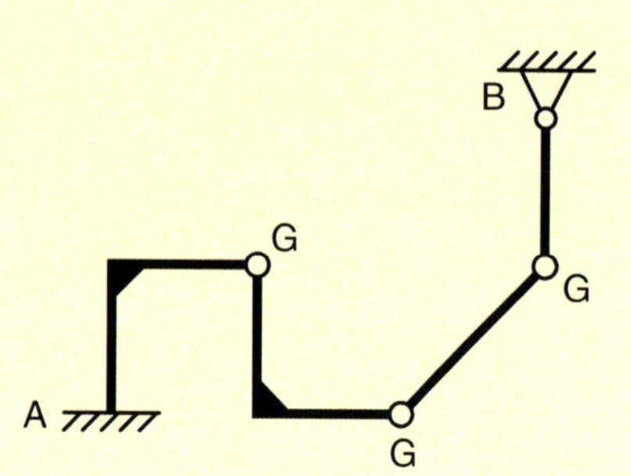

Lösung

Das gelenkige Festlager *B* ist der Hauptpol Π_4 vom Balken ④. Das linke Gelenk *G* ist der Nebenpol $(1{,}2)$. Da der Rahmen ① eine feste Einspannung besitzt, wird das Gelenk zum gelenkigen Festlager und dementsprechend ist der Nebenpol $(1{,}2)$ gleichzeitig der Hauptpol Π_2 vom Rahmen ②. Die beiden anderen Gelenke sind die Nebenpole $(2{,}3)$ und $(3{,}4)$. Fehlt nur noch der Hauptpol Π_3 vom Balken ③. Diesen finden wir, indem wir nach der Regel "*zwei Hauptpole und der gemeinsame Nebenpol liegen auf einer Geraden*" vorgehen. Verbinden wir den Hauptpol Π_2 mit dem Nebenpol $(2{,}3)$ durch den Polstrahl $GO_{(2)}$ sowie den Hauptpol Π_4 mit dem Nebenpol $(3{,}4)$ durch den Polstrahl $GO_{(4)}$, erhalten wir im Schnittpunkt der Polstrahle den gesuchten Hauptpol Π_3.

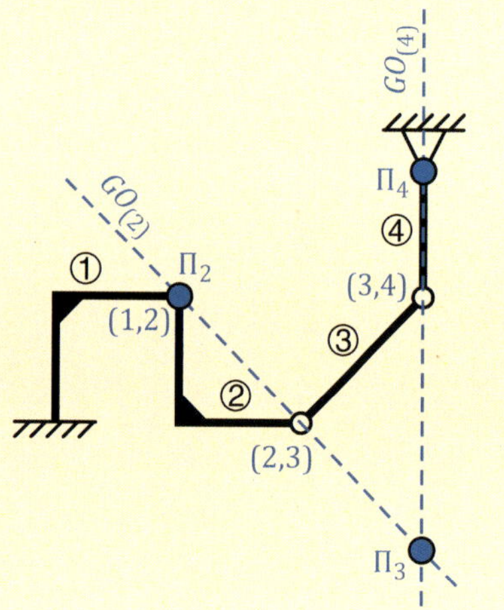

Die Verschiebungsfigur erhalten wir, indem wir den Balken ④ um den Winkel $\delta\varphi_4$ um Π_4 verdrehen. Damit erhalten wir am rechten Gelenk die Verschiebung δr_4. Bezogen auf den Balken ③ muss das Gelenk mit der Verschiebung δr_4 um den Winkel $\delta\varphi_3$ um Π_3 verdreht werden. Das mittlere Gelenk wird ebenfalls um den Winkel $\delta\varphi_3$ um Π_3 verdreht und wir erhalten die dort vorhandene Verschiebung δr_3. Übertragen auf den Rahmen ② finden wir damit die Verdrehung $\delta\varphi_2$ um Π_2. Und schließlich erhalten wir mit der Verdrehung $\delta\varphi_2$ um Π_2 die Verschiebung δr_2 an der Ecke von Rahmen ②.

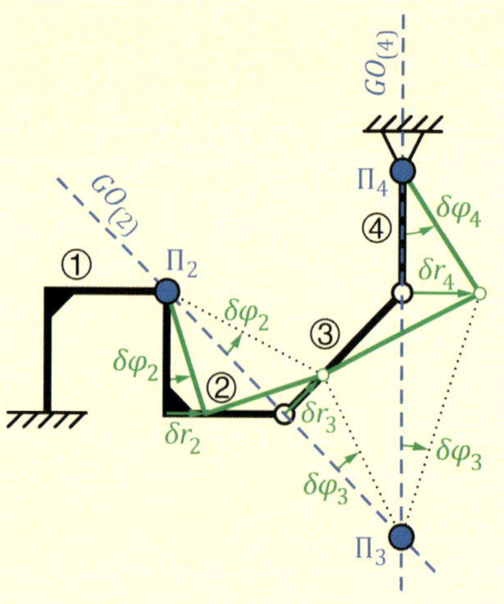

Beispiel 2.3

Zeichnen Sie die Verschiebungsfigur des nebenstehenden Tragwerks für eine Verdrehung $\delta\varphi$ im Gegenuhrzeigersinn um das Lager *B*.

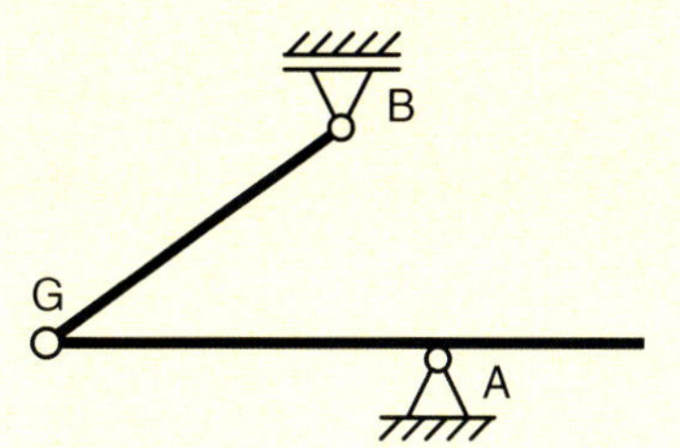

Lösung

Das gelenkige Festlager *A* ist der Hauptpol Π_1 vom Balken ①. Das Gelenk *G* ist der Nebenpol $(1,2)$. Das gelenkige Loslager *B* erhält einen Polstrahl $GO_{(2)}$ senkrecht zur Verschiebungsrichtung. Da zwei Hauptpole Π_1, Π_2 und der gemeinsame Nebenpol $(1,2)$ auf einer Geraden liegen müssen, zeichnen wir einen Polstrahl $GO_{(1)}$ durch Π_1 und $(1,2)$ ein. Im Schnittpunkt von $GO_{(1)}$ und $GO_{(2)}$ finden wir den gesuchten Hauptpol Π_2 vom Balken ②.

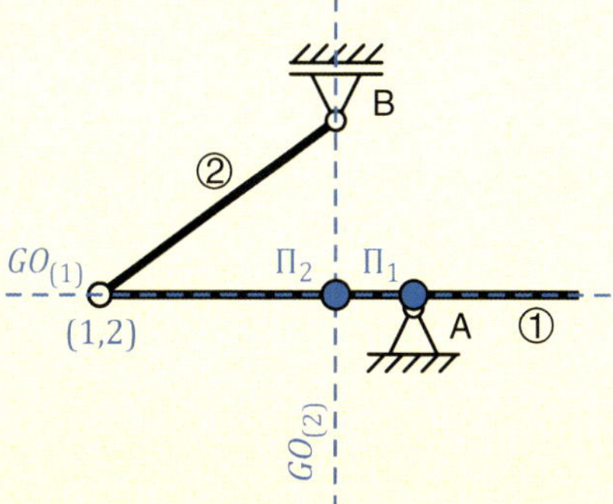

Bei einer Verdrehung $\delta\varphi_1$ um Π_2 im Gegenuhrzeigersinn erhalten wir senkrecht zum Polstrahl $GO_{(2)}$ die Verschiebung δr_1 des Lagers *B*. Mit dem gleichen Winkel $\delta\varphi_1$ verdrehen wir das Gelenk *G* um Π_2 und erhalten die Verschiebung δr_2 des Gelenkes senkrecht zum Polstrahl $GO_{(1)}$. Da sich das Gelenk *G* in Bezug auf Π_1 um die gleich große Verschiebung δr_2 bewegen muss, erhalten wir damit die Verdrehung $\delta\varphi_2$ des Balkens ① um Π_1. Für das Ende des Balkens ① verwenden wir die Verdrehung $\delta\varphi_2$, um damit die Verschiebung δr_3 zu bekommen. Auch hier steht δr_3 senkrecht auf dem zugehörigen Polstrahl $GO_{(1)}$.

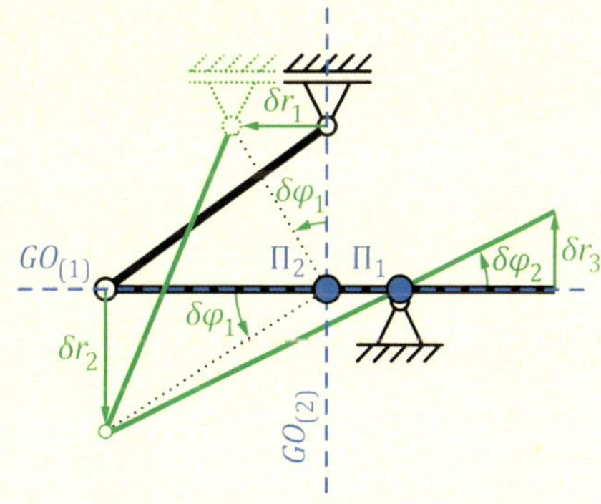

In Kürze

Bei realen Verschiebungen *d...* können sich widersprüchliche zeichnerische Darstellungen ergeben, da sich diese Verschiebungen auf einer Kreisbahn bewegen.

Werden die realen Verschiebungen *d...* durch virtuelle Verschiebungen δ... ersetzt, welche sich auf der Tangente der Kreisbahn bewegen, können die zeichnerischen Widersprüche umgangen werden.

Dies ist zulässig, da die Tangentialverschiebungen nur im Verformungsbeginn betrachtet werden. Zudem ist dadurch eine beliebige Vergrößerung der Verschiebungen möglich.

Momentanpol (kurz: Pol)

Drehpunkt, um den ein Starrkörper im Moment (Zeitpunkt) als nur drehend angesehen werden kann.

Hauptpol

Drehpunkt Π_i eines Starrkörpers *i*.

Nebenpol

Gemeinsamer Punkt *(i,j)* von zwei Starrkörpern *i* und *j*, bei dem die relative Verschiebung zwischen zwei beliebigen Punkten der beiden Starrkörper *i* und *j* gleich Null ist (oder auch: im Nebenpol besitzen die beiden Starrkörper *i* und *j* die gleiche Verschiebung).

- Drehgelenk: der Nebenpol liegt direkt im Gelenk.
- Normal-/Querkraftgelenk: der Nebenpol liegt im Unendlichen.

Polplan

- Der Polplan ist eine graphische Methode, um die Verschiebungsfigur eines Tragwerks erstellen zu können.
- Mithilfe des Polplans lässt sich eine Aussage über die kinematische Bestimmtheit eines Tragwerks treffen.
- Lässt sich der Polplan widerspruchslos aufstellen, ist das Tragwerk kinematisch beweglich.
- Existiert ein Widerspruch im Polplan, ist das Tragwerk kinematisch unbeweglich (kinematisch bestimmt) gelagert.
- Die Bewegung eines Starrkörpers kann als eine reine Rotation um einen augenblicklichen Momentanpol Π betrachtet werden.
- Bei einer reinen Translation eines Starrkörpers liegt der Momentanpol Π im Unendlichen (∞).
- Werden nur infinitesimale Bewegungen betrachtet, geht die Kreisbahn einer Bewegung in dessen Tangente über ($ds_P \rightarrow du_P$) und es gilt zudem die Kleinwinkelnäherung.
- Die Längenabweichungen zwischen Ursprungssystem und Verschiebungsfigur sind nicht von Bedeutung, da die Verschiebungsfigur eine übertriebene Darstellung ist.

2.4 Aufgaben zu Kapitel 2

Aufgabe 2.1

Zeichnen Sie für die dargestellten Tragwerke die entsprechenden Verschiebungsfiguren.

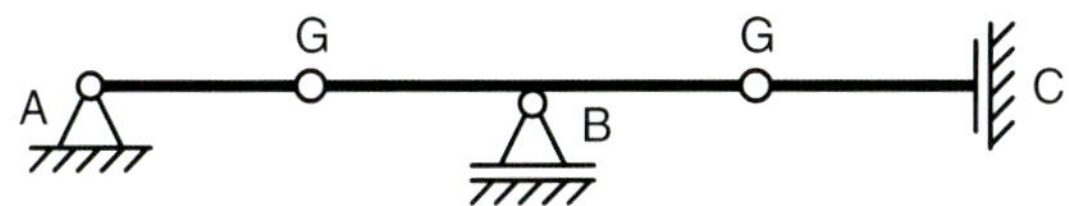

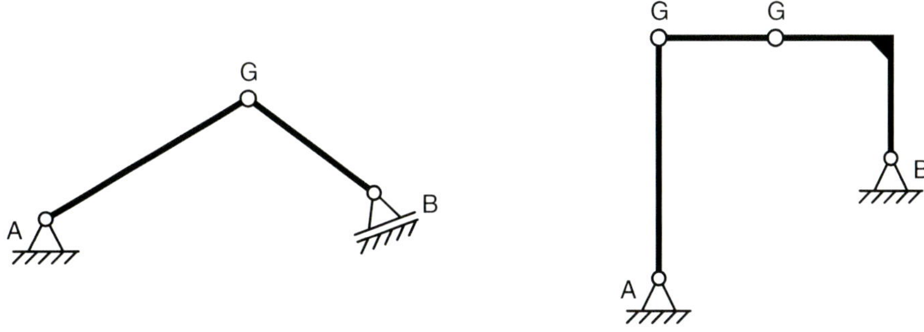

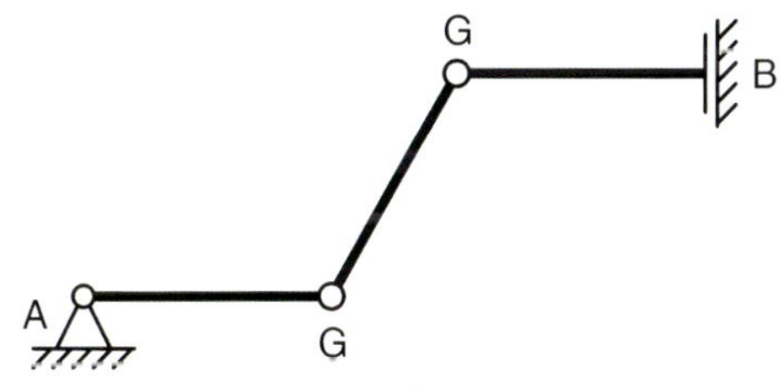

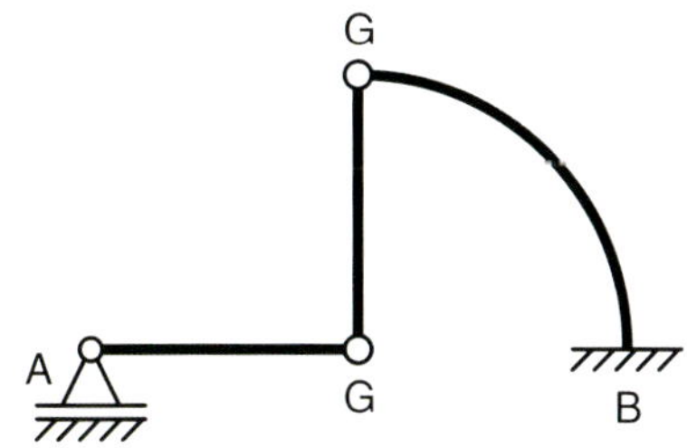

Lösungen

Π1
①
(1,2)
Π2
δφ2
δr2
δr2
GO(3)
δφ1
δr1
δφ2
②
(2,3)
③
Π3→∞
Π2
(1,2)
δφ2
δφ2
①
δr1
Π1
δφ1
②
δr2
GO(1)
GO(2)
Π2
δφ2
GO(1)
δφ2
δr2
(1,2)
δr1
(2,3)
δr3
δφ3
δφ1
GO(3)
δφ3
Π3
Π1
GO(3)
δr2
③
δr3
δφ2
Π2
Π3→∞
δφ2
②
δr1
δφ1
Π1
①
GO(1)
(2,3)
Π3
②
③
δφ2
δr1
(1,2)
①
δr2
GO(2)
Π1
↓
∞
Π2
↓
∞

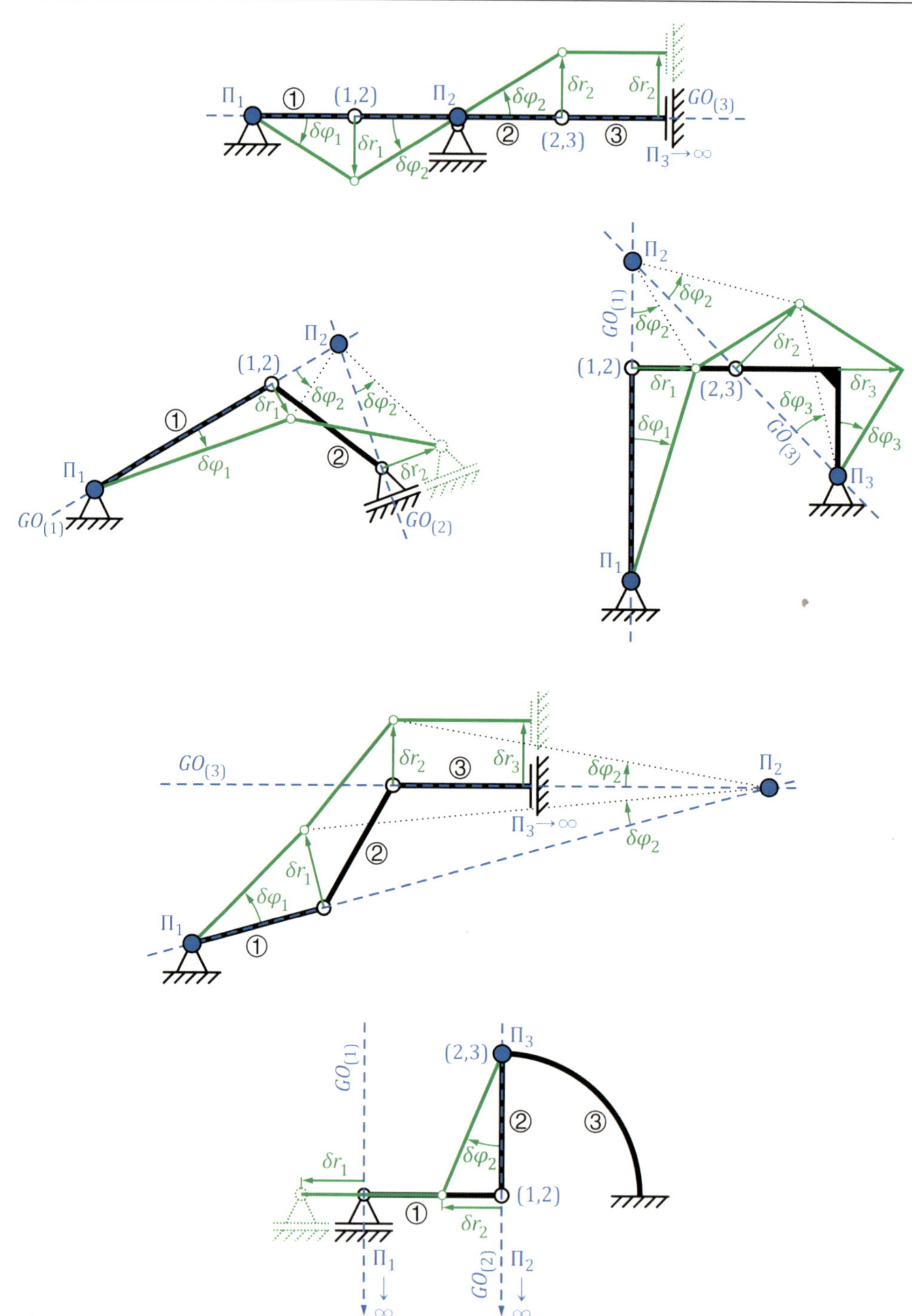

3 Arbeit, Energie und Arbeitssatz

C. Spura, *Energiemethoden der Technischen Mechanik*,
https://doi.org/10.1007/978-3-658-29574-5_3

Da Arbeit u. a. mechanisch übertragene Energie ist, kann die Energie als *gespeicherte Arbeit* oder auch als die *Fähigkeit, Arbeit zu verrichten* bezeichnet werden. Basierend auf dieser Überlegung verrichten äußere Kräfte an einem Körper eine äußere Arbeit, welche im Inneren des Körpers als *Formänderungsenergie* gespeichert wird. Dieser Zusammenhang wird durch den *Arbeitssatz* ausgedrückt. Mithilfe des Arbeitssatzes lässt sich dann die Verformung eines Körpers bei gegebener Belastung berechnen.

Die beiden Begriffe *Arbeit* und *Energie* sind eng miteinander verbunden. Wir wollen uns daher zunächst mit der Arbeit beschäftigen und dann zur Energie übergehen.

3.1 Arbeit

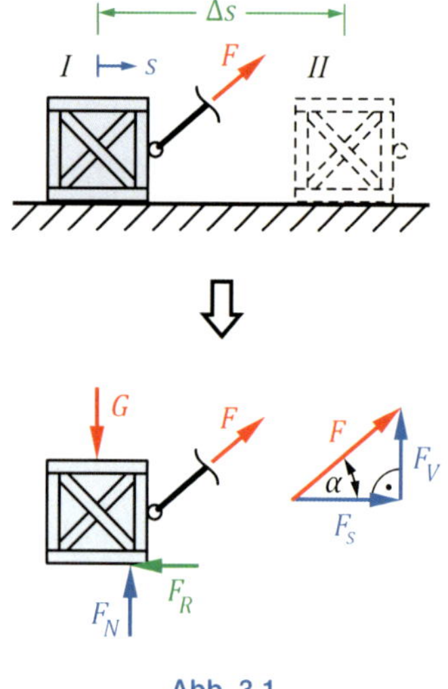

Abb. 3.1

Mechanisch gesehen wird Arbeit verrichtet, wenn ein Körper unter Aufwendung einer Kraft längs eines Weges verschoben oder durch eine Kraft verformt wird. Zur Veranschaulichung dient nebenstehende ▸ Abb. 3.1. Darin wird eine Kiste aus der Anfangsposition I durch eine angreifende Kraft F über den Boden um den Weg Δs zur Endposition II gezogen. Da der Weg s der Kiste horizontal, die Kraft F jedoch in einem Winkel dazu, verläuft, zerlegen wir die Kraft F entsprechend in einen Anteil F_s in Richtung von s und einen Anteil F_V in vertikaler Richtung. Der Anteil F_s ist im Grunde die Projektion der Kraft F in Richtung des Weges s (das mathematische Skalarprodukt). Daneben wirkt die Gewichtskraft G der Kiste senkrecht nach unten, wodurch es in der Kontaktfläche zwischen Kiste und Boden zu einer Normal- F_N und, infolge der Kraft F, zu einer Reibkraft F_R kommt. Die damit verbundene und entlang des Gesamtweges Δs an der Kiste verrichtete Arbeit W können wir mit dem Produkt aus Kraft F und Weg Δs berechnen (Arbeit ist Kraft mal zurückgelegtem Weg):

$$W = (F_s - F_R) \cdot \Delta s = (F \cdot \cos\alpha - F_R) \cdot \Delta s \tag{3.1}$$

Die Arbeit hat den Formelbuchstaben W (engl. Work) und besitzt die Maßeinheit: [1 Nm = 1 J], JOULE[15].

Die Gewichtskraft G, die Normalkraft F_N und die Vertikalkraft F_V verlaufen alle senkrecht zum zurückgelegten Weg Δs und verrichten daher keine Arbeit an der Kiste.

[15] James Prescott JOULE (1818–1889), brit. Brauer, Physiker

Wir haben hier einen sehr einfachen Fall zur Berechnung der Arbeit betrachtet. Es kann aber durchaus vorkommen, dass die Kraft F über den Weg s veränderlich ist (also die Kraft als Funktion des Weges vorliegt: $F_{(s)}$) oder dass der Winkel α sich entlang des Weges s verändert. Da diese Fälle mit Gleichung (3.1) nicht berücksichtigt werden können, benötigen wir eine allgemeinere Definition zur Berechnung der Arbeit W.

Hinweis: Zu beachten ist hier, dass obwohl die Einheit für die *Arbeit* und das *Moment* das Newtonmeter [Nm] ist, sind diese beiden Größen nicht miteinander verknüpft. Das Moment berechnet sich durch *Kraft mal senkrechtem Hebelarm* und die Arbeit durch *Kraft mal zurückgelegtem Weg*. Zudem ist das Moment ein Vektor und die Arbeit ist ein Skalar.

3.2 Allgemeine Definition der Arbeit

Um eine allgemeine Definition der Arbeit aufstellen zu können, benutzen wir nachfolgend die Vektorrechnung. In ▸ Abb. 3.2 ist ein Massenpunkt m dargestellt, an dem eine Kraft $\boldsymbol{F}$ angreift. Der Massenpunkt m bewegt sich auf der Bahnkurve s vom Anfangs- s_1 zum Endpunkt s_2. Betrachten wir nur eine kleine Bewegung entlang des differenziellen Bogenstücks ds, können wir die Bewegung mittels der Ortsvektoren $\boldsymbol{r}_1$ und $\boldsymbol{r}_2$ beschreiben. Die differenzielle Ortsänderung $d\boldsymbol{r}$ ist dann:

$$d\boldsymbol{r} = \boldsymbol{r}_2 - \boldsymbol{r}_1 \tag{3.2}$$

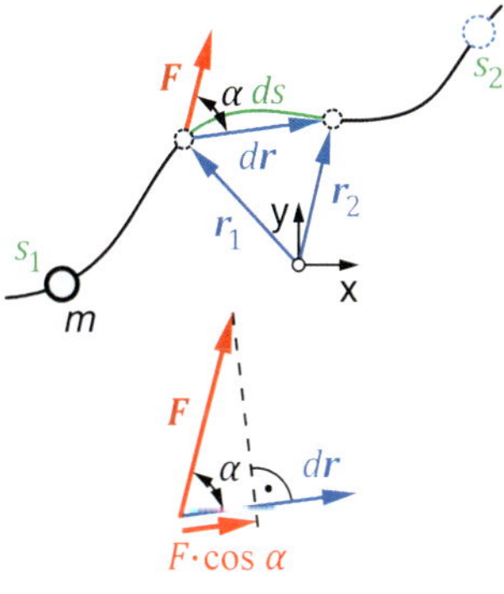

Abb. 3.2

Den zwischen der Kraft $\boldsymbol{F}$ und dem differenziellen Weg $d\boldsymbol{r}$ eingeschlossenen Winkel bezeichnen wir mit α. Die zugehörige differenzielle Arbeit dW der Kraft F entlang des Weges ds können wir in vektorieller Schreibweise mit dem Skalarprodukt oder auch in skalarer Schreibweise berechnen:

$$dW = \boldsymbol{F} \cdot d\boldsymbol{r} = F \cdot \cos\alpha \cdot ds \tag{3.3}$$

Für das Vorzeichen der Arbeit gelten die Regeln der Vektorrechnung und damit die folgenden Vorzeichenkonventionen:

- zeigen Kraft und Weg in die gleiche Richtung ist die Arbeit *positiv* ($0° \le \alpha < 90°$, $270° < \alpha \le 360°$),
- ist die Kraft senkrecht zum Weg ist die Arbeit *Null* ($\alpha = 90°$, $270°$),
- zeigen Kraft und Weg in die entgegengesetzte Richtung ist die Arbeit *negativ* ($90° < \alpha < 270°$).

Die Vorzeichenkonventionen sind in ▸ Abb. 3.3 dargestellt.

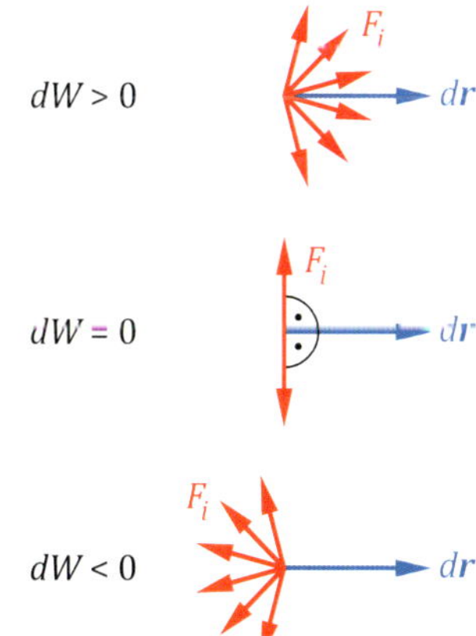

Abb. 3.3

Um die gesamte verrichtete Arbeit der kompletten Verschiebung zu berechnen, brauchen wir nur die differenzielle Arbeit dW nach Gleichung (3.3) über den Gesamtweg vom Anfangs-

s_1 zum Endpunkt s_2 zu integrieren und erhalten damit die Arbeit W der Kraft F:

Arbeit einer Kraft

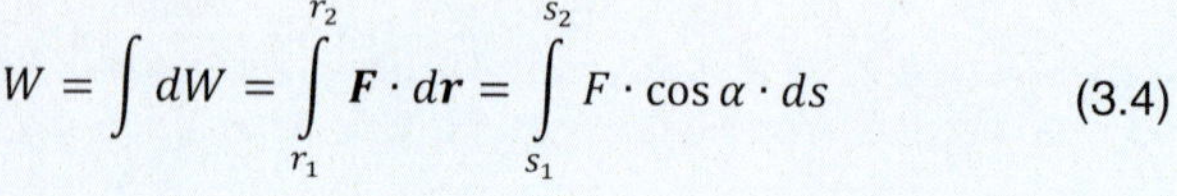

$$W = \int dW = \int_{r_1}^{r_2} \boldsymbol{F} \cdot d\boldsymbol{r} = \int_{s_1}^{s_2} F \cdot \cos\alpha \cdot ds \qquad (3.4)$$

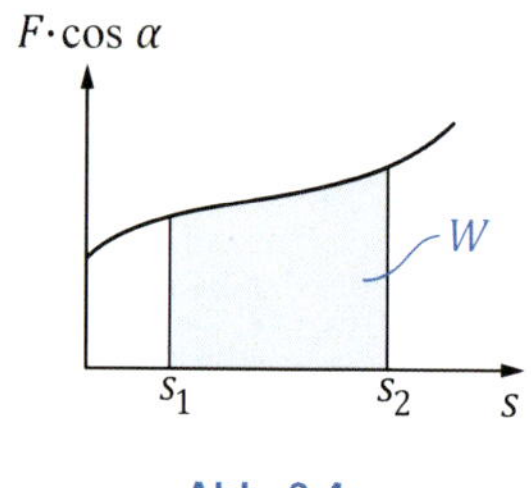

Abb. 3.4

Wollen wir uns zusätzlich noch die verrichtete Arbeit veranschaulichen, so kann die Arbeit auch als die Fläche unterhalb der *Kraft-Weg-Kurve* betrachtet werden, siehe ▸ Abb. 3.4.

Zudem unterscheiden wir im Bereich der Arbeit noch zwischen zwei verschiedenen Kraftarten:

- *Konservative Kräfte*: Kräfte, die längs eines in sich geschlossenen Weges keinerlei Arbeit verrichten, wie z. B. die Gewichtskraft G.
- *Nicht-konservative Kräfte* (dissipative Kräfte): Kräfte, die längs eines in sich geschlossenen Weges Arbeit verrichten. Diese Kräfte lassen sich in eine andere Form umwandeln, wie z. B. die Reibung (Umwandlung einer Bewegung in Wärme).

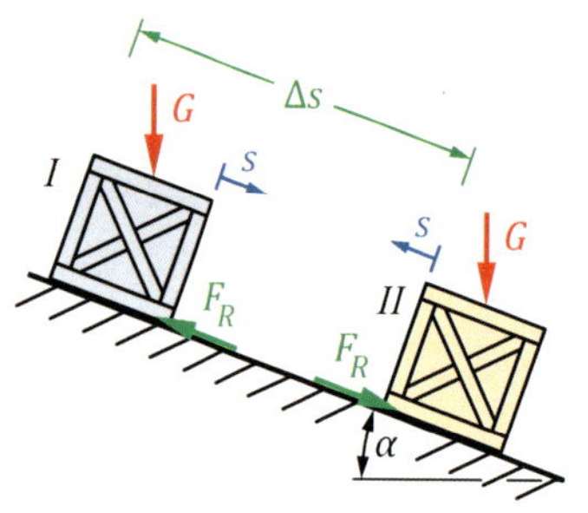

Abb. 3.5

Dazu betrachten wir für eine anschauliche Erklärung die Kiste in ▸ Abb. 3.5. Verschieben wir die Kiste von Position I zur Position II, verrichtet die in Richtung des Weges Δs wirkende anteilige Gewichtskraft $G \cdot \sin\alpha$ positive Arbeit und die entgegen der Bewegung wirkende Reibkraft F_R negative Arbeit. Für die einzelnen Anteile der Arbeit ergibt sich somit:

$$W_G = G \cdot \sin\alpha \cdot \Delta s \qquad (I.1)$$

$$W_R = -F_R \cdot \Delta s \qquad (I.2)$$

Anders herum, wenn wir die Kiste aus der Position II heraus in die Position I zurückschieben (die Richtung des Weges ändert sich und damit auch das Vorzeichen), verrichtet die in Richtung des Weges Δs wirkende anteilige Gewichtskraft $G \cdot \sin\alpha$ und die entgegen der Bewegung wirkende Reibkraft F_R negative Arbeit. Damit ergeben sich die Anteile der Arbeit zu:

$$W_G = -G \cdot \sin\alpha \cdot \Delta s \qquad (II.1)$$

$$W_R = -F_R \cdot \Delta s \qquad (II.2)$$

Hieran sehen wir, dass die gesamte Arbeit der Gewichtskraft W_G entlang eines geschlossenen Weges (also Kiste hinunter und wieder zurückschieben zum Startpunkt ergibt einen geschlossenen Weg; Start- und Endpunkt sind identisch) in den Gleichungen ($I.1$) und ($II.1$) in Summe Null ergibt. Demnach ist die Gewichtskraft G eine konservative Kraft. Dagegen ist die gesamte Arbeit der Reibkraft W_R in beiden Gleichungen

(*I*.2) und (*II*.2) negativ, wodurch die Arbeit entlang des geschlossenen Weges, also die Summe von W_R, ungleich Null ist. Daher ist die Reibkraft F_R eine nicht-konservative Kraft. Nichtkonservative Kräfte werden auch als dissipative Kräfte (dissipare: *lat*. zerstreuen) bezeichnet.

Nicht so ganz wissenschaftlich ausgedrückt können wir auch sagen, dass bei der Abwärtsbewegung der Kiste die Gewichtskraft G beim Verschieben hilft und bei der Aufwärtsbewegung das Verschieben erschwert. Die in die eine Richtung verrichtete Arbeit erhalten wir also bei Umkehrung des Weges wieder zurück. Dies ist bei allen konservativen Kräften der Fall. Als ein weiteres Beispiel einer konservativen Kraft ist die Federkraft zu nennen. Die Kraft zum spannen der Feder erhalten wir bei einer Entlastung der Feder wieder zurück. Dagegen wirkt die Reibkraft F_R immer entgegen der Bewegungsrichtung. Zudem ist uns aus unserem täglichen Leben bekannt, dass Reibung in Wärme umgewandelt werden kann. Jedoch lässt sich die Wärme nicht wieder zurück in Reibung umwandeln, weshalb die Reibkraft F_R eine nicht-konservative Kraft ist.

Wird bei der **Verschiebung** eines Körpers vom Anfangs- zum Endpunkt und wieder zurück, die **verrichtete Arbeit zurückgewonnen**, handelt es sich um eine **konservative Kraft**.

Entsprechend handelt es sich um eine **nicht-konservative Kraft**, wenn die **verrichtete Arbeit nicht wieder zurückgewonnen** wird, wie bei der Reibung.

3

Neben der Kraft ist auch das Moment M eine Größe, die ebenfalls eine Arbeit verrichten kann. Für die Berechnung der Arbeit eines Moments betrachten wir den auf einer Kreisbahn mit Radius r verlaufenden Massenpunkt *m* mit der angreifenden Kraft F in ▸ Abb. 3.6. Die Kraft F ändert dabei in Abhängigkeit des Umlaufwinkels φ ihre Richtung derart, dass sie immer tangential zur Kreisbahn gerichtet ist. Mit dem schon bekannten Zusammenhang zwischen dem Radius r, dem differenziellen Bogenmaß ds und dem differenziellen Öffnungswinkel $d\varphi$

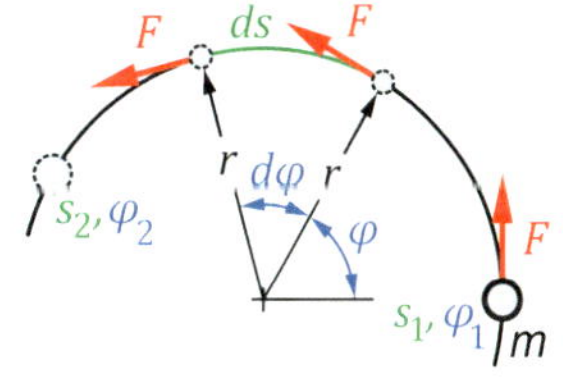

Abb. 3.6

$$ds = r \cdot d\varphi \tag{3.5}$$

können wir die differenzielle Arbeit dW entlang des Teilstücks ds berechnen:

$$dW = F \cdot ds = F \cdot r \cdot d\varphi = M \cdot d\varphi \tag{3.6}$$

Darin ist das Produkt von der Kraft F und dem Radius r das Moment M, welches auf den Massenpunkt *m* entlang der Kreisbahn wirkt.

Die gesamte verrichtete Arbeit W entlang der Kreisbahn vom Anfangs- s_1 zum Endpunkt s_2 bzw. von φ_1 zu φ_2 erhalten wir, indem wir wieder die Integration von Gleichung (3.6) entlang der Umlaufwinkel von φ_1 bis φ_2 ausführen:

Arbeit eines Momentes

$$W = \int dW = \int_{\varphi_1}^{\varphi_2} \boldsymbol{M} \cdot d\boldsymbol{\varphi} = \int_{\varphi_1}^{\varphi_2} M \cdot d\varphi \tag{3.7}$$

Da der Umlaufwinkel $d\varphi$ in [rad] bzw. dimensionslos ist, haben die Arbeit W und das Moment M die gleiche Einheit [Nm], obwohl dies zwei unterschiedliche physikalische Größen sind.

3.3 Energie

Formen von Energie: potenzielle, kinetische, thermische, elektrische, magnetische und chemische Energie.

Die Energie (energeia: *griech.* ἐνέργεια: Aktion, Handlung, Wirkung) als fundamentale physikalische Größe ist notwendig, um einen Körper zu beschleunigen oder ihn entgegen einer Kraft zu bewegen. Als Maßeinheit der Energie (Formelbuchstabe E) dient die abgeleitete SI-Einheit JOULE [1 J = 1 Nm]. Aus unserer täglichen Erfahrung wissen wir, dass Energie in verschiedenen Formen vorkommen kann, wie z. B. potenzielle, kinetische, thermische elektrische, magnetische oder chemische Energie. Zudem kann Energie von einem System zu einem anderen System übertragen und von einer Form in eine andere Form umgewandelt werden. Als Beispiel ist hier die Reibung zu nennen. Gleiten zwei Körper aufeinander, so wandelt sich die mit der Bewegung verbundene kinetische Energie in thermische Energie (Wärme) um. Diese Umwandlung ist leider irreversibel, denn die Wärme kann nicht wieder in Bewegungsenergie zurückgewandelt werden. Darüber hinaus kann Energie weder erschaffen noch vernichtet werden. Energie lässt sich lediglich umwandeln. Aus dieser Betrachtung ergibt sich auch der *Energiesatz* (allgemein auch *Energieerhaltungssatz* genannt). Beschränken wir uns nur auf die in der Mechanik typischerweise zu verwendenden Energieformen der potenziellen und kinetischen Energie, so lautet der Energiesatz:

Energie kann von einem zu einem anderen System **übertragen** und von einer zu einer anderen Form **umgewandelt** werden.

Energie kann weder erschaffen noch vernichtet werden. **Energie** lässt sich nur **umwandeln**.

Energiesatz

In einem geschlossenen System ist die Summe der kinetischen und der potenziellen Energie konstant.

Damit dies zutrifft, muss die kinetische Energie in potenzielle Energie umgewandelt werden können und umgekehrt (ansonsten würde es keine Energieerhaltung geben). Wir wollen und dies an einem einfachen Beispiel klarmachen. Zuvor aber kurz die Definition der beiden Energien:

▶ **Definition von kinetischer und potenzieller Energie**

- *Kinetische Energie* (*Bewegungsenergie*, E_k): abhängig vom Bewegungszustand eines Körpers.
- *Potenzielle Energie* (*Lageenergie*, E_p): abhängig von der Lage eines Körpers in einem Kraftfeld bezüglich eines festen Nullniveaus.

Zum besseren Verständnis des Energiesatzes und der Energieumwandlung schauen wir uns einen Basketball an, siehe ▸ Abb. 3.7. Der Basketball wird aus der Ruhelage I fallen gelassen und trifft in der Endposition III auf den Boden auf. Gehen wir die einzelnen Positionen einmal durch:

- Ruhelage I: Da sich der Basketball oberhalb des Nullniveaus befindet und dies die Ruhelage ist ergibt sich für die Gesamtenergie:

$$E_{ges} = E_p + E_k = m \cdot g \cdot h + 0 \tag{3.8}$$

- Freier Fall II: Das Schwerefeld der Erde zieht den Basketball nach unten. Da sich die Höhenlage zum Nullniveau verändert hat, muss ein Teil der potenziellen Energie E_p in kinetische Energie E_k und damit in verbunden in eine Geschwindigkeit v_{II} umgewandelt werden:

$$E_{ges} = E_p + E_k = m \cdot g \cdot \frac{h}{2} + \frac{1}{2} \cdot m \cdot v_{II}^2 \tag{3.9}$$

- Endposition III: Der Basketball trifft auf den Boden auf. Hier wird das Nullniveau erreicht, wodurch der Basketball keine potenzielle Energie E_p mehr besitzt. Dafür ist aber die kinetische Energie E_k und damit auch die Geschwindigkeit v_{III} größer als in Position II:

$$E_{ges} = E_p + E_k = 0 + \frac{1}{2} \cdot m \cdot v_{III}^2 \tag{3.10}$$

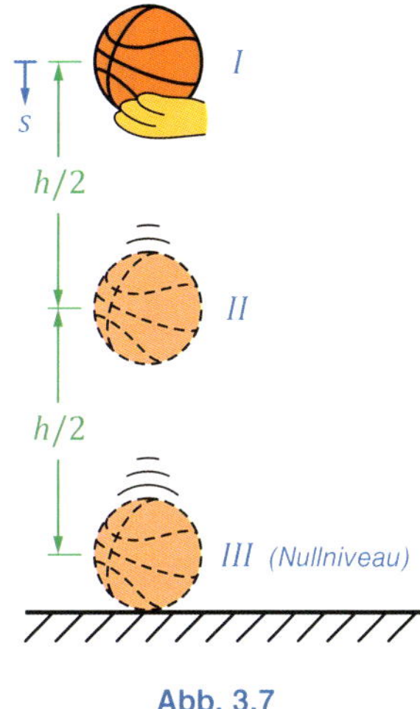

Abb. 3.7

Wir erkennen hieran zweifelsfrei, dass kinetische Energie E_k und potenzielle Energie E_p ineinander umwandelbar sind.

Kinetische Energie und **potenzielle Energie** ist ineinander **umwandelbar**.

Eine recht anschauliche, aber nicht ganz allgemeingültige Definition von Energie ist die *Fähigkeit Arbeit zu verrichten*. Dabei kann als Arbeit die auf mechanischem Wege auf einen Körper übertragene Energie bezeichnet werden. Da Arbeit und Energie sehr eng miteinander verknüpft sind, besitzen beide die Einheit JOULE [J] bzw. [Nm].

Energie ist die **Fähigkeit Arbeit zu verrichten**.

3.4 Arbeitssatz

Befassen wir uns nun mit dem Aufstellen eines auf Arbeit und Energie basierenden Satzes zur Berechnung von elastischen Verformungen an Tragwerken. Aus der Elastostatik sind uns die folgenden Zusammenhänge der Grundgleichungen bekannt: die Gleichgewichtsbedingungen stellen einen Zusammenhang zwischen der Belastung und den Schnittgrößen her. Mithilfe der Äquivalenzbedingungen werden aus den

Gleichgewichtsbedingungen: Zusammenhang zwischen den äußeren Belastungen und den inneren Schnittgrößen.

Äquivalenzbedingungen: Zusammenhang zwischen Schnittgrößen und Beanspruchungen.
Elastizitätsgesetz: Zusammenhang zwischen Beanspruchungen und Verzerrungen.
Kinematische Beziehungen: Zusammenhang zwischen Verzerrungen und Verformungen.

Schnittgrößen die Beanspruchungen ermittelt. Das Elastizitätsgesetz verknüpft die Beanspruchungen mit den Verzerrungen und anhand der Verzerrungen folgen mit den kinematischen Beziehungen die Verformungen des Tragwerkes. Die jeweiligen Gleichungen für die verschiedenen Belastungsarten (Zug/Druck, Biegung, Schub, Torsion) sind in untenstehender ▸ Tab. 3-1 aufgeführt. Der hier vorliegende Zusammenhang zwischen den äußeren eingeprägten Kräften und Momenten mit den Verformungen eines Tragwerkes wollen wir nun auf eine andere Art und Weise herstellen.

Nach dem Energiesatz ist die Gesamtenergie eines Tragwerks immer konstant. Somit muss zwangsweise ein Zusammenhang zwischen den an diesem Tragwerk durch die äußeren eingeprägten Kräfte und Momente verrichteten Arbeiten mit der inneren Energie der Schnittgrößen und damit der Verformungen des Tragwerkes bestehen.

Tab. 3-1 Grundgleichungen der Elastostatik

	Zug/Druck	Biegung	Schub (Vollquerschnitt)	Torsion (Kreisquerschnitt)
Gleichgewicht	$N' = -n$	$M_y' = Q_z$ $Q_z' = -q_z$	$M_y' = Q_z$ $Q_z' = -q_z$	$T' = -m_t$
Kinematik	$\varepsilon = \frac{\partial u}{\partial x} = u'$	$w_b'' = -\psi'$ $w_b' = -\psi$	$\gamma = \psi + w'$	$\gamma = r \cdot \vartheta'$
Elastizitätsgesetz	$N = E \cdot A \cdot \varepsilon$	$M_y = E \cdot I_y \cdot \psi'$	$Q_z = \kappa \cdot G \cdot A \cdot \gamma$	$T = G \cdot I_t \cdot \vartheta'$
Spannung	$\sigma_x = \frac{N}{A}$	$\sigma_{x(z)} = \frac{M_y}{I_y} \cdot z$	$\tau_m = \frac{Q_z}{\kappa \cdot A}$	$\tau_{t(r)} = \frac{T}{I_t} \cdot r$
Verformung	$u'_{(x)} = \frac{N}{E \cdot A}$	$w_b'' = -\frac{M_y}{E \cdot I_y}$	$w_S' = \frac{Q_z}{\kappa \cdot G \cdot A}$	$\vartheta' = \frac{T}{G \cdot I_t}$
Flächenmoment	$A = \int dA$	$I_y = \int z^2 \cdot dA$	$I_y = \int z^2 \cdot dA$	$I_t = I_p = \int r^2 \cdot dA$
Differenzialgleichung	$E \cdot A \cdot u'' = -n$	$E \cdot I_y \cdot w_b'''' = q_z$	$\kappa \cdot G \cdot A \cdot w_S'' = -q_z$	$G \cdot I_t \cdot \vartheta'' = -m_t$

3.4.1 Arbeit der Belastungen (äußere Kraftgrößen)

Befassen wir uns zunächst mit der Arbeit der äußeren eingeprägten Kräfte und Momente. Um die Arbeit dieser Belastungen zu bestimmen, schauen wir uns den Balken in ▸ Abb. 3.8 an. Wird unser Balken mit der äußeren Kraft F belastet, ergibt sich die dargestellte Verschiebung bzw. Balkenverlängerung u. Diese beiden Größen, Kraft F und Verlängerung u, stellen wir in einem Kraft-Weg-Diagramm dar. Dementsprechend ist dann die von der Kraft F verrichtete Arbeit W in Richtung des Weges (Verlängerung) u, der Flächeninhalt (blaue Fläche) unterhalb der Kraft-Weg-Kurve. In Analogie zu Gleichung (3.4) erhalten wir für die Arbeit W in allgemeiner Form:

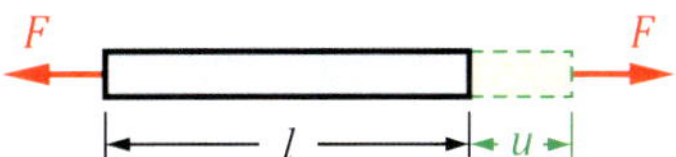

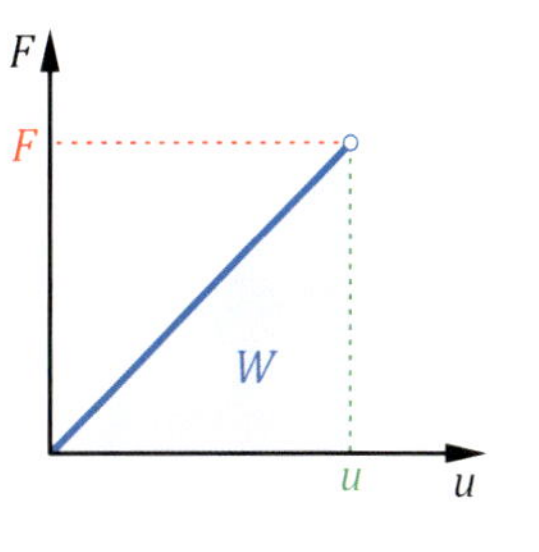

Abb. 3.8

$$W = \int F \cdot du \tag{3.11}$$

Da es einen Zusammenhang zwischen der Kraft F und dem Weg u über die *FLEA-Gleichung* gibt, können wir diese Gleichung entsprechend umstellen und einsetzen:

$$\Delta l = u = \frac{F \cdot l}{E \cdot A} \qquad \rightarrow \quad F = \frac{E \cdot A}{l} \cdot u$$

$$W = \int \frac{E \cdot A}{l} \cdot u \cdot du = \frac{1}{2} \cdot \frac{E \cdot A}{l} \cdot u^2 \tag{3.12}$$

Für die quadrierte Verschiebung u^2 fügen wir nochmals die quadrierte FLEA-Gleichung ein:

$$W = \frac{1}{2} \cdot \frac{E \cdot A}{l} \cdot \frac{F^2 \cdot l^2}{E^2 \cdot A^2} = \frac{1}{2} \cdot \frac{F^2 \cdot l}{E \cdot A} = \frac{1}{2} \cdot F \cdot \frac{F \cdot l}{E \cdot A} \tag{3.13}$$

Der rechte Termin ist bei dieser Sortierung wieder die durch die FLEA-Gleichung berechnete Verschiebung u. Wir erhalten also für die gesamte Arbeit der Kraft F als Ergebnis:

$$W = \int F \cdot du = \frac{1}{2} \cdot F \cdot u \tag{3.14}$$

Arbeit der Belastung (Kraft)

Da die Arbeit einer Kraft das Produkt aus Kraft und Weg ist, die Arbeit eines Moments das Produkt aus Moment und Verdrehung ist, können wir mit Gleichung (3.7) auch die Arbeit W eines Moments bestimmen:

$$W = \int M \cdot d\psi = \frac{1}{2} \cdot M \cdot \psi \tag{3.15}$$

Arbeit der Belastung (Moment)

Mithilfe dieser beiden Gleichungen können wir die Arbeit der äußeren eingeprägten Kräfte und Momente bestimmen.

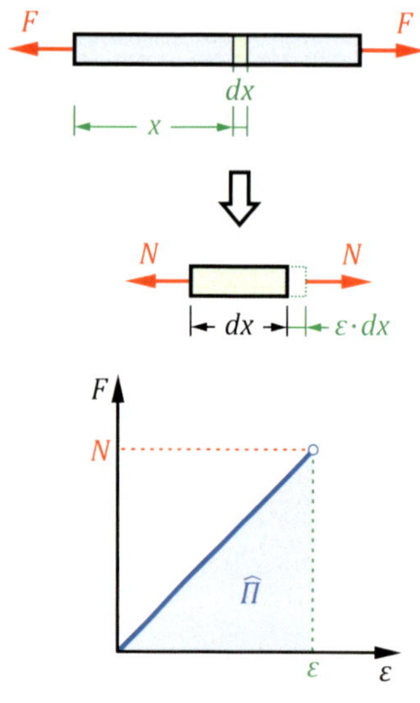

Abb. 3.9

3.4.2 Arbeit der Schnittgrößen (innere Kraftgrößen)

Wir wollen nun die Arbeit der Schnittgrößen (Normalkraft N, Querkraft Q, Biegemoment M, Torsionsmoment T) bestimmen. Dazu verwenden wir wieder unseren Balken mit der Belastung durch die Kraft F, siehe ▸ Abb. 3.9. Um die Schnittgröße der Normalkraft zu betrachten, schneiden wir aus unserem Balken ein infinitesimales Balkenelement der Länge dx heraus. An diesem Element wirkt die Normalkraft N und dehnt das Element um den Betrag $\varepsilon \cdot dx$. Tragen wir diesen Zusammenhang in einem Kraft-Dehnungs-Diagramm auf, können wir daran die Arbeit der Normalkraft N bestimmen. Da die Normalkraft N eine Formänderung unseres Balkens hervorruft, wird die innere Arbeit der Schnittgrößen auch als *Formänderungsenergie*[16] bezeichnet. Für unser Balkenelement erhalten wir dann die infinitesimale Formänderungsenergie $d\Pi$:

$$d\Pi = \frac{1}{2} \cdot N \cdot \varepsilon \cdot dx = \widehat{\Pi} \cdot dx \tag{3.16}$$

Darin ist $\widehat{\Pi}$ die *Formänderungsenergie pro Längeneinheit*. Die gesamte Formänderungsenergie erhalten wir durch Integration von Gleichung (3.16) über die gesamte Balkenlänge:

Allgemeine Formänderungsenergie der Schnittgrößen

$$\Pi = \int d\Pi = \int_0^l \widehat{\Pi} \cdot dx \tag{3.17}$$

Setzen wir hier den Ausdruck für die Normalkraft N aus Gleichung (3.16) ein erhalten wir:

$$\Pi = \int \widehat{\Pi} \cdot dx = \int \frac{1}{2} \cdot N \cdot \varepsilon \cdot dx \tag{3.18}$$

Für die enthaltene Dehnung ε setzen wir das Elastizitätsgesetz aus ▸ Tab. 3-1

$$N = E \cdot A \cdot \varepsilon \qquad \rightarrow \; \varepsilon = \frac{N}{E \cdot A}$$

ein und erhalten damit die Formänderungsenergie (gesamte innere Energie) der Normalkraft N zu:

Formänderungsenergie der Normalkraft N

$$\Pi = \int_0^l \frac{1}{2} \cdot \frac{N^2}{E \cdot A} \cdot dx = \frac{1}{2} \cdot \frac{N^2 \cdot l}{E \cdot A} \tag{3.19}$$

[16] Da Energie die Fähigkeit ist, Arbeit zu verrichten, wird zur Abgrenzung der *inneren Arbeit der Schnittgrößen* der Begriff *Formänderungsenergie* verwendet.

Wir wollen nun noch die Formänderungsenergie des Biegemoments M bestimmen. Hierzu können wir analog vorgehen. Die Arbeit bzw. Energie eines Moments ist das Produkt aus dem Moment M und der damit einhergehenden Verdrehung ψ. Dazu betrachten wir ein infinitesimales Balkenelement der Länge dx, welches durch ein Biegemoment M belastet ist und somit die infinitesimale Verdrehung $d\psi$ erfährt, siehe ▸ Abb. 3.10. Die mit dem Biegemoment M verbundene infinitesimale Formänderungsenergie $d\Pi$ ist dann:

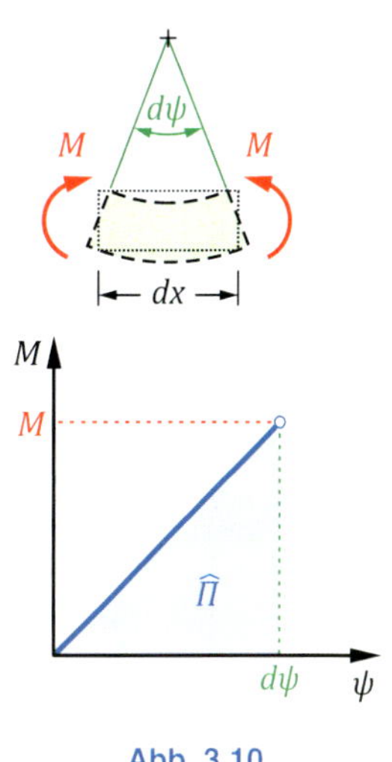

Abb. 3.10

$$d\Pi = \frac{1}{2} \cdot M \cdot d\psi = \frac{1}{2} \cdot M \cdot \psi' \cdot dx = \hat{\Pi} \cdot dx \qquad (3.20)$$

Darin ersetzen wir die Ableitung des Verdrehwinkels ψ' mit dem Elastizitätsgesetz aus ▸ Tab. 3-1:

$$M = E \cdot I_y \cdot \psi' \qquad \rightarrow \quad \psi' = \frac{M}{E \cdot I_y}$$

und erhalten damit die Formänderungsenergie des Biegemoments M nach Integration über die gesamte Balkenlänge:

Formänderungsenergie des Biegemoments M

$$\Pi = \int_0^l \frac{1}{2} \cdot \frac{M^2}{E \cdot I_y} \cdot dx = \frac{1}{2} \cdot \frac{M^2 \cdot l}{E \cdot I_y} \qquad (3.21)$$

Analog können wir auch zur Bestimmung der Formänderungsenergie für die Querkraft Q und für das Torsionsmoment T vorgehen. Wir wollen jedoch auf eine Herleitung verzichten und direkt die Formänderungsenergie pro Längeneinheit Π^* für alle Schnittgrößen in ▸ Tab. 3-2 angeben. Darin ist die Formänderungsenergie in der allgemeinen Form, infolge der Kraftwirkungen und infolge der Verformungsgrößen für alle vier Schnittgrößen angegeben. In der Regel werden zur Berechnung aber die Kraftgrößen verwendet, da die Ermittlung der Schnittgrößen wesentlich einfacher ist als die Ermittlung der Verformungen. Darum sind die Gleichungen der Kraftgrößen in umseitiger ▸ Tab. 3-2 auch farblich hinterlegt. Bei der Querkraft Q bezieht sich die Formänderungsenergie auf einen Vollquerschnitt. Dünnwandige Querschnitte haben wir nicht betrachtet. Für das Torsionsmoment T gilt die Formänderungsenergie für Kreisquerschnitte. Auch hier wurden weder dünnwandige noch beliebige Querschnitte betrachtet.

Üblicherweise sind bei normalen Tragwerken immer mehrere Schnittgrößen in einem Tragwerk vorhanden. Da wir die Schnittgrößen einzeln bestimmen können, ist es naheliegend, dass wir auch die gesamte Formänderungsenergie der Schnitt-

Tab. 3-2 Formänderungsenergie pro Längeneinheit $\hat{\Pi}$

	Zug/Druck	**Biegung**	**Schub** (Vollquerschnitt)	**Torsion** (Kreisquerschnitt)
Formänderungsenergie allgemein	$\frac{1}{2}\cdot N\cdot\varepsilon$	$\frac{1}{2}\cdot M\cdot\psi'$	$\frac{1}{2}\cdot Q\cdot\gamma$	$\frac{1}{2}\cdot T\cdot\vartheta'$
Formänderungsenergie infolge der Kraftwirkung	$\frac{1}{2}\cdot\frac{N^2}{E\cdot A}$	$\frac{1}{2}\cdot\frac{M^2}{E\cdot I}$	$\frac{1}{2}\cdot\frac{Q^2}{\kappa\cdot G\cdot A}$	$\frac{1}{2}\cdot\frac{T^2}{G\cdot I_t}$
Formänderungsenergie infolge der Verformung	$\frac{1}{2}\cdot E\cdot A\cdot u'^2$	$\frac{1}{2}\cdot E\cdot I\cdot w''^2$	$\frac{1}{2}\cdot\kappa\cdot G\cdot A\cdot w_S'^2$	$\frac{1}{2}\cdot G\cdot I_t\cdot\vartheta'^2$

größen durch Superposition berechnen können. Dementsprechend lassen sich alle anteiligen Schnittgrößen in Gleichung (3.17) aufsummieren. Beachten wir dabei, dass die Querkraft in zwei Koordinatenrichtungen (z- und y-Richtung) und das Biegemoment um zwei Koordinatenachsen (y- und z-Achsen) wirken können, erhalten wir für die *gesamte Formänderungsenergie aller Schnittgrößen* die folgende Form:

Formänderungsenergie aller Schnittgrößen

$$\Pi = \int \frac{1}{2}\cdot\frac{N^2}{E\cdot A}\cdot dx + \int \frac{1}{2}\cdot\frac{M_y^2}{E\cdot I_y}\cdot dx + \int \frac{1}{2}\cdot\frac{M_z^2}{E\cdot I_z}\cdot dx + \int \frac{1}{2}\cdot\frac{Q_z^2}{\kappa\cdot G\cdot A}\cdot dx + \int \frac{1}{2}\cdot\frac{Q_y^2}{\kappa\cdot G\cdot A}\cdot dx + \int \frac{1}{2}\cdot\frac{T^2}{G\cdot I_t}\cdot dx \tag{3.22}$$

Ist eine oder sind mehrere Schnittgrößen nicht vorhanden, können die entsprechenden Intergrale zu Null gesetzt werden. Bei Tragwerken mit mehreren Bereichen muss Π für jeden Bereich einzeln ermittelt und anschließend über alle Bereiche zur gesamten Formänderungsenergie des gesamten Tragwerks aufsummiert werden.

3.4.3 Arbeitssatz

Führen wir nun die Arbeit der äußeren Kraftgrößen sowie die Formänderungsenergie der inneren Schnittgrößen zu einem Satz, dem sogenannten Arbeitssatz, zusammen. Beim Arbeitssatz gehen wir davon aus, dass die in unserem abgeschlossenen System (unser Tragwerk) vorhandene Energie zu jedem Zeitpunkt und immer konstant ist. Es geht also weder Energie verloren noch kommt welche hinzu (wobei Energie ja nie verloren geht, sondern lediglich in eine andere Form umgewandelt wird).

Um den Arbeitssatz herzuleiten bzw. aufzustellen, wollen wir wieder unseren Balken aus ▸ Abb. 3.8 und ▸ Abb. 3.9 verwenden. Hierbei setzen wir noch voraus, das die Dehnsteifigkeit $E \cdot A$ sowie die angreifende Kraft F konstant sind. Dann vergleichen wir an unserem Balken die äußere Arbeit der Kraft F nach Gleichung (3.13) mit der inneren Arbeit der Schnittgröße Normalkraft N nach Gleichung (3.19):

$$W = \frac{1}{2} \cdot \frac{F^2 \cdot l}{E \cdot A} = \Pi = \frac{1}{2} \cdot \frac{N^2 \cdot l}{E \cdot A} \tag{3.23}$$

3

Da die darin enthaltene Normalkraft N genauso groß wie die äußere Kraft F ist, muss auch die äußere Arbeit W der inneren Formänderungsenergie Π entsprechen. Dieser grundlegende Zusammenhang ist gleichzeitig auch der *Arbeitssatz*:

Arbeitssatz

Die an einem elastischen Körper von den äußeren Belastungen geleistete Arbeit W (äußere Energie) wird als Formänderungsenergie Π (innere Energie) im verformten Körper gespeichert. Dabei ist Π immer positiv (auch bei Druck).

$$W = \Pi \tag{3.24}$$

Der Arbeitssatz gilt für jedes elastische System und für alle äußeren Kraftgrößen wie auch für alle inneren Schnittgrößen. Des Weiteren besagt der Arbeitssatz, dass bei einer Entlastung, die Formänderungsenergie wiedergewonnen wird und das System somit reversibel ist. Die gesamte Energie bleibt also erhalten.

3.4.4 Anwendung des Arbeitssatzes

Die Anwendung des Arbeitssatzes wollen wir anhand des in ▸ Abb. 3.11 dargestellten Kragträgers erläutern. An der Kraftangriffsstelle tritt infolge der Kraft F die in Kraftrichtung zugehörige Verschiebung f auf (Kraft und Weg auf gleicher Wirkungslinie). Wollen wir nun die Verschiebung f infolge der Biegung (wir gehen von einem schubstarren Balken nach der EULER-BERNOULLI[17]-Balkentheorie aus) durch die Kraft F bestimmen, muss nach dem Arbeitssatz die äußere Arbeit der Kraft F mit der Verschiebung f der Formänderungsenergie der Schnittgröße Biegemoment M entsprechen. Damit lautet der Arbeitssatz:

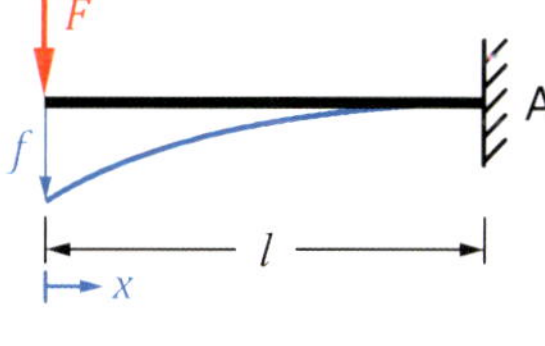

Abb. 3.11

$$W = \Pi = \frac{1}{2} \cdot F \cdot f = \int \frac{1}{2} \cdot \frac{M^2}{E \cdot I_y} \cdot dx \tag{3.25}$$

[17] Jakob I. BERNOULLI (1655–1705), schweiz. Mathematiker, Physiker, Professor für Mathematik
Daniel BERNOULLI (1700–1782), schweiz. Mathematiker, Physiker, Professor für Physik
Leonhard EULER (1707–1783), schweiz. Mathematiker, Physiker, Professor für Physik und Mathematik

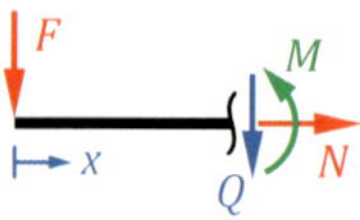

Abb. 3.12

Das drin enthaltene Biegemoment M können wir mithilfe der Gleichgewichtsbedingungen anhand ▸ Abb. 3.12 ermitteln:

$$M = -F \cdot x \tag{3.26}$$

Dies setzen wir anschließend in unseren Arbeitssatz ein:

$$\frac{1}{2} \cdot F \cdot f = \int_0^l \frac{1}{2} \cdot \frac{(F \cdot x)^2}{E \cdot I_y} \cdot dx = \frac{1}{2} \cdot \frac{1}{3} \cdot \frac{F^2 \cdot l^3}{E \cdot I_y} \tag{3.27}$$

Beim Einsetzen des Biegemoments M wird zudem deutlich, dass das Vorzeichen der Schnittgröße unerheblich ist, da die Schnittgrößen im Arbeitssatz quadriert werden. Somit ist es egal, ob wir die Schnittgrößen am positiven oder negativen Schnittufer aufstellen.

Lösen wir nun den Arbeitssatz nach der gesuchten Verschiebung f auf, erhalten wir als Ergebnis:

$$\underline{\underline{f = \frac{1}{3} \cdot \frac{F \cdot l^3}{E \cdot I_y}}} \tag{3.28}$$

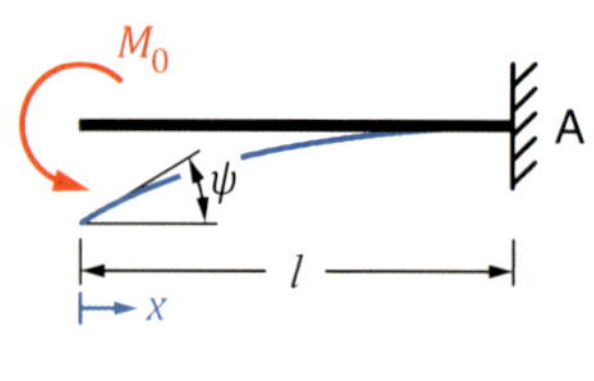

Abb. 3.13

Um die Verdrehung ψ infolge eines angreifenden Moments M_0 zu berechnen, können wir ebenfalls den Arbeitssatz anwenden und analog vorgehen. Anhand des Kragträgers in ▸ Abb. 3.13 stellen wir den Arbeitssatz auf und setzen die Arbeit des Moments M_0 mit der Verdrehung ψ gleich der Formänderungsenergie nach ▸ Tab. 3-2:

$$W = \Pi = \frac{1}{2} \cdot M_0 \cdot \psi = \int \frac{1}{2} \cdot \frac{M^2}{E \cdot I_y} \cdot dx \tag{3.29}$$

Da im Balken die Schnittgröße Biegemoment M konstant ist und im Gleichgewicht mit dem angreifenden Moment M_0 ist, erhalten wir mit $M = M_0$ als Ergebnis:

$$\frac{1}{2} \cdot M_0 \cdot \psi = \frac{1}{2} \cdot \frac{M_0^2 \cdot l}{E \cdot I_y} \qquad \rightarrow \quad \underline{\underline{\psi = \frac{M_0 \cdot l}{E \cdot I_y}}} \tag{3.30}$$

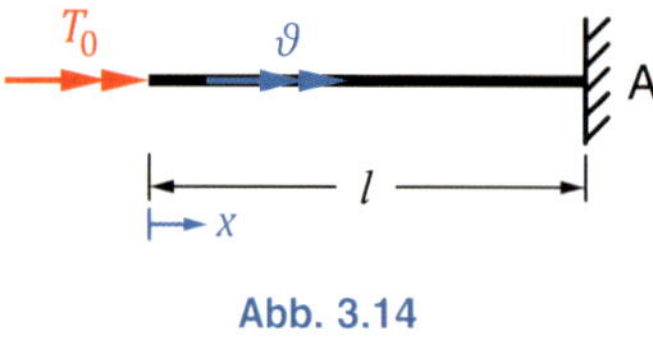

Abb. 3.14

Abschließend wollen wir noch die Verdrillung ϑ infolge eines Torsionsmoments T_0 am nebenstehenden Kragträger in ▸ Abb. 3.14 bestimmen. Auch hier stellen wir mit dem Arbeitssatz wieder die äußere Arbeit des Torsionsmoments T_0 mit der Verdrillung ϑ der Formänderungsenergie der Schnittgröße Torsionsmoment T gegenüber:

$$W = \Pi = \frac{1}{2} \cdot T_0 \cdot \vartheta = \int \frac{1}{2} \cdot \frac{T^2}{G \cdot I_t} \cdot dx \tag{3.31}$$

Auch hier muss infolge Gleichgewicht die innere Schnittgröße des Torsionsmoments T gleich dem äußeren angreifenden Torsionsmoment T_0 sein: $T = T_0$. Damit erhalten wir dann für die gesuchte Verdrillung:

$$\frac{1}{2}\cdot T_0 \cdot \vartheta = \frac{1}{2}\cdot\frac{T_0^2 \cdot l}{G \cdot I_t} \qquad \rightarrow \; \underline{\underline{\vartheta = \frac{T_0 \cdot l}{G \cdot I_t}}} \tag{3.32}$$

Mithilfe des Arbeitssatzes können wir also die Verformung f infolge einer Kraft (Normal- wie auch Querkraft), die Verdrehung ψ infolge eines Moments oder die Verdrillung ϑ infolge eines Torsionsmoments an der entsprechenden Angriffsstelle von Kraft bzw. Moment berechnen. Berücksichtigen wir alle Schnittgrößen, erhalten wir für die jeweiligen Verformungsgrößen nach Gleichung (3.24) folgende Gleichungen:

$$F \cdot f = \int \left(\frac{N^2}{E \cdot A} + \frac{Q^2}{\kappa \cdot G \cdot A} + \frac{M^2}{E \cdot I_y} + \frac{T^2}{G \cdot I_t}\right) \cdot dx \tag{3.33}$$

$$M \cdot \psi = \int \left(\frac{N^2}{E \cdot A} + \frac{Q^2}{\kappa \cdot G \cdot A} + \frac{M^2}{E \cdot I_y} + \frac{T^2}{G \cdot I_t}\right) \cdot dx \tag{3.34}$$

$$T \cdot \vartheta = \int \left(\frac{N^2}{E \cdot A} + \frac{Q^2}{\kappa \cdot G \cdot A} + \frac{M^2}{E \cdot I_y} + \frac{T^2}{G \cdot I_t}\right) \cdot dx \tag{3.35}$$

3.4.5 Nachteile des Arbeitssatzes

Mit der Anwendung des Arbeitssatzes nach Gleichung (3.24) sind jedoch einige entscheidende Nachteile verbunden:

- Der Arbeitssatz gilt nur für *statisch bestimmte Systeme*.
- Der Arbeitssatz gilt nur dann, wenn *nur eine* äußere Kraft F oder *nur ein* äußeres Moment M bzw. T wirkt.
- Es lassen sich zwar mehrere äußere Belastungen (F, M, T) berücksichtigen, weil diese aber mehrere unterschiedliche *unbekannte Verformungen* (f, ψ, ϑ) verursachen, können die Verformungen nicht berechnet werden (mehrere Unbekannte für nur eine Gleichung).
- Die Verformung (f, ψ, ϑ) an einem einzelnen Punkt, an dem keine Einzelbelastung (F, M, T) angreift, kann für diesen Punkt nicht berechnet werden, da an diesem Punkt keine äußere Arbeit W vorhanden ist.

► **Nachteile des Arbeitssatzes**

Um diese Nachteile zu umgehen, muss der Arbeitssatz entsprechend erweitert werden. Die Möglichkeiten zur Erweiterung werden in den Kapiteln 5 bis 8 behandelt.

3.5 Höhere Betrachtungen

Wir wollen im Sinne der Höheren Technischen Mechanik eine weitere Betrachtung zur Arbeit sowie der damit verbundenen Formänderungsenergie und des Arbeitssatzes vorstellen.

3.5.1 Komplementäre Arbeit

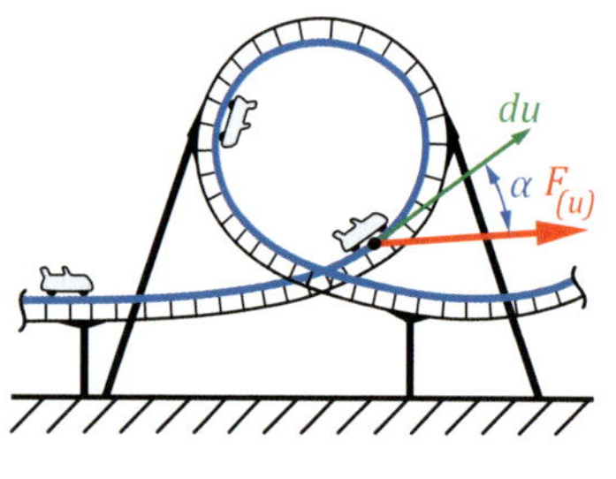

Abb. 3.15

In Bezug auf den Begriff der Arbeit betrachten wir die beiden nebenstehenden Beispiele. Die Achterbahn in ▸ Abb. 3.15 kennzeichnet ein sogenanntes *verschiebungsgeregeltes* System. Dies bedeutet, dass der Weg des Achterbahnwagens mit einer vorgegebenen Verschiebungsbahn u (Bahnkurve; Achterbahnschiene) festgelegt und die am Achterbahnwagen wirkende Kraft $F_{(u)}$ *verschiebungsabhängig* ist, da sich die Kraft $F_{(u)}$ in Abhängigkeit des Weges u ändert. Betrachten wir den Weg u in infinitesimale Teil-Abschnitte du, können wir mit Kenntnis der Kraft $F_{(u)}$ die differentielle Arbeit dW berechnen:

$$dW = \boldsymbol{F}_{(u)} \cdot d\boldsymbol{u} = F_{(u)} \cdot cos\,\alpha \cdot du \tag{3.36}$$

Darin sind die Kraft F und der Weg u jeweils Vektoren. Führen wir das Integral entlang des gesamten Weges durch, erhalten wir damit die Gesamt-Arbeit W (vgl. Gl. (3.11) auf S. 39):

$$W = \int dW = \int \boldsymbol{F}_{(u)} \cdot d\boldsymbol{u} \tag{3.37}$$

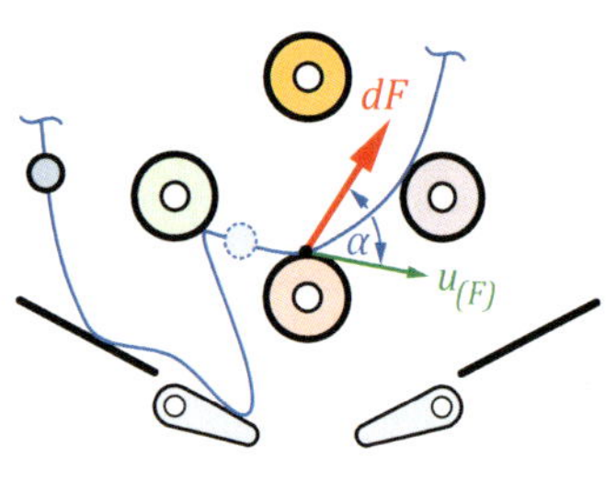

Abb. 3.16

Dagegen sind bei dem in ▸ Abb. 3.16 dargestellten Flipperautomaten die Verhältnisse genau umgekehrt und es handelt sich hier um ein *kraftgeregeltes* System. Die Kraft F an den Kontaktpunkten ist (mehr oder weniger gut) vorgegeben und der Weg der Kugel $u_{(F)}$ ist damit abhängig von der wirkenden Kraft F (die sich einstellende Bahnkurve der Kugel kann als Kräftebahn bezeichnet werden). Somit haben wir hier einen *kraftabhängigen* Weg $u_{(F)}$. Sobald die Kugel auf ein Hindernis trifft, ändert die dort wirkende Kraft F den Weg der Kugel $u_{(F)}$. Gehen wir analog vor, so können wir die Kraft als infinitesimale Kraft dF betrachten und mit Kenntnis des Weges $u_{(F)}$ die zugehörige differentielle Arbeit dW^* sowie mit dem Integral die Gesamtarbeit W^* berechnen:

$$dW^* = \boldsymbol{u}_{(F)} \cdot d\boldsymbol{F} = u_{(F)} \cdot cos\,\alpha \cdot dF \tag{3.38}$$

$$W^* = \int dW^* = \int \boldsymbol{u}_{(F)} \cdot d\boldsymbol{F} \tag{3.39}$$

Das hochgestellte Sternchen "*" soll die, im Vergleich zur Achterbahn, veränderte Ausgangssituation kennzeichnen.

Wir wollen dies nun auf unser Beispiel zur Arbeit der äußeren eingeprägten Kräfte und Momente übertragen. Dazu verwenden wir das schon bekannte Beispiel des Zugstabes aus ▸ Abb. 3.8 von S. 39. Hieran wollen wir nun die Arbeit einer verschiebungsabhängigen Kraft $F_{(u)}$ sowie eines kraftabhängigen Weges $u_{(F)}$ in allgemeiner Form bestimmen. Dazu gehen wir davon aus, dass Kraft und Weg beliebig groß sind und veränderlich sein können.

Fangen wir mit der verschiebungsabhängigen Kraft $F_{(u)}$ in ▸ Abb. 3.17 an. Wir Dehnen unseren Zugstab um die Länge u. Damit verbunden ergibt sich die Kraft $F_{(u)}$. Denn bei Veränderung der Länge u, ändert sich auch die Kraft $F_{(u)}$. Im Kraft-Weg-Diagramm ist die damit einhergehende Arbeit W, die Fläche unterhalb des Graphen. Für die differentielle Arbeit dW sowie für die gesamte Arbeit W erhalten wir dann:

$$dW = F_{(u)} \cdot du$$

$$W = \int dW = \int_0^u F_{(u)} \cdot du \tag{3.40}$$

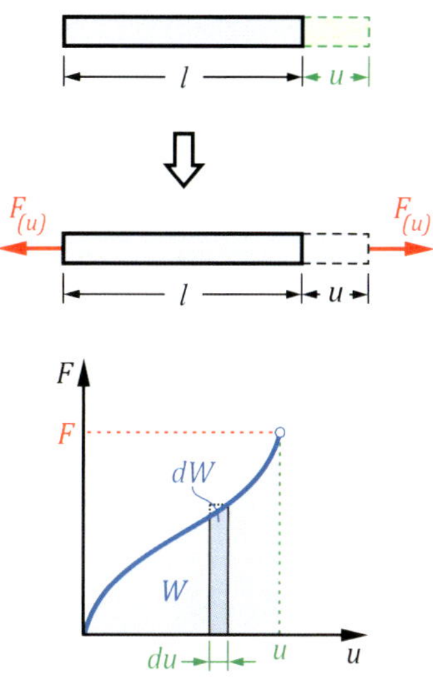

Abb. 3.17

Demgegenüber steht der kraftabhängige Weg $u_{(F)}$. Wir bringen auf unseren Zugstab zuerst eine Kraft F auf, siehe ▸ Abb. 3.18. Dadurch stellt sich anschließend der kraftabhängige Weg $u_{(F)}$ ein. Im zugehörigen Kraft-Weg-Diagramm ist die Arbeit W^*, diesmal die Fläche oberhalb des Graphen und für die differentielle Arbeit dW^* sowie für die Arbeit W^* erhalten wir:

$$dW^* = u_{(F)} \cdot dF$$

$$W^* = \int dW^* = \int_0^F u_{(F)} \cdot dF \tag{3.41}$$

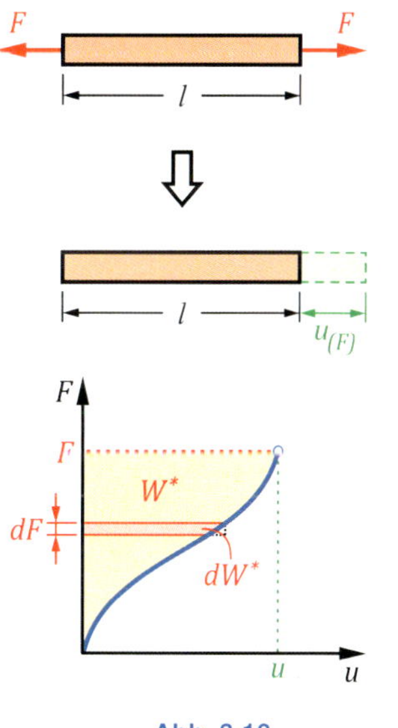

Abb. 3.18

Wir erkennen hieran, dass sich die beiden Arbeiten W und W^* im Kraft-Weg-Diagramm ergänzen und damit komplementär zueinander sind. Aus diesem Grund wird die Arbeit W^* auch als *komplementäre Arbeit* oder *Ergänzungsarbeit* bezeichnet.

Addieren wir die Arbeit W und die komplementäre Arbeit W^* zusammen, erhalten wir die auf der nächsten Seite in ▸ Abb. 3.19 dargestellte Rechteckfläche der Größe:

$$W + W^* = F \cdot u \tag{3.42}$$

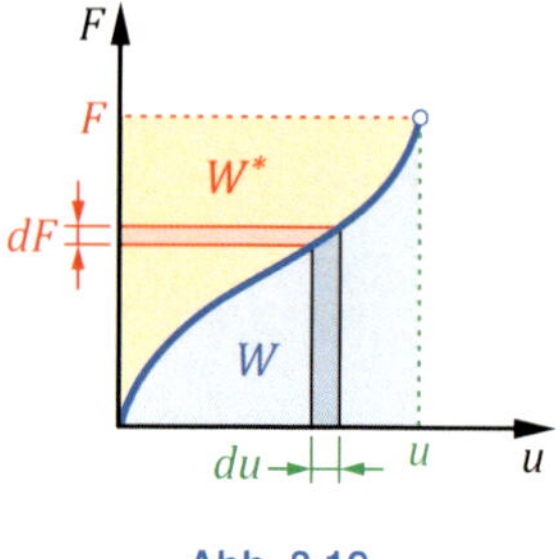

Abb. 3.19

Da wir die Arbeit W durch eine Integration über die Verformung u (Verformungsgrößen können zusammengefasst als Verzerrungen bezeichnet werden) bestimmt haben, können wir W auch als eine *Verzerrungs-Arbeit* W bezeichnen. Dieser Begriff ist nicht geläufig, aber durchaus anschaulich. Auf der Anderen Seite wäre dann die komplementäre Arbeit W^* eine *Spannungs-Arbeit* W^*. Schließlich ist hier die Kraft F ausschlaggebend und auf den Querschnitt bezogen, können wir die Kraft F auch als eine Spannung ausdrücken. Zudem gilt bei beliebigem Materialverhalten:

$$W \neq W^* \tag{3.43}$$

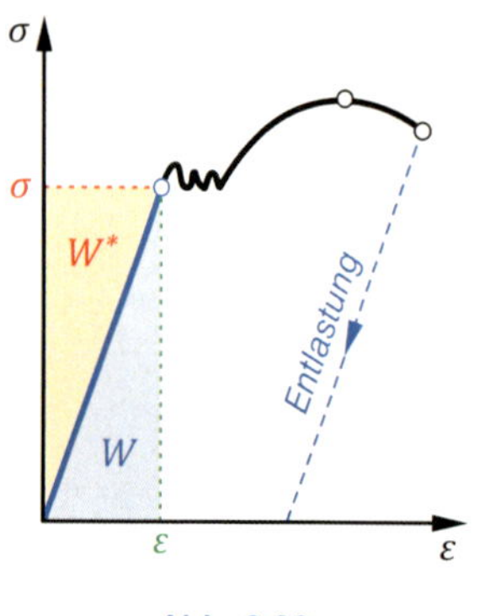

Abb. 3.20

Übertragen wir dies nun auf ein *linear-elastisches* Materialverhalten, welches wir mithilfe des Spannungs-Dehnungs-Diagrammes charakterisieren können. Im Spannungs-Dehnungs-Diagramm ersetzen wir dann die Kraft F durch die Spannung σ mit $\sigma = F/A$ und die Verschiebung u durch die Dehnung ε mit $\varepsilon = u/l$. Dann wäre im Bereich der HOOKE'schen Geraden[18] die (Verzerrungs-)Arbeit W unterhalb und die komplementäre (Spannungs-)Arbeit W^* oberhalb der HOOKE'schen Geraden zu finden, siehe ▸ Abb. 3.20. Aufgrund des linear-elastischen Materialverhaltens sind die beiden Arbeiten gleich:

$$W = W^* \tag{3.44}$$

Der gleiche Zusammenhang gilt auch für Momente. Auf eine explizite Darstellung der entsprechenden Gleichungen wollen wir an dieser Stelle verzichten.

3.5.2 Komplementäre Formänderungsenergie

Übertragen wir unsere Überlegungen der Arbeit W und der komplementären Arbeit W^* auf die Formänderungsenergie, also die im Inneren eines Körpers gespeicherte Energie infolge der vorhandenen Schnittgrößen, so finden wir analoge Zusammenhänge. Wir wollen uns diese Zusammenhänge auf eine anschauliche Weise verdeutlichen.

Beim **Zugversuch** wird die **Verformung** u vorgegeben und die zugehörige **Kraft** $F_{(u)}$ gemessen.

Damit ergibt sich die **Arbeit** W.

Wir haben die beiden unterschiedlichen Fälle betrachtet, in denen wir entweder eine Verformung vorgeben und die zugehörige Kraft bestimmen (Beispiel Achterbahn) oder eine Kraft vorgeben und die zugehörige Verformung bestimmen (Beispiel Flipperautomat). Beim eindimensionalen Zugversuch geben wir eine Verformung vor und messen dabei die zugehörige Kraft, daher ist die Arbeit W auch unterhalb der Kurve zu finden. Analoges können wir für die Formänderungsenergie Π finden.

[18] Robert HOOKE (1635–1703), engl. Universalgelehrter, Naturphilosoph, Professor für Geometrie

Wenn es eine Arbeit W und eine komplementäre Arbeit W^* gibt, so muss es auch eine Formänderungsenergie Π und eine komplementäre Formänderungsenergie Π^* geben. Um diese beiden zu bestimmen, können wir die in ▸ Tab. 3-2 auf S. 42 aufgeführten Angaben nutzen. Die Formänderungsenergie Π (analog zur Arbeit W) erhalten wir über die Verzerrungsbeziehung. Hierbei geben wir die Verzerrung ε vor und im belasteten Körper ergibt sich die zugehörige Spannung $\sigma_{(\varepsilon)}$. Bei einer reinen Zugbelastung gilt damit für die Formänderungsenergie:

Formänderungsenergie

$$\Pi_{(\varepsilon)} = \int_0^l \frac{1}{2} \cdot E \cdot A \cdot \varepsilon^2 \cdot dx = \frac{1}{2} \cdot E \cdot A \cdot \varepsilon^2 \cdot l \tag{3.45}$$

Um nun die komplementäre Formänderungsenergie Π^* zu erhalten, gehen wir analog mit einer Kraftbeziehung vor. Wir geben dann die Normalkraft N vor, wodurch sich die zugehörige Verzerrung $\varepsilon_{(N)}$ im Körper ergibt. Bei der gleichen Zugbelastung gilt damit für die komplementäre Formänderungsenergie:

$$\Pi^*_{(\sigma)} = \int_0^l \frac{1}{2} \cdot \frac{N^2}{E \cdot A} \cdot dx = \frac{1}{2} \cdot \frac{N^2 \cdot l}{E \cdot A} \tag{3.46}$$

In dieser Gleichung können wir noch die Normalkraft N auf einen Querschnitt A beziehen und erhalten für die Spannung σ:

$$\sigma = \frac{N}{A} \qquad \rightarrow \quad N = \sigma \cdot A \tag{3.47}$$

Wir erhalten für die komplementäre Formänderungsenergie:

komplementäre Formänderungsenergie

$$\Pi^*_{(\sigma)} = \int_0^l \frac{1}{2} \cdot \frac{\sigma^2 \cdot A}{E} \cdot dx = \frac{1}{2} \cdot \frac{\sigma^2 \cdot A \cdot l}{E} \tag{3.48}$$

Setzen wir dabei ein beliebiges, nicht-lineares Materialverhalten voraus, haben wir mit den beiden Gleichungen (3.45) und (3.48) den allgemeinen Fall und entsprechend einen beliebigen Funktionsverlauf zwischen der Spannung σ und der Verzerrung ε vorhanden, siehe ▸ Abb. 3.21. Da der Funktionsverlauf beliebig ist, sind auch die beiden Flächeninhalte oberund unterhalb des Graphen unterschiedlich groß. Damit ist die Formänderungsenergie Π ungleich der komplementären Formänderungsenergie Π^*:

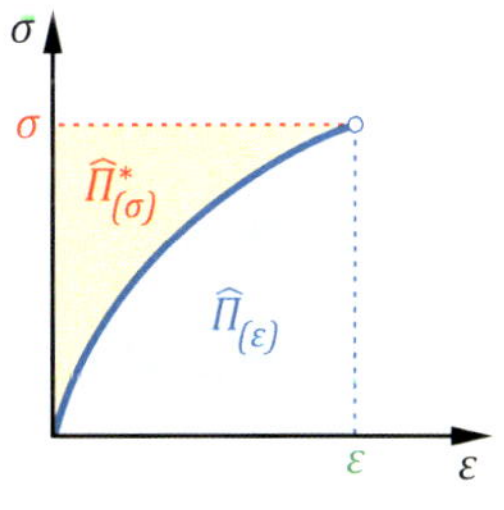

Abb. 3.21

$$\Pi \neq \Pi^* \tag{3.49}$$

Als nächstes wollen wir linear-elastisches Materialverhalten nach dem HOOKE'schen Gesetz voraussetzen. Den bekannten Zusammenhang zwischen Spannung σ und Dehnung ε:

$$\sigma = E \cdot \varepsilon \tag{3.50}$$

setzen wir in Gleichung (3.48) ein und vergleichen das Ergebnis mit Gleichung (3.45):

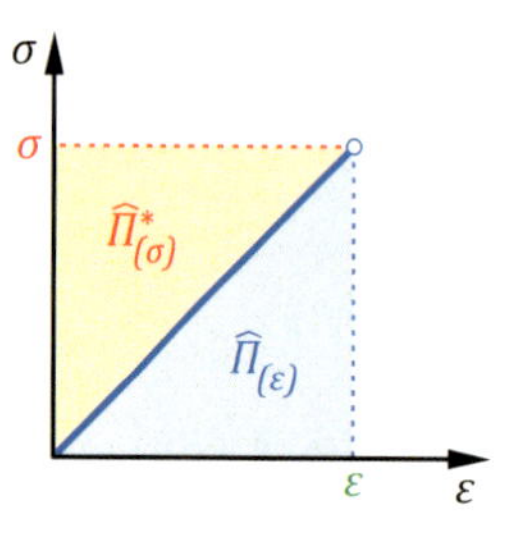

Abb. 3.22

$$\Pi^*_{(\sigma)} = \frac{1}{2} \cdot \frac{\sigma^2 \cdot A \cdot l}{E} = \frac{1}{2} \cdot E \cdot A \cdot \varepsilon^2 \cdot l = \Pi_{(\varepsilon)} \tag{3.51}$$

Wie zu erwarten war zeigt dieser Vergleich, dass für linear-elastisches Materialverhalten die Formänderungsenergie Π und die komplementäre Formänderungsenergie Π^* identisch sind, siehe ▸ Abb. 3.22:

$$\Pi = \Pi^* \tag{3.52}$$

Die **Formänderungsenergie** Π beschreibt in Abhängigkeit der **Verzerrungen** die im System gespeicherte elastische **Energie**.

Die **komplementäre Formänderungsenergie** Π^* beschreibt in Abhängigkeit der **Spannungen** die im System gespeicherte elastische **Energie**.

Analog zur Arbeit können wir auch wieder die nicht gebräuchlichen, aber anschaulichen Bezeichnungen der Verzerrungs-Formänderungsenergie Π und der Spannungs-Formänderungsenergie Π^* veranschaulichen. Oder anders ausgedrückt: die Formänderungsenergie Π beschreibt in Abhängigkeit der Verzerrungen die im System gespeicherte reversible mechanisch elastische Energie. Dagegen beschreibt die komplementäre Formänderungsenergie Π^* in Abhängigkeit der Spannungen die im System gespeicherte reversible mechanisch elastische Energie. Bei einer Entlastung des Systems wird die Formänderungsenergie komplett zurückgewonnen und das System geht in seine unverformte Ausgangslage zurück.

Was wir hier am Beispiel einer Zugbelastung aufgestellt und veranschaulicht haben, lässt sich analog auch auf die weiteren Belastungsarten in ▸ Tab. 3-2 auf S. 42 übertragen.

3.5.3 Komplementärer Arbeitssatz

Wenn zur Arbeit W eine komplementäre Arbeit W^* sowie zur Formänderungsenergie Π eine komplementäre Formänderungsenergie Π^* existiert, so können wir den Arbeitssatz nach Gleichung (3.24) auch mit den komplementären Größen aufstellen. Damit ergibt sich dann der *komplementäre Arbeitssatz*:

Komplementärer Arbeitssatz

$$W^* = \Pi^* \tag{3.53}$$

Beide Versionen, der Arbeitssatz nach Gleichung (3.24) wie auch der komplementäre Arbeitssatz nach (3.53), können auf das gleiche System und auch bei beliebigem Materialverhalten angewendet werden. Es ist dabei unerheblich, ob mit den normalen Größen W, Π oder den komplementären Größen W^*, Π^* gearbeitet wird, da die Verhältnisse dieser Größen untereinander identisch sind.

Setzen wir zusätzlich noch linear-elastisches Materialverhalten voraus, finden wir mit den Gleichungen (3.44) und (3.52) für den Arbeitssatz:

$$W = W^* = \Pi = \Pi^* \tag{3.54}$$

Hierbei sind nun alle Größen identisch. Demnach ist es bei Voraussetzung von linear-elastischem Materialverhalten unerheblich, ob mit der Arbeit oder der Formänderungsenergie gearbeitet wird.

3

3.5.4 Energieerhaltungssatz

Anhand der gerade dargelegten Zusammenhänge kann also die Energie in einem Körper entweder als Funktion des Verzerrungszustandes oder als Funktion des Spannungszustandes aufgestellt werden. Der dabei verwendete Begriff der *komplementären Formänderungsenergie*, auch als *Formänderungsergänzungsenergie* bezeichnet, wurde erstmals von ENGESSER[19] im Jahre 1889 eingeführt.

Da wir zu Beginn dieses Kapitels den *Energiesatz* bzw. *Energieerhaltungssatz* angesprochen haben, wollen wir an dieser Stelle eine kurze Erläuterung dazu geben. Wir bleiben dazu beim Beispiel des linear-elastischen, eindimensionalen Zugstabes nach ▸ Abb. 3.23. An diesem Zugstab erzeugt die angreifende Kraft F eine entsprechende Längenänderungen Δl am Stabende. Die äußere Arbeit ist damit:

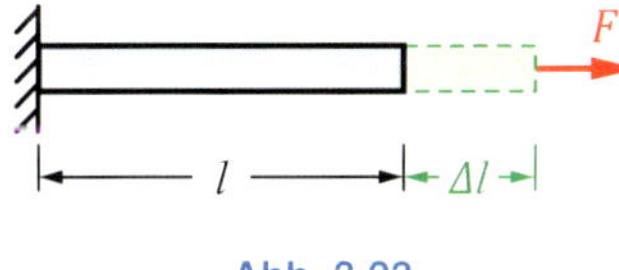

Abb. 3.23

$$W = \frac{1}{2} \cdot F \cdot \Delta l \tag{3.55}$$

Die zugehörige Formänderungsenergie kann ganz allgemein mit der Spannung und Dehnung ausgedrückt werden:

$$\Pi = \frac{1}{2} \cdot \sigma \cdot \varepsilon \cdot A \cdot l = \frac{1}{2} \cdot \sigma \cdot \varepsilon \cdot V \tag{3.56}$$

Darin ist V das Volumen des Körpers. Schließlich wirken Spannung und Dehnung im ganzen Körper.

Die Formänderungsenergie können wir dabei im Speziellen auch entweder anhand des Verzerrungszustandes nach Gleichung (3.45) oder des Spannungszustandes nach Gleichung

[19] Friedrich ENGESSER (1848–1931), dt. Bauingenieur, Professor für Statik, Brückenbau und Eisenbahnwesen

(3.48) aufstellen. Aufgrund des linear-elastischen Materialverhaltens sind beide Wege identisch. Setzen wir dann beide Ausdrücke gleich, erhalten wir den Zusammenhang des Arbeitssatzes nach Gleichung (3.24) von S. 43:

$$W = \Pi \qquad \text{bzw.} \qquad W = \Pi^* \tag{3.57}$$

Dieser gesetzmäßige Zusammenhang stellt, in einfacher Ausdrucksweise, das *Theorem* bzw. den *Satz von CLAPEYRON*[20] in der Fassung von LAMÉ[21] dar. Bei einem linear-elastischen Körper wird die äußere Arbeit als innere Formänderungsenergie verlustfrei gespeichert. Dies ist zugleich eine spezielle Form des Energiesatzes sowie der *1. Hauptsatz der Thermodynamik*:

Energiesatz

In einem geschlossenen System ist die Summe der kinetischen und der potenziellen Energie konstant.

1. Hauptsatz der Thermodynamik

Die Änderung der inneren Energie eines geschlossenen Systems ist gleich der Summe der Änderung der Wärme und der Änderung der äußeren Arbeit.

Bleibt die Wärme konstant, ist nur noch die äußere Arbeit mit der inneren Energie (Formänderungsenergie) identisch.

[20] Benoît Paul Émile CLAPEYRON (1799–1864), franz. Physiker, Professor für Maschinenbau und Mechanik

[21] Gabriel LAMÉ (1795–1870), franz. Mathematiker, Physiker, Professor für Mathematische Physik und Wahrscheinlichkeitstheorie

Beispiel 3.1

Beweisen Sie, dass für linear-elastisches Materialverhalten die Formänderungsenergie und die komplementäre Formänderungsenergie für reine Biegung und reine Torsion identisch sind.

Lösung

Biegung) Wir können mithilfe ▸ Tab. 3-2 auf S. 42 die Formänderungsenergie Π und die komplementäre Formänderungsenergie Π^* bestimmen:

$$\Pi = \int \hat{\Pi} \cdot dx = \int_0^l \frac{1}{2} \cdot E \cdot I \cdot \psi'^2 \cdot dx = \frac{1}{2} \cdot E \cdot I \cdot \psi'^2 \cdot l$$

$$\Pi^* = \int \hat{\Pi} \cdot dx = \int_0^l \frac{1}{2} \cdot \frac{M^2}{E \cdot I} \cdot dx = \frac{1}{2} \cdot \frac{M^2}{E \cdot I} \cdot l$$

Nach ▸ Tab. 3-1 auf S. 38 finden wir für ψ' folgenden Ausdruck:

$$M = E \cdot I \cdot \psi' \qquad \rightarrow \psi' = \frac{M}{E \cdot I}$$

Damit erhalten wir:

$$\Pi = \frac{1}{2} \cdot E \cdot I \cdot \psi'^2 \cdot l = \frac{1}{2} \cdot \frac{M^2}{E \cdot I} \cdot l = \Pi^*$$

Torsion) Für die Torsion können wir analog vorgehen. Die Formänderungsenergie Π und die komplementäre Formänderungsenergie Π^* bei einer Torsionsbelastung sind:

$$\Pi = \int \hat{\Pi} \cdot dx = \int_0^l \frac{1}{2} \cdot G \cdot I_t \cdot \vartheta'^2 \cdot dx = \frac{1}{2} \cdot G \cdot I_t \cdot \vartheta'^2 \cdot l$$

$$\Pi^* = \int \hat{\Pi} \cdot dx = \int_0^l \frac{1}{2} \cdot \frac{T^2}{G \cdot I_t} \cdot dx = \frac{1}{2} \cdot \frac{T^2}{G \cdot I_t} \cdot l$$

Für ϑ' finden wir in ▸ Tab. 3-1 den Ausdruck:

$$\vartheta' = \frac{T}{G \cdot I_t}$$

Nach dem Einsetzen folgt dann:

$$\Pi = \frac{1}{2} \cdot G \cdot I_t \cdot \vartheta'^2 \cdot l = \frac{1}{2} \cdot \frac{T^2}{G \cdot I_t} \cdot l = \Pi^*$$

In Kürze

Arbeit

- Eine mechanische Arbeit W wird verrichtet, wenn ein Körper unter Aufwendung einer Kraft längs eines Weges verschoben oder durch eine Kraft verformt wird
- Die Arbeit ist das Produkt aus *Kraft mal zurückgelegtem Weg* und besitzt die Einheit Newtonmeter [Nm] oder JOULE [J].
- Eine Kraft kann nur dann eine Arbeit W verrichten, wenn die Kraft in Richtung ihrer Wirkungslinie verschoben wird.
- *Vorzeichenkonvention der Arbeit:*
  - *positiv*: wenn Kraft und Weg gleichgerichtet sind
  - *Null*: wenn Kraft und Weg senkrecht aufeinander stehen
  - *negativ*: wenn Kraft und Weg entgegengesetzt gerichtet sind.

Energie

- *Energie* ist eine fundamentale physikalische Größe und ist anschaulich die Fähigkeit, Arbeit zu verrichten.
- Die Energie E besitzt die Einheit JOULE [J] und es gilt: [1 J = 1 Nm].
- Somit ist die *Arbeit* W diejenige Energie, welche auf mechanischem Wege auf einen Körper übertragen wird.

Energiesatz (auch Energieerhaltungssatz)

In einem geschlossenen System (reibungsfreies System) ist die Summe der kinetischen und der potenziellen Energie konstant.

Arbeit und Formänderungsenergie

- Durch die äußeren Belastungen (angreifende eingeprägte Kräfte und Momente) wird eine äußere Arbeit W erzeugt.
- Durch die Schnittgrößen wird die Formänderungsenergie Π (innere Arbeit) erzeugt.

Arbeitssatz

Die an einem elastischen Körper von den äußeren Belastungen geleistete Arbeit W (äußere Energie) wird als Formänderungsenergie Π (innere Energie) im verformten Körper gespeichert. Dabei ist Π immer positiv (auch bei Druck).

$$W = \Pi$$

Komplementärer Arbeitssatz

Die an einem elastischen Körper von den äußeren Belastungen geleistete komplementäre Arbeit W^* wird als komplementäre Formänderungsenergie Π^* im verformten Körper gespeichert. Dabei ist Π immer positiv.

$$W^* = \Pi^*$$

Hinweis: Für rein linear-elastisches Materialverhalten folgt:

$$W = W^* = \Pi = \Pi^*$$

Nachteile des Arbeitssatzes

- Der Arbeitssatz gilt nur für *statisch bestimmte Systeme*.
- Der Arbeitssatz gilt nur dann, wenn *nur eine* äußere Kraft F oder *nur ein* äußeres Moment M bzw. T wirkt.
- Es lassen sich zwar mehrere äußere Belastungen (F, M, T) berücksichtigen, weil diese aber mehrere unterschiedliche *unbekannte Verformungen* (f, ψ, ϑ) verursachen, können die Verformungen nicht berechnet werden.
- Die Verformung (f, ψ, ϑ) an einem einzelnen Punkt, an dem keine Einzelbelastung (F, M, T) angreift, kann für diesen Punkt nicht berechnet werden, da an diesem Punkt keine äußere Arbeit W vorhanden ist.

4 Kraftgrößenverfahren

4

C. Spura, *Energiemethoden der Technischen Mechanik*,
https://doi.org/10.1007/978-3-658-29574-5_4

Das Kraftgrößenverfahren (KGV) ist ein aus der Baustatik stammendes allgemeines Rechenverfahren zur Berechnung statisch unbestimmter Systeme (Fachwerk oder Tragwerk). Ein statisch unbestimmtes System hat mindestens eine Lagerreaktion mehr als Gleichgewichtsbedingungen am System aufgestellt werden können. Durch Entfernen von beliebigen Bindungen (Lagerreaktionen oder Einfügen von Gelenken) wird das System statisch bestimmt und kann berechnet werden. Die überzähligen Lager- bzw. Gelenkreaktionen werden jeweils einzeln am gleichen statisch bestimmten Systemen, jedoch ohne äußere Belastungen, angetragen und berechnet. Mithilfe von Kompatibilitätsbedingungen werden alle Berechnungsergebnisse superponiert und es folgt damit die Gesamtlösung des Systems.

Obwohl das *Kraftgrößenverfahren*[22] (KGV) eigentlich ein Grundbestandteil der elementaren Elastostatik (also der TM 2) ist und nicht zu den Energiemethoden gehört, wollen wir dies dennoch an dieser Stelle aufführen und kurz behandeln. Das Kraftgrößenverfahren wird im weiteren Verlauf dieses Lehrbuches mit den Energiemethoden kombiniert, um auch *statisch unbestimmte Tragwerke* zu berechnen.

4.1 Grundgedanke

An einem statisch bestimmten System können wir alle Kräfte mithilfe der Gleichgewichtsbedingungen berechnen. Anschließend lassen sich die Verschiebungen/Deformationen mittels Äquivalenzbedingungen, Elastizitätsgesetz und kinematischen Beziehungen bestimmen. Da hierbei keine zusätzlichen Zwangskräfte entstehen und auch keine Wechselwirkungen vorhanden sind, ist bei einem statisch bestimmten System der Spannungszustand unabhängig vom Formänderungszustand.

Der Grundgedanke des Kraftgrößenverfahrens ist es, ein **statisch unbestimmtes System in ein statisch bestimmtes System zu überführen** und die damit veränderten Verformungen mittels geeigneter Kraftgrößen so zu verändern, dass **die Verformungen des bestimmten Systems dem des unbestimmten Systems entsprechen**.

Ist nun ein *n-fach* statisch unbestimmtes System vorhanden, ist dementsprechend der Spannungszustand nun abhängig vom Formänderungszustand. Das Kraftgrößenverfahren macht sich diese Unterscheidung zu Nutze. Wenn ein statisch bestimmtes System eindeutig berechnet werden kann, muss ein statisch unbestimmtes System somit in ein statisch bestimmtes System umgewandelt werden. Hierbei ändern sich jedoch die Verformungsbedingungen im Vergleich zum ursprünglich unbestimmten System. Daher müssen durch Aufbringung ent-

[22] Das *Kraftgrößenverfahren* wurde von Heinrich Franz Bernhard MÜLLER-BRESLAU (1851–1925), dt. Bauingenieur und Professor für Statik der Baukonstruktionen und Brückenbau, entwickelt.

sprechender *Kraftgrößen* die Verformungen des statisch bestimmten Systems so verändert werden, dass diese den Verformungen des ursprünglichen Systems identisch sind.

Wir wollen diesen Grundgedanken einmal am nebenstehenden *1-fach* statisch unbestimmten Tragwerk genauer erläutern, siehe ▸ Abb. 4.1. Da das Tragwerk *1-fach* überbestimmt ist, brauchen wir nur eine Bindung zu lösen, um ein statisch bestimmtes Tragwerk zu erhalten. Welche Bindung wir lösen ist dabei vollkommen egal. Der Unterschied liegt nur im Rechenaufwand. Dieser kann unter Umständen beim Lösen anderer Bindungen etwas größer ausfallen.

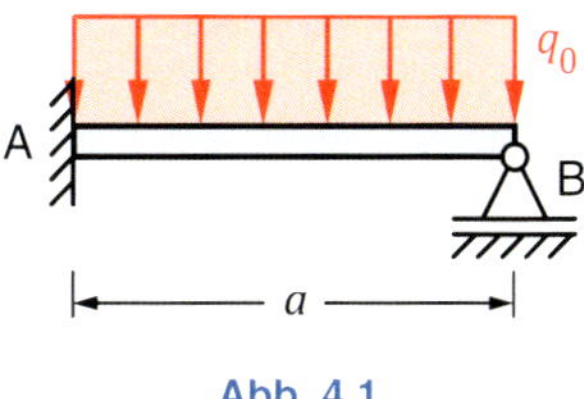

Abb. 4.1

In unserem Beispiel lösen wir die Lagerbindung *B*. Damit erzeugen wir das in ▸ Abb. 4.2 dargestellte statisch bestimmte Tragwerk. Dieses neue Tragwerk wollen wir mit "0-System" bezeichnen (manchmal wird das 0-System auch *Hauptsystem* oder *Grundsystem* genannt), da dieses Tragwerk auf unserem ursprünglichen Tragwerk basiert und die äußeren Belastungen nicht geändert wurden. Im 0-System verletzen wir logischer Weise die Verformungsbedingungen unseres ursprünglichen Tragwerkes (▸ Abb. 4.1), da wir am neu vorhandenen freien Ende eine Durchbiegung $w^{(0)}$ vorliegen haben.

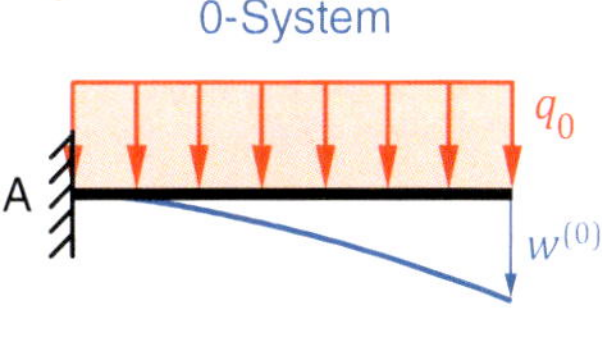

Abb. 4.2

Wir benötigen daher am freien Ende eine Kraftgröße, welche die Durchbiegung w^0 wieder rückgängig macht. Diese Kraftgröße wird als *statisch Unbestimmte* X bezeichnet. Dabei kann X eine Kraft oder ein Moment sein (schließlich steht der Begriff Kraftgröße ja im Allgemeinen auch für eine Kraft oder ein Moment). Zur Bestimmung der Unbestimmten X benötigen wir das in ▸ Abb. 4.3 dargestellte "1-System", in welchem alle äußeren Belastungen entfernt wurden und nur die Unbestimmte X das 1-System belastet. Am freien Ende ergibt sich dann infolge der Belastung durch X eine Durchbiegung $w^{(1)}$.

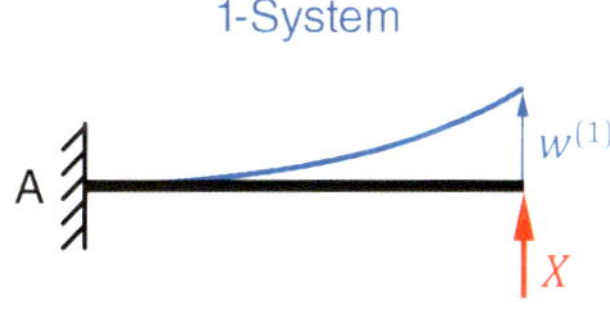

Abb. 4.3

Um jetzt mithilfe des 0- und 1-Systems die verletzte Verformungsbedingung wiederherzustellen und damit die gleiche Verformung wie am ursprünglichen Tragwerk zu erhalten, definieren wir uns eine entsprechende kinematische Beziehung. Diese ist schnell gefunden, da am ursprünglichen Tragwerk das Lager *B* vorhanden ist, muss für die Lagerstelle die Durchbiegung $w_B = 0$ gelten. Dies entspricht damit der Summe aus beiden Durchbiegungen $w^{(0)}$ und $w^{(1)}$. Es gilt also:

$$w_B = 0 = w^{(0)} + w^{(1)} \tag{4.1}$$

Damit kann dann die *Unbestimmte* X und anschließend die Schnittgrößen sowie der Neigungs- und Durchbiegungsverlauf berechnet werden. Die ausführliche Behandlung dieses Beispiels ist in nachfolgender Beispielrechnung (*Beispiel 4.1*) aufgeführt.

4.2 Anwendung

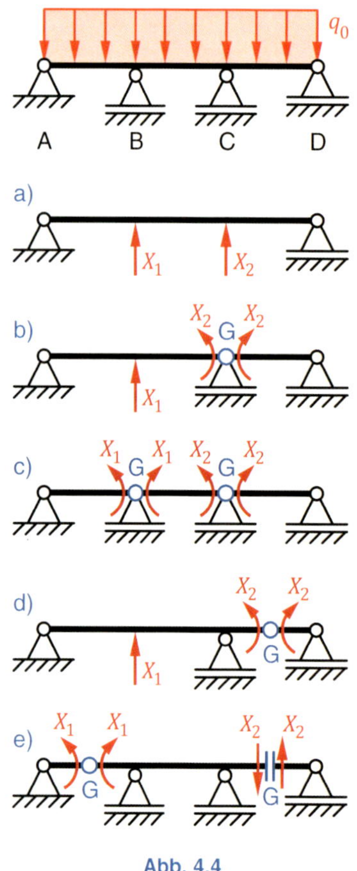

Abb. 4.4

Mithilfe des Kraftgrößenverfahrens wird ein *statisch unbestimmtes Tragwerk* auf ein statisch bestimmtes Tragwerk zurückgeführt. Das statisch bestimmte 0-System (Grundtragwerk) kann beliebig gewählt werden. Wichtig ist nur, dass bei einem *n-fach* statisch unbestimmten Tragwerk auch n Bindungen gelöst und durch n statisch Unbestimmte X_n (Kraftgrößen) ersetzt werden. Zudem ist darauf zu achtet, dass das entstandene statisch bestimmte Tragwerk auch kinematisch bestimmt ist. Andernfalls kann das Tragwerk nicht berechnet werden. Beim Lösen von Bindungen ist es zudem unerheblich, ob Lagerreaktion gelöst oder Gelenke hinzugefügt werden. Schließlich wird durch das Hinzufügen eines Gelenkes auch eine Bindung gelöst. Als Beispiel wird der nebenstehende *2-fach* statisch unbestimmte Durchlaufträger in ▸ Abb. 4.4 betrachtet. Da das statisch bestimmte 0-System beliebig gewählt werden darf, sind in ▸ Abb. 4.4a) bis e) verschiedene Möglichkeiten für das 0-System dargestellt. Wie schon erwähnt ist es dabei unerheblich, ob eine Lagerreaktion gelöst und durch eine Unbestimmte X ersetzt wird, siehe a) oder ob ein Gelenk *G* eingeführt und die Unbestimmte X daran angetragen wird, siehe b) bis e). Wichtig ist nur, dass wir ein statisch bestimmtes 0-System vorliegen haben. Es sei hier nochmals kurz erwähnt, dass es eine Vielzahl an statisch bestimmten 0-Systemen gibt, welche alle zur gleichen Lösung führen, jedoch der Rechenaufwand der verschiedenen 0-Systeme unterschiedlich hoch ausfällt. In ▸ Abb. 4.4 ist das 0-System c) das Tragwerk mit dem geringsten Rechenaufwand.

Haben wir uns für ein 0-System entschieden und damit n statisch Unbestimmte X_n eingeführt, liegen uns zusätzlich auch n Nebensysteme (1-, 2-, ..., n-System) vor, welche wir alle berechnen müssen, um die für uns relevanten Verläufe (Schnittgrößen, Neigung oder Durchbiegung) zu erhalten. Am Beispiel des Durchlaufträgers wären das einmal das 0-System mit den realen Belastungen und zusätzlich, infolge der beiden Unbestimmten X_1, X_2, die beiden 1- und 2-Systeme. Dabei wird das 1-System ohne die realen Belastungen und nur mit der Unbestimmten X_1 belastet. Gleiches gilt entsprechend für das 2-System. Hier wird das 2-System ausschließlich durch die Unbestimmte X_2 belastet.

Anschließend müssen die kinematischen Beziehungen aufgestellt werden. Da wir entweder Lager- oder Gelenkreaktionen lösen und durch die statisch Unbestimmten X_n ersetzen, sind die kinematischen Beziehungen schnell gefunden. Hierbei muss die Durchbiegung w^n an der Stelle der gelösten Bindung für alle Systeme zu null werden. Der bei der Durchbiegung w^n hochgestellte Index n kennzeichnet dabei das jeweilige System, siehe dazu Gleichung (4.1). Je nach gelöster Bindung kann auch die Neigung w' anstelle der Durchbiegung w benutzt werden. Danach können dann die statisch Unbestimmten X_n und somit die relevanten Verläufe berechnet werden. Mithilfe der nun bekannten Verläufe ist das Verhalten des statisch unbestimmten Tragwerkes bestimmt.

4

Vorgehensweise

- Abzählkriterium, um den Grad der statischen Unbestimmtheit zu prüfen: $x = r + v - k \cdot n$
- Identifizierung eines statisch bestimmten 0-Systems durch Lösen von x Bindungen.
- Die Anzahl der gelösten Bindungen entspricht der Anzahl der statisch Unbestimmten X_i. Für jede Unbestimmte X_i ist ein i-System zu erstellen.
- 0-System: Belastung infolge der *realen Belastung* und Berechnung der relevanten Verläufe.
- i-Systeme: reale Belastungen entfernen und Tragwerk *nur* durch die Unbestimmte X_i belasten. Damit die gleichen relevanten Verläufe berechnen.
- Kinematische Beziehungen zwischen den Systemen definieren, um damit die Unbestimmten X_i zu bestimmen.
- Einsetzen von X_i in die Verläufe und Superposition aller Systeme, um das Tragwerksverhalten des ursprünglichen Tragwerkes zu erhalten.

r Anzahl der Lagerreaktionen
v Anzahl der Gelenkreaktionen
k Anzahl der Gleichgewichtsbedingungen
n Anzahl der Körper

4.3 Nachteile

Auch wenn das Kraftgrößenverfahren durch eine Verallgemeinerung die Berechnung größerer Systeme zulässt, so werden die Berechnungen mit steigender Anzahl an statisch Unbestimmten immer umfangreicher. Ein noch gerechtfertigter Aufwand für eine Handrechnung liegt bei *2-fach* statisch unbestimmten Systemen. Ab *3-facher* Unbestimmtheit sollten andere Berechnungsverfahren angewendet werden.

Das **Kraftgrößenverfahren** ist für eine Handrechnung nur bis zu einem ***2-fach* statisch unbestimmten** System **akzeptabel**. Bei höhere Unbestimmtheit sollten andere Verfahren verwendet werden.

Beispiel 4.1

Das nebenstehende masselose Tragwerk ($a = 1$ m, $E = 210$ GPa, $I = 42$ cm^4) wird durch eine Streckenlast $q_0 = 200$ N/m belastet.

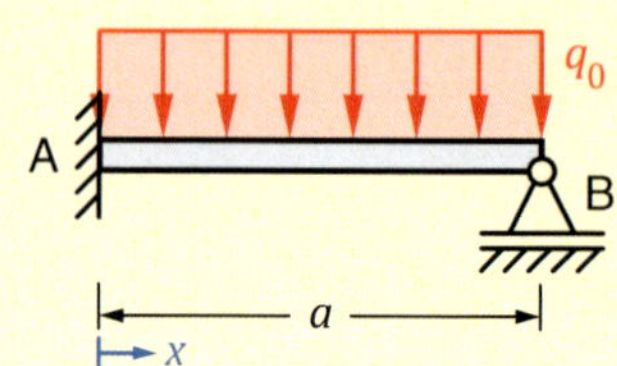

Berechnen Sie den Momentenverlauf $M_{(x)}$.

Lösung

Zuerst bestimmen wir uns den Grad der statischen Bestimmtheit mithilfe des Abzählkriteriums:

$$x = r + v - k \cdot n = 4 + 0 - 3 \cdot 0 = 1$$

Das vorliegende Tragwerk ist also *1-fach* statisch unbestimmt (überbestimmt). Damit müssen wir aus dem statisch unbestimmten Tragwerk ein statisch bestimmtes Tragwerk machen. Für das 0-System entfernen wir das Lager B und erhalten ein statisch bestimmtes Tragwerk. Für den zugehörigen Momentenverlauf $M^{(0)}$ ergibt sich damit:

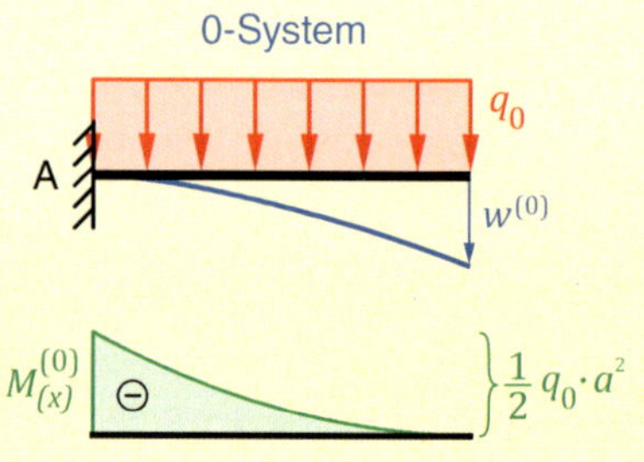

$$M^{(0)}_{(x)} = q_0 \cdot \left(-\frac{1}{2} \cdot x^2 + a \cdot x - \frac{1}{2} \cdot a^2\right)$$

Im 1-System entfernen wir alle äußeren Belastungen und fügen am Lager B (da wo wir die Lagerreaktion entfernt haben) die statisch Unbestimmte X hinzu, um die gelöste Bindung wieder herzustellen. Entsprechend können wir auch hier den Momentenverlauf $M^{(1)}$ bestimmen und erhalten:

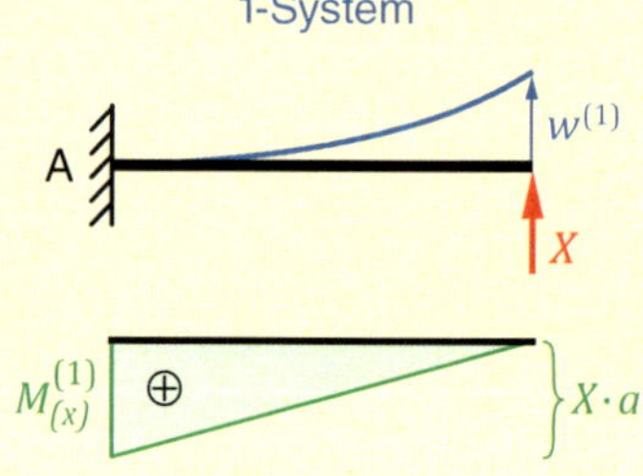

$$M^{(1)}_{(x)} = X \cdot (-x + a)$$

Die an der Lagerstelle B, also bei $x = a$, auftretenden Verformungen $w^{(0)}$ und $w^{(1)}$ können wir recht einfach der Formelsammlung ▸ Tab. 10-3 auf S. 186 ff. entnehmen:

$$w^{(0)}_{(x=a)} = \frac{q_0 \cdot a^4}{8 \cdot E \cdot I} \qquad w^{(1)}_{(x=a)} = -\frac{X \cdot a^3}{3 \cdot E \cdot I}$$

Nun stellen wir die kinematische Beziehung zwischen dem 0-System und 1-System auf. Im ursprünglichen Tragwerk ist durch das Lager B eine Verschiebung w_B an der Stelle $x = a$ unmöglich. Daher muss für die Durchbiegungsverläufe des 0- und 1-Systems an dieser Stelle gelten:

$$w_B = 0 = w^{(0)}_{(x=a)} + w^{(1)}_{(x=a)} \qquad \rightarrow 0 = \frac{q_0 \cdot a^4}{8 \cdot E \cdot I} - \frac{X \cdot a^3}{3 \cdot E \cdot I} \qquad \Rightarrow X = \frac{3}{8} \cdot q_0 \cdot a$$

Da wir nun die statisch Unbestimmte X kennen, können wir damit durch Superposition der beiden Momentenverläufe $M^{(0)}$, $M^{(1)}$ den resultierenden Momentenverlauf $M_{(x)}$ unseres ursprünglichen Tragwerkes bestimmen:

$$M_{(x)} = M^{(0)}_{(x)} + M^{(1)}_{(x)} = q_0 \cdot \left(-\frac{1}{2} \cdot x^2 + a \cdot x - \frac{1}{2} \cdot a^2\right) + \frac{3}{8} \cdot q_0 \cdot a \cdot (-x + a)$$

$$\underline{\underline{M_{(x)} = q_0 \cdot \left(-\frac{1}{2} \cdot x^2 + \frac{5}{8} \cdot a \cdot x - \frac{1}{8} \cdot a^2\right)}}$$

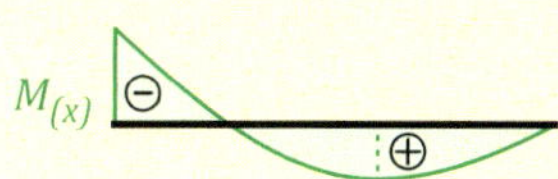

4

Beispiel 4.2

Das nebenstehende masselose Stabsystem (a = 1 m, α = 30°) wird durch die Kraft F = 1500 N belastet. Alle Stäbe sind aus Aluminium (E = 70 GPa, A = 80 mm²).

Berechnen Sie die vertikale Verschiebung des Kraftangriffspunktes v_F.

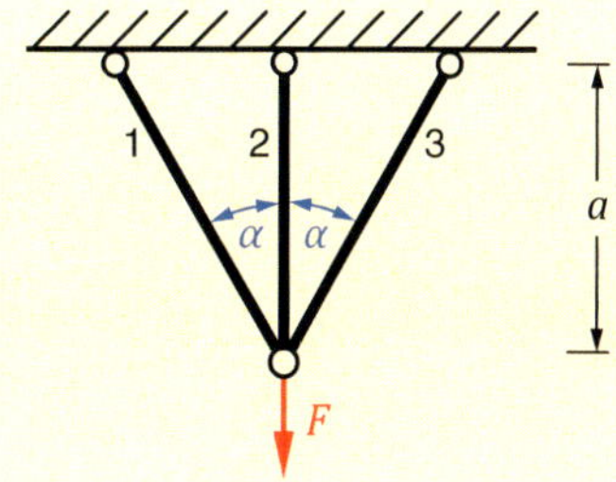

Lösung

Zuerst bestimmen wir uns den Grad der statischen Bestimmtheit mithilfe des Abzählkriteriums:

$$x = r + s - j \cdot k = 6 + 3 - 2 \cdot 4 = 1$$

Das vorliegende Stabsystem ist also *1-fach* statisch unbestimmt. Um hieraus ein statisch bestimmtes Stabsystem zu machen, entfernen wir den Stab 2 und erhalten das nebenstehende 0-System.

Hieran stellen wir am Knoten der angreifenden Kraft F das Kräftegleichgewicht auf:

$$\rightarrow: \quad 0 = -S^{(0)}_1 \cdot \sin\alpha + S^{(0)}_3 \cdot \sin\alpha$$

$$\uparrow: \quad 0 = S^{(0)}_1 \cdot \cos\alpha + S^{(0)}_3 \cdot \cos\alpha - F$$

Lösen wir diese beiden Gleichungen auf, folgt für die beiden Stabkräfte:

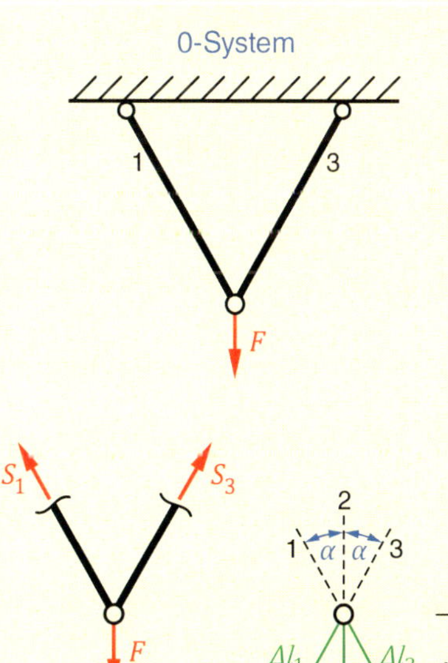

$$\rightarrow \quad S_1^{(0)} = S_3^{(0)} = \frac{F}{2 \cdot \cos\alpha} \qquad \text{(a)}$$

Aufgrund der Symmetrie, wie auch nach dem Verschiebungsplan, sind die entsprechenden Stabverlängerungen dieser beiden Stäbe identisch:

$$\Delta l_1^{(0)} = \Delta l_3^{(0)} = \frac{S_1^{(0)} \cdot l_1}{E \cdot A} \qquad \text{(b)}$$

Wird darin noch die richtige Stablänge $l_1 = a/\cos\alpha$ eingesetzt, folgt:

$$\rightarrow \quad \Delta l_1^{(0)} = \Delta l_3^{(0)} = \frac{F \cdot a}{2 \cdot E \cdot A \cdot \cos^2\alpha} \qquad \text{(c)}$$

Im 1-System gehen wir analog vor. Da wir den Stab 2 am Gelenk entfernt haben, müssen wir die statisch Unbestimmte X entsprechend am statisch bestimmten Stabsystem wie auch am Stab 2 antragen, gemäß *actio = reactio*. Danach stellen wir hieran ebenfalls das Kräftegleichgewicht auf:

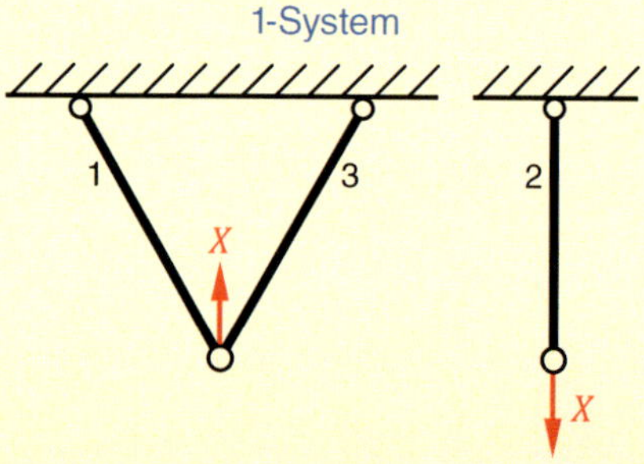

$$\rightarrow: \quad 0 = -S_1^{(1)} \cdot \sin\alpha + S_3^{(1)} \cdot \sin\alpha$$

$$\uparrow: \quad 0 = S_1^{(1)} \cdot \cos\alpha + S_3^{(1)} \cdot \cos\alpha + X$$

$$\uparrow: \quad 0 = S_2^{(1)} - X$$

Die dritte Gleichung gilt am Einzelstab 2. Nach dem Auflösen erhalten wir:

$$\rightarrow \quad S_1^{(1)} = S_3^{(1)} = -\frac{X}{2 \cdot \cos\alpha} \qquad S_2^{(1)} = X \qquad \text{(d)}$$

Die entsprechenden Stabverlängerungen erhalten wir auch wieder aus dem Verschiebungsplan und den Stablängen l_1 und l_3:

$$\rightarrow \quad \Delta l_1^{(1)} = \Delta l_3^{(1)} = -\frac{X \cdot a}{2 \cdot E \cdot A \cdot \cos^2\alpha} \qquad \Delta l_2^{(1)} = \frac{X \cdot a}{E \cdot A} \qquad \text{(e)}$$

Anschließend superponieren wir unsere Lösungen vom 0- und 1-System:

$$\Delta l_1 = \Delta l_3 = \Delta l_1^{(0)} + \Delta l_1^{(1)} \qquad \Delta l_2 = \Delta l_2^{(1)} \qquad \text{(f)}$$

Anhand des Verschiebungsplanes finden wir darüber hinaus die kinematische Beziehung zwischen den beiden Stabverlängerungen Δl_1 und Δl_2:

$$\Delta l_1 = \Delta l_2 \cdot \cos\alpha \qquad \text{(g)}$$

Setzen wir hier die Gleichungen (f), (e), (c) ein, erhalten wir für die statisch Unbestimmte X:

$$\Delta l_1^{(0)} + \Delta l_1^{(1)} = \Delta l_2^{(1)} \cdot \cos\alpha$$

$$\frac{F \cdot a}{2 \cdot E \cdot A \cdot \cos^2\alpha} - \frac{X \cdot a}{2 \cdot E \cdot A \cdot \cos^2\alpha} = \frac{X \cdot a}{E \cdot A} \cdot \cos\alpha \qquad \rightarrow \quad X = S_2 = \frac{F}{1 + 2 \cdot \cos^3\alpha}$$

$$X = 652{,}4\ N$$

Für die gesuchte Verschiebung des Kraftangriffspunktes v_F erhalten wir aus Gleichung (e):

$$v_F = \Delta l_2^{(1)} = \frac{X \cdot a}{E \cdot A} \qquad \rightarrow \quad v_F = \frac{F \cdot a}{E \cdot A \cdot (1 + 2 \cdot \cos^3\alpha)}$$

$$v_F = 0{,}1165\ mm$$

4

In Kürze

- Das Kraftgrößenverfahren (KGV) wird zur Berechnung von statisch unbestimmten Systemen angewendet.
- Der Grundgedanke des KGV ist es, ein statisch unbestimmtes System in ein statisch bestimmtes System zu überführen und die damit veränderten Verformungen mittels geeigneter (noch unbekannter) *Kraftgrößen* so zu verändern, dass die Verformungen des bestimmten Systems dem des unbestimmten Systems entsprechen.
- Die unbekannten Kraftgrößen werden als statisch Unbestimmte X bezeichnet.
- Dabei kann die statisch Unbestimmte X sowohl eine Kraft als auch ein Moment sein.
- Mit dem KGV werden die Kraftgrößen aus den Verformungsbedingungen berechnet.
- Das statisch unbestimmte System wird anhand der x-*fachen* statischen Unbestimmtheit zerlegt.
- Nach der Identifikation eines statisch bestimmten Grundsystems (0-System), wird für jede statisch Unbestimmte X ein eigenes System aufgestellt.
- *Beispiel*: bei einem *drei*-fach unbestimmten System wird dieses in *ein* statisch bestimmtes 0-System sowie in die *drei* 1-, 2- und 3-Systeme aufgeteilt. Dabei werden die 1-, 2- und 3-Systeme ausschließlich durch die drei statisch Unbestimmten X_1, X_2, X_3 belastet.
- Nach der Berechnung und anschließenden Bestimmung der kinematischen Beziehungen, werden die Lösungen aller Systeme zur Gesamtlösung superponiert.

5 Prinzip der virtuellen Verrückungen

C. Spura, *Energiemethoden der Technischen Mechanik*,
https://doi.org/10.1007/978-3-658-29574-5_5

Das *Prinzip der virtuellen Verrückungen* (PdvV) wird vorrangig in der Stereostatik angewendet und betrachtet den realen Kraftzustand bei einer virtuellen Verrückung. Als Verrückungen werden Verschiebungen und Verdrehungen bezeichnet. Das PdvV ist äquivalent zu den bekannten Gleichgewichtsbedingungen und kann zur Berechnung von eingeprägten Kräften und Momenten in verschiebbaren Gleichgewichtssystemen, zur Ermittlung der Gleichgewichtslagen von beweglichen Systemen, zur Berechnung einzelner Systemparameter für die Erfüllung der Gleichgewichtsbedingungen und zur Berechnung von Reaktionskräften und -momenten angewendet werden. In der Elastostatik wird das PdvV aufgrund seiner Komplexität nicht angewendet.

Als **Verrückungen** werden **Verschiebungen und Verdrehungen** unter einem Oberbegriff zusammengefasst.

Aufbauend auf den in Kapitel 2 vorgestellten Polplan und der damit einhergehenden Verschiebungsfigur, wollen wir nun damit einige Tragwerksberechnungen durchführen. Dazu wollen wir zunächst die beiden Begriffe der *Verschiebungen* und *Verdrehungen* unter dem Oberbegriff *Verrückungen* zusammenfassen. Eine Verrückung kann somit eine Verschiebung oder eine Verdrehung in einem Tragwerk sein.

Virtuelle Verrückungen sind nur gedacht und in Wirklichkeit nicht vorhanden.

Das Prinzip der virtuellen Verrückungen ist eine ***verschiebungsgeregelte*** Methode.

Mit der Verschiebungsfigur haben wir den Begriff der *virtuellen Verrückungen* (mit dem griechischen Buchstaben δ) eingeführt, welche wir etwas mehr konkretisieren wollen. Eine virtuelle Verrückung soll eine gedachte, bei festgehaltener (stillstehender) Zeit ausgeführte, mit den geometrischen (kinematischen) Bindungen verträgliche und infinitesimale (differenziell kleine) Verrückung sein, bei der sich die an einem Körper angreifenden eingeprägten Kräfte und Momente nicht ändern. Da wir also eine virtuelle Verrückung aufbringen, um damit Kräfte oder Momente bestimmen zu können, ist das Prinzip der virtuellen Verrückungen (PdvV) somit eine verschiebungsgeregelte Methode. Des Weiteren sind virtuelle Verrückungen mathematisch betrachtet eine Variation des Verschiebungs- und Verdrehungszustandes eines Körpers bei festgehaltener Zeit. Virtuelle Verrückungen sind somit:

- gedacht und in Wirklichkeit nicht vorhanden,
- infinitesimal klein,
- geometrisch (kinematisch) mit den vorhandenen Bindungen des Tragwerkes möglich.

Die Einführung virtueller Verrückungen stellt einen eigenständigen neuen Denkansatz dar, welcher in unseren bisherigen Betrachtungen der Stereostatik nicht enthalten ist.

5.1 Herleitung

Zur Verdeutlichung virtueller Verrückungen betrachten wir die Wippe in ▸ Abb. 5.1a). Eine mit den vorhandenen Bindungen verträgliche Verrückung ist nach den *Polplanregeln* von S. 22 eine Drehung φ um das Lager A. Schließlich liegt im Lager A der Hauptpol des Balkens.

Lenken wir die Wippe in ▸ Abb. 5.1b) aus ihrem Gleichgewichtszustand um einen realen und gleichzeitig infinitesimalen Winkel $d\varphi$ aus, verschieben sich die beiden Kraftangriffspunkte von F_1 und F_2 um die realen Verschiebungen ds_1 und ds_2. Da es sich jedoch um infinitesimale Verschiebungen handelt und wir die Kleinwinkelnäherung anwenden können, geht die eigentliche Verschiebung auf einer Kreisbahn in die Verschiebungen dr_1 und dr_2 entlang der Tangente der Kreisbahn über (vgl. ▸ Abb. 2.3 auf S. 15).

Bei einer **infinitesimalen Drehung** $d\varphi$, verläuft die Verschiebung dr auf der **Tangente** der eigentlichen Kreisbahn.

Da wir zwar mit den real wirkenden Kräften und Momenten, aber nur mit virtuellen Verrückungen arbeiten wollen, ersetzen wir einfach die realen Verrückungen $d\varphi$ und dr durch die virtuellen Verrückungen $\delta\varphi$ und δr, siehe ▸ Abb. 5.1c). Zur Kennzeichnung virtueller Größen verwenden wir das in der mathematischen Variationsrechnung verwendete Variationszeichen "δ". Des Weiteren ist zu beachten, dass die am Körper angreifenden eingeprägten Kräfte und Momente bei virtuellen Verrückungen als unveränderlich zu betrachten sind. Hingegen würden sich bei realen Verrückungen die angreifenden Kräfte und Momente in Abhängigkeit der Verrückungen durchaus ändern können.

▸ Die **realen Verrückungen** $d\varphi$ und dr werden durch die **virtuellen Verrückungen** $\delta\varphi$ und δr ersetzt.

Angreifende eingeprägte Kräfte und Momente sind bei virtuellen Verrückungen **unveränderlich**.

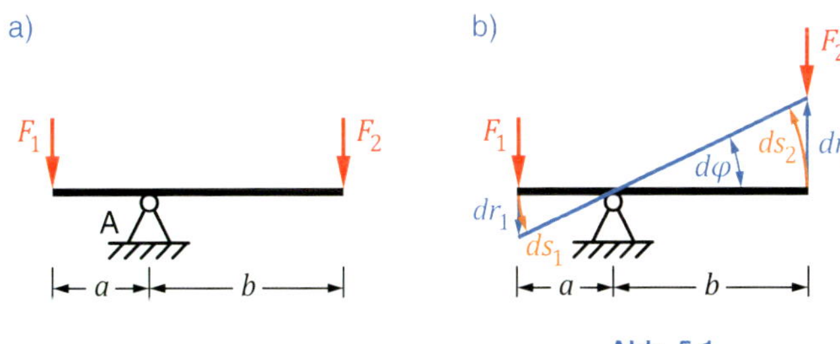

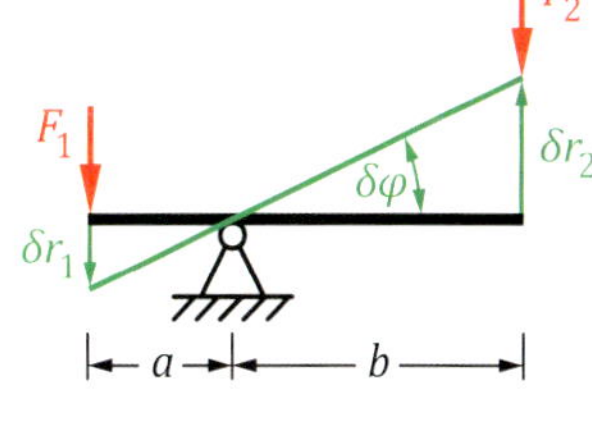

Abb. 5.1

Wollen wir die mit den *virtuellen Verrückungen* einhergehenden *virtuellen Arbeiten* berechnen, können wir die Berechnung nach Gleichung (3.6) auf S. 35 beibehalten. Demnach berechnen sich die differenziellen virtuellen Arbeiten von eingeprägten Kräften und Momenten in skalarer Schreibweise zu:

$$\delta W = F \cdot \delta r \qquad \delta W = M \cdot d\varphi \tag{5.1}$$

Übertragen auf unsere Wippe ergibt sich damit die insgesamt verrichtete virtuelle Arbeit zu:

$$\delta W = F_1 \cdot \delta r_1 - F_2 \cdot \delta r_2 \tag{5.2}$$

Darin ist die virtuelle Arbeit der Kraft F_2 negativ, weil Kraft und Weg entgegengesetzt gerichtet sind. Die beiden virtuellen Verrückungen δr_1 und δr_2 können wir noch in Beziehung zueinander setzen, indem wir den Verdrehwinkel $\delta\varphi$ verwenden. Durch den im Lager *A* liegenden Hauptpol der Wippe, werden beide Seiten der Wippe um denselben Winkel $\delta\varphi$ ausgelenkt. Mit den beiden Abmessungen a und b können wir die Beziehungen zwischen den virtuellen Verrückungen formulieren:

$$\delta r_1 = a \cdot \delta\varphi \qquad \delta r_2 = b \cdot \delta\varphi \tag{5.3}$$

Setzen wir dies in unsere Gleichung ein, erhalten wir:

$$\delta W = F_1 \cdot a \cdot \delta\varphi - F_2 \cdot b \cdot \delta\varphi$$

$$\delta W = (F_1 \cdot a - F_2 \cdot b) \cdot \delta\varphi \tag{5.4}$$

▶ Da **virtuelle Verrückungen** in Wirklichkeit nicht existieren, muss für **Gleichgewicht** die zugehörige **virtuelle Arbeit verschwinden:** $\boldsymbol{\delta W = 0}$.

▶ **Reaktionskräfte** (Zwangskräfte, wie z. B. Lagerkräfte) leisten **keine virtuelle Arbeit** und werden daher nicht berücksichtigt.

Der beim Zusammenfassen entstandene Klammerausdruck beinhaltet das Momentengleichgewicht um das Lager *A* (Hebelgesetz von ARCHIMEDES[23]). Befindet sich die Wippe im Gleichgewicht, muss der Klammerausdruck zu Null werden und die virtuelle Arbeit verschwindet: $\delta W = 0$. Dies können wir uns auch so erklären, dass virtuelle Größen nur gedacht und in der Realität nicht vorhanden sind. Demnach muss in der Gleichung der Klammerausdruck Null werden, damit auch die virtuellen Größen verschwinden. Des Weiteren sehen wir an diesem Beispiel, dass nur die eingeprägten Kräfte eine virtuelle Arbeit verrichten. Reaktionskräfte, also Zwangskräfte wie die Lagerkräfte des Lagers *A*, verrichten keine virtuelle Arbeit und brauchen daher auch nicht berücksichtigt zu werden.

Verallgemeinern wir diese Berechnung der virtuellen Arbeit auf beliebige Tragwerke mit beliebig vielen eingeprägten Kräften F_i und Momenten M_j, muss für Gleichgewicht die virtuelle Arbeit immer verschwinden und wir erhalten das *Prinzip der virtuellen Verrückungen (PdvV)*[24]:

Prinzip der virtuellen Verrückungen *(PdvV)*

$$\delta W = \sum_{i=1}^{n} F_i \cdot \delta r_i + \sum_{j=1}^{n} M_j \cdot \delta\varphi_j = 0 \tag{5.5}$$

[23] ARCHIMEDES von Syrakus (287 v. Chr.–212 v. Chr.), griech. Mathematiker, Physiker, Ingenieur

[24] Das *Prinzip der virtuellen Verrückungen* geht im Wesentlichen auf Jean-Baptiste le Rond D'ALEMBERT (1717–1783) sowie Joseph-Louis de LAGRANGE (1736–1813) zurück.

In Worten lautet das Prinzip der virtuellen Verrückungen:

Ein mechanisches System ist im Gleichgewicht, wenn die Arbeit aller eingeprägten Kräfte und Momente bei einer virtuellen Verrückung verschwindet.

Prinzip der virtuellen Verrückungen *(PdvV)*

Das Prinzip der virtuellen Verrückungen[25] ist eine Methode der analytischen Mechanik und wird in der Stereostatik sowie in der Kinetik/Kinematik[26] angewendet. Eine andere Bezeichnung ist auch *Prinzip der virtuellen Verschiebungen*, *Prinzip der virtuellen Arbeiten*, *Arbeitssatz der Statik* oder *Differentialprinzip der Mechanik*. In der Elastostatik hat das PdvV eine besondere Bedeutung, da es in erweiterter Form zum *Prinzip der virtuellen Kräfte* führt, welches wir im nachfolgenden Kapitel 6 behandeln werden.

Andere Bezeichnungen für das **PdvV**: Prinzip der virtuellen Verschiebungen, Prinzip der virtuellen Arbeiten, Arbeitssatz der Statik, Differentialprinzip der Mechanik.

Da beim PdvV der reale Kraftzustand bei einer virtuellen Verrückung betrachtet wird, muss das zu untersuchende Tragwerk *mindestens einen Freiheitsgrad* besitzen, um überhaupt eine virtuelle Verrückung zu ermöglichen. Bei statisch und kinematisch bestimmten Tragwerken müssen wir daher immer mindestens eine Bindung lösen (um dadurch einen Freiheitsgrad herzustellen), um überhaupt eine virtuelle Verrückung vornehmen zu können.

► Bei **statisch und kinematisch bestimmten Systemen** muss zur Anwendung des **PdvV** mindestens **eine Bindung gelöst** werden.

5

An dieser einfachen Einleitung sehen wir, dass das PdvV äquivalent zu unseren bekannten Gleichgewichtsbedingungen ist. Stellen wir die Gleichung der virtuellen Arbeit so auf, dass nur eine einzige virtuelle Verrückung in der Gleichung vorkommt, beinhaltet der Klammerausdruck unser bekanntes Kräfte- bzw. Momentengleichgewicht. Zudem werden zur Berechnung der virtuellen Arbeit nur die im System vorhanden eingeprägten Kräfte und Momente herangezogen. Die in den Lagern und Gelenken enthaltenen Reaktionskräfte (Lager- und Gelenkreaktionen) bleiben immer unberücksichtigt, da diese Kraftgrößen keine virtuellen Verrückungen besitzen und damit keine virtuellen Arbeiten verrichten. Dies ist auch gleichzeitig ein entscheidender Vorteil des PdvV's. Als Nachteil kann dabei angesehen werden, dass wir nur skalare Gleichungen aufstellen und damit auch nur eine Aussage über einzelne Größen treffen können. Zudem kann es unter Umständen durch komplizierte kinematische Bedingungen zu einer mehr oder weniger komplizierten Verschiebungsfigur des Systems kommen.

Beinhaltet die Gleichung der virtuellen Arbeit **nur eine einzige virtuelle Verrückung**, so ist im **Klammerausdruck** das **Kräfte- bzw. Momentengleichgewicht** vorhanden.

Bei **komplizierten Systemen** können sich **komplizierte Verschiebungsfiguren** ergeben.

25 Das Prinzip der virtuellen Verrückungen wurde erstmals auf *Starrkörper* von Augustin Louis CAUCHY (1789–1857), franz. Mathematiker, Professor für Mathematik, Analysis und theoretische Physik, angewendet.

26 Werden die virtuellen Verrückungen mit *verallgemeinerten Koordinaten* aufgestellt, lassen sich damit die Bewegungsgleichungen für Mehrkörpersysteme bestimmen.

Das Prinzip der virtuellen Verrückungen kann für die folgende vier Aufgabentypen angewendet werden:

Aufgabentypen des PdvV

a Berechnung von eingeprägten Kräften und Momenten in verschiebbaren Gleichgewichtssystemen,
b Ermittlung der Gleichgewichtslagen von beweglichen Systemen,
c Bestimmung einzelner Systemparameter zur Erfüllung von Gleichgewicht,
d Berechnung von Reaktionskräften und Reaktionsmomenten (Lager- und Gelenkreaktionen sowie Schnittgrößen).

Bei den Aufgabentypen a) und b), also bei beweglichen Systemen, kann die Anwendung des PdvV auf zwei verschiedene Arten erfolgen:

Methoden zum Aufstellen der Gleichungen des PdvV

1. *Anschauliche Methode*: Es werden die Ausgangslage und die Verschiebungsfigur des Systems gezeichnet. Die sich in der Verschiebungsfigur einstellenden virtuellen Verrückungen können direkt abgelesen werden.
2. *Formale Methode*: Es wird ein generalisiertes Koordinatensystem gewählt und die Lage jedes Kraftangriffspunktes wird in diesem globalen Koordinatensystem beschrieben. Die virtuellen Verrückungen können dann formal als infinitesimale Änderungen der beschriebenen globalen Lagekoordinaten aufgestellt werden. Mit dieser Methode ist es möglich, gleichzeitig mehrere Freiheitsgrade zu berücksichtigen.

5.2 Anwendung in der Stereostatik

Wir wollen nun das Prinzip der virtuellen Verrückungen auf die vier verschiedenen Aufgabentypen anwenden. Dazu werden wir zu allen Aufgabentypen ein Beispiel angeben. Der eigentlich Fokus des Prinzips der virtuellen Verrückungen für die Stereostatik liegt jedoch auf den Aufgabentypen a und d. Speziell der Aufgabentypen d hat aufgrund der Bestimmung von Reaktionskraftgrößen eine besondere Bedeutung.

5.2.1 Anschauliche Methode

Die grundsätzliche Vorgehensweise der anschaulichen Methode basiert auf der Verschiebungsfigur des Systems. Zur Erstellung der notwendigen Verschiebungsfigur dienen uns die Erkenntnisse und Zusammenhänge aus Kapitel 2, speziell dort die *Polplanregeln* aus Kapitel 2.2.2 auf S. 21 f. sowie die eigentliche *Verschiebungsfigur* aus Kapitel 2.3 auf S. 23 ff. Mithilfe der virtuellen Verrückungen der Verschiebungsfigur können wir die virtuellen Arbeiten nach Gleichung (5.5) aufstellen.

Die **anschauliche Methode** basiert auf der **Verschiebungsfigur** des Systems.

Bei der Bestimmung von Reaktionskraftgrößen (Aufgabentyp d) werden wir ein paar kleine Anpassungen zur Vorgehensweise vorstellen und entsprechend angeben.

5.2.2 Formale Methode

5

Die formale Methode wird vorrangig in der Kinematik und Kinetik angewendet, weil die dort behandelten Systeme in der Regel *mehrere* Freiheitsgrade besitzen. Als Basis für die formale Methode dienen die mathematische *Variationsrechnung*[27] und die *generalisierten Koordinaten*. Als generalisierte Koordinaten wird ein minimaler Satz von voneinander unabhängigen Lageparametern q_i (z. B. Länge, Winkel) bezeichnet, welche n Spura betrachteten Systems verwendet werden. Da im System immer Zwangsbedingungen vorhanden sind (z. B. Lagerbindungen, Winkellagen), soll der Begriff *generalisiert* bedeuten, dass diese Art von Koordinaten/Lageparametern nicht ausschließlich die Dimension einer Länge haben müssen. Es können auch Winkel, Energie oder dimensionslose Größen als generalisierte Koordinaten verwendet werden, um damit die Zwangsbedingungen zu berücksichtigen. Zudem werden die generalisierten Koordinaten so gewählt, dass die mathematische Formulierung der Systembewegungen möglichst einfach wird. Die Anzahl der generalisierten Koordinaten, die zur Systembeschreibung erforderlich sind, stimmt mit der Anzahl der Freiheitsgrade überein.

Die **formale Methode** basiert auf der **Variationsrechnung** und wird mit **generalisierten Koordinaten** durchgeführt.

Als **generalisierte Koordinaten** können Länge, Winkel, Energie oder auch dimensionslose Größen verwendet werden.

Wenn in einem beliebigen System der Ort eines Kraftangriffspunktes von einem Lageparameter q (z. B. ein Winkel α) abhängig ist, dann können wir den Kraftangriffspunkt in den globalen Koordinaten $x_{(q)}$, $y_{(q)}$ beschreiben. Wollen wir weiter-

[27] Die *Variationsrechnung* wurde insbesondere entwickelt von:
Leonhard EULER (1707–1783), schweiz. Mathematiker, Physiker, Professor für Physik und Mathematik
Joseph-Louis de LAGRANGE (1736–1813), ital. Mathematiker, Astronom, Professor für Mathematik und Physik

hin den Lageparameter q variieren, um z. B. Gleichgewicht zu ermitteln (Aufgabentyp b und c), erhalten wir mithilfe der Variationsrechnung die virtuellen Verschiebungen $\delta r_{x(q)}$, $\delta r_{y(q)}$ des Kraftangriffspunktes $x_{(q)}$, $y_{(q)}$ als Variation des Ortes nach dem Lageparameter q zu:

$$\begin{aligned} \delta r_x &= \frac{\partial x}{\partial q} \cdot \delta q = x' \cdot \delta q \\ \delta r_y &= \frac{\partial y}{\partial q} \cdot \delta q = y' \cdot \delta q \end{aligned} \tag{5.6}$$

Darin wurde der Index (q) bei $\delta r_{x(q)}$, $\delta r_{y(q)}$ weggelassen, da die Abhängigkeit von q eindeutig anhand der Gleichung ersichtlich ist.

Übertragen wir dies auf ein System mit einer Anzahl von n Freiheitsgraden, wird somit die Lage eines Kraftangriffspunktes mit ebenfalls n Lageparametern q_1, q_2, ..., q_n (generalisierte Koordinaten) beschrieben. Damit ergeben sich mit Gleichung (5.6) die virtuellen Verschiebungen δr_x, δr_y durch Aufsummieren der Einzelverschiebungen:

$$\delta r_x = \frac{\partial x}{\partial q_1} \cdot \delta q_1 + \frac{\partial x}{\partial q_2} \cdot \delta q_2 + \cdots + \frac{\partial x}{\partial q_n} \cdot \delta q_n$$

$$\begin{aligned} &\rightarrow \quad \delta r_x = \sum_{i=1}^{n} \frac{\partial x}{\partial q_i} \cdot \delta q_i \\ &\rightarrow \quad \delta r_y = \sum_{i=1}^{n} \frac{\partial y}{\partial q_i} \cdot \delta q_i \end{aligned} \tag{5.7}$$

Anschließend können die virtuellen Verschiebungen δr_x, δr_y mit den entsprechenden Kräften zur Berechnung der virtuellen Arbeit im Prinzip der virtuellen Verrückungen nach Gleichung (5.5) verwendet werden. Die Anwendung auf Momente ergibt sich analog dazu.

▶ **Vorzeichenkonvention**: *positiv* (+), wenn Kraft in positiver Koordinatenrichtung wirkt; *negativ* (-), wenn Kraft in negativer Koordinatenrichtung wirkt

Wichtig dabei ist noch die Vorzeichenkonvention. Da wir die Lage von Kraftangriffspunkten beschreiben, ergibt sich das Vorzeichen der zugehörigen virtuellen Arbeit anhand der Wirkrichtung der Kraft in Bezug auf das Koordinatensystem, wie wir das aus der Stereostatik noch kennen. Sind die Wirkrichtungen von Kraft und Koordinatenachse gleichgerichtet, ist die virtuelle Arbeit positiv. Verläuft die Wirkrichtung der Kraft entgegen der positiven Koordinatenachse ist die virtuelle Arbeit negativ.

Vorgehensweise der anschaulichen Methode

- Zeichnen der Verschiebungsfigur und Antragen der virtuellen Verrückungen δr_i, $\delta \varphi_i$ für die äußeren eingeprägten Kräfte F_i und Momente M_i.
- Aufstellen des *Prinzips der virtuellen Verrückungen* (PdvV) nach Gl. (5.5) und dabei für die Vorzeichen ▸ Abb. 3.3 (S. 33) beachten:

$$\delta W = \sum F_i \cdot \delta r_i + \sum M_i \cdot \delta \varphi_i = 0$$

- Im PdvV alle Zusammenhänge der virtuellen Verrückungen δr_i, $\delta \varphi_i$ derart einsetzen, dass nur noch *eine* virtuelle Verrückung δr oder $\delta \varphi$ vorhanden ist.
- Ausklammern der virtuellen Verrückung.
- Den Klammerausdruck gleich Null setzen und nach der gesuchten Kraft- bzw. Variationsgröße auflösen.

5

Vorgehensweise der formalen Methode

- Globales kartesisches Koordinatensystem festlegen.
- Lagekoordinaten $x_{i(q)}$, $y_{i(q)}$ aller Kraftangriffspunkte in Abhängigkeit der Lageparameter q_i im globalen Koordinatensystem aufstellen.
- Bestimmung der virtuellen Verrückungen δr_x, δr_y als Variation der Lageparameter q_i (Variationsgrößen) nach Gl. (5.7):

$$\delta r_{x(q)} = \sum_{i=1}^{n} \frac{\partial x}{\partial q_i} \cdot \delta q_i \qquad \delta r_{y(q)} = \sum_{i=1}^{n} \frac{\partial y}{\partial q_i} \cdot \delta q_i$$

- Aufstellen des *Prinzips der virtuellen Verrückungen* (PdvV) nach Gl. (5.5) und dabei die *Vorzeichenkonvention* beachten!
- Ausklammern der virtuellen Lageparameter δq_i.
- In Gl. (5.5) sind so viele Klammerausdrücke enthalten, wie Lageparameter δq_i vorhanden sind.
- Alle Klammerterme müssen einzeln für sich genommen verschwinden, damit die virtuelle Arbeit δW zu Null wird.
- Die Klammerausdrücke gleich Null setzen und nach den gesuchten Variationsgrößen auflösen.

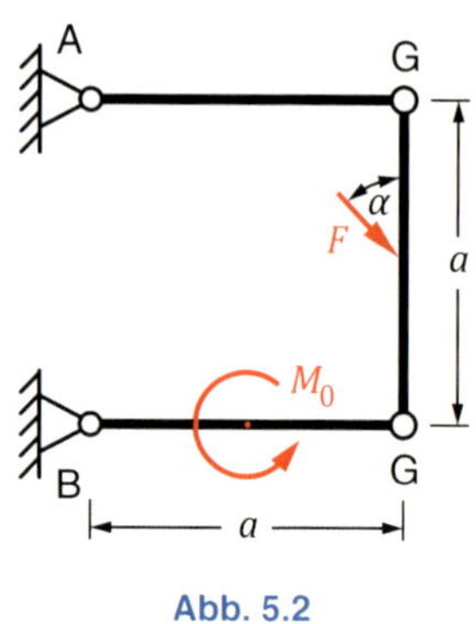

Abb. 5.2

5.2.3 Kräfte und Momente in verschiebbaren Systemen

Für den ersten Aufgabentyp, der Berechnung von eingeprägten Kräften und Momenten in verschiebbaren Gleichgewichtssystemen, betrachten wir den durch eine Kraft F und ein Moment M_0 belasteten Rahmen in nebenstehender ▶ Abb. 5.2. Wir gehen davon aus, dass das Moment M_0 gegeben ist. Mithilfe des *Prinzips der virtuellen Verrückungen* und der anschaulichen Methode (Lösungsmöglichkeit 1) wollen wir an diesem Beispiel nun die Kraft F berechnen, damit der Rahmen in der dargestellten Position verbleibt. Da sich die Lage des Rahmens nicht verändern soll, muss sich das System im Gleichgewicht befinden. Die gegebenen Werte sind: $a = 2$ m, $\alpha = 45°$ und $M_0 = 150$ Nm. Die Gelenke G sind reibungsfrei.

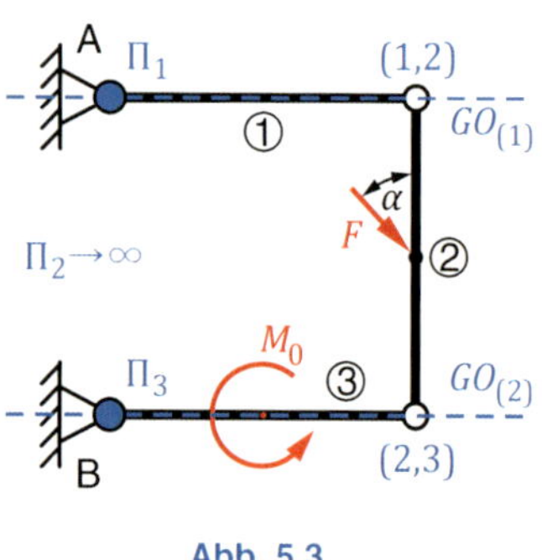

Abb. 5.3

Als erstes stellen wir den Polplan auf, um anschließend die Verschiebungsfigur des Systems zeichnen zu können. Da es sich um ein mehrteiliges Tragwerk handelt, wenden wir die entsprechenden Polplanregeln nach ▶ Tab. 2-2 auf S. 22 an. Damit sind die beiden gelenkigen Festlager A und B die Hauptpole Π_1 und Π_3 der Körper ① und ③, siehe ▶ Abb. 5.3. Die Gelenke G sind die Nebenpole (1,2) von Körper ① und ② sowie (2,3) von Körper ② und ③. Als weitere Regel sollen zwei Hauptpole mit einem Nebenpol auf einer Geraden liegen. Dazu zeichnen wir vom Hauptpol Π_1 und (1,2) den Polstrahl $GO_{(1)}$ sowie vom Hauptpol Π_3 und (2,3) den Polstrahl $GO_{(2)}$ ein. Da die beiden Polstrahle $GO_{(1)}$ und $GO_{(2)}$ parallel verlaufen, liegt der Hauptpol Π_2 von Körper ② im Unendlichen ($\Pi_2 \to \infty$).

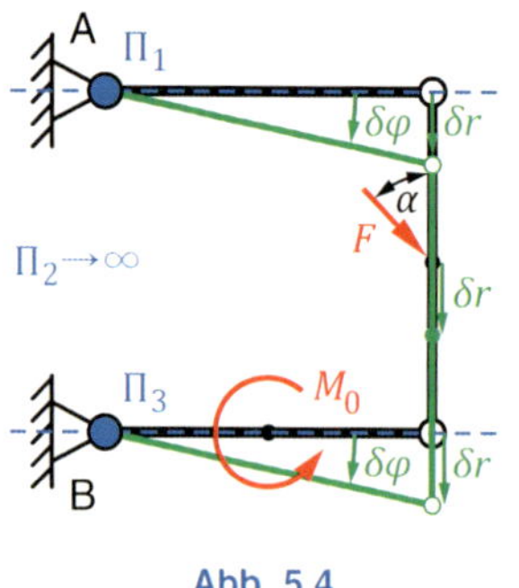

Abb. 5.4

Nun zeichnen wir die Verschiebungsfigur, indem wir markante Punkte (beide Gelenke G und den Kraftangriffspunkt) mittels der virtuellen Verdrehung $\delta\varphi$ um die jeweiligen Hauptpole Π_i verdrehen. Dabei kann der Drehsinn beliebig gewählt werden. In unserem Beispiel wählen wir für Körper ① den Uhrzeigersinn aus. Für das obere Gelenk G nehmen wir den Abstand zum Hauptpol Π_1 und zeichnen die virtuelle Verdrehung $\delta\varphi$ ein. Entsprechend verschiebt sich das obere Gelenk G um die virtuelle Verschiebung δr nach unten, siehe ▶ Abb. 5.4. Da der Hauptpol Π_2 im Unendlichen liegt, verschiebt sich der ganze Körper ② rein translatorisch (geradlinig) nach unten. Somit erfahren auch der Kraftangriffspunkt und das untere Gelenk G die gleiche virtuelle Verschiebung δr.

Um nun das Prinzip der virtuellen Verrückungen aufstellen zu können, müssen wir am Kraftangriffspunkt beachten, dass die Richtung der Kraft F schräg zur virtuellen Verschiebung δr verläuft. Daher müssen wir nur den Anteil der Kraft F berücksichtigen, welcher in Richtung von δr wirkt. Entsprechend zerlegen wir die Kraft F mithilfe des Winkels α, siehe ▸ Abb. 5.5. Damit ergibt sich für das PdvV folgender Ausdruck:

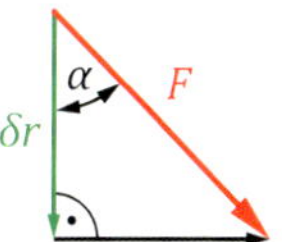

Abb. 5.5

$$\delta W = 0 = F \cdot \cos\alpha \cdot \delta r - M_0 \cdot \delta\varphi \qquad \text{(a)}$$

Nun stellen wir noch den Zusammenhang zwischen der virtuellen Verdrehung $\delta\varphi$ und der virtuellen Verschiebungen δr her. Dazu verwenden wir die in ▸ Abb. 5.6 dargestellte Dreieckskonstruktion. Aufgrund der identischen Verdrehung $\delta\varphi$ von Körper ① und ③ und der damit einhergehenden Verschiebungen δr können wir den folgenden Zusammenhang am Körper ①, wie auch am Körper ③, aufstellen:

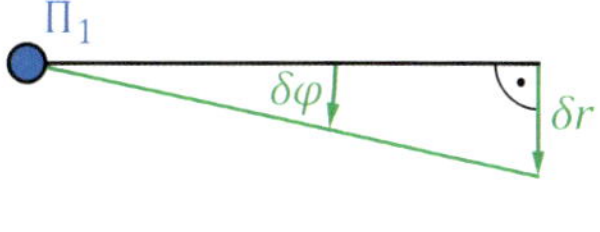

Abb. 5.6

$$\delta r = a \cdot \delta\varphi \qquad \text{(b)}$$

Setzen wir nun Gleichung (b) in (a) ein und klammern die virtuelle Verdrehung $\delta\varphi$ aus, erhalten wir:

$$\delta W = 0 = (F \cdot \cos\alpha \cdot a - M_0) \cdot \delta\varphi \qquad \text{(c)}$$

In der Klammer haben wir das Momentengleichgewicht vorliegen. Damit nun die virtuelle Arbeit δW verschwindet, muss der Klammerausdruck zu Null werden. Setzen wir also die Klammer gleich Null, können wir direkt nach der gesuchten Kraft F auflösen und erhalten als Ergebnis:

$$0 = F \cdot \cos\alpha \cdot a - M_0 \qquad \rightarrow \underline{\underline{F = \frac{M_0}{\cos\alpha \cdot a}}} = 106{,}1\ N$$

5

5.2.4 Gleichgewichtslagen von beweglichen Systemen

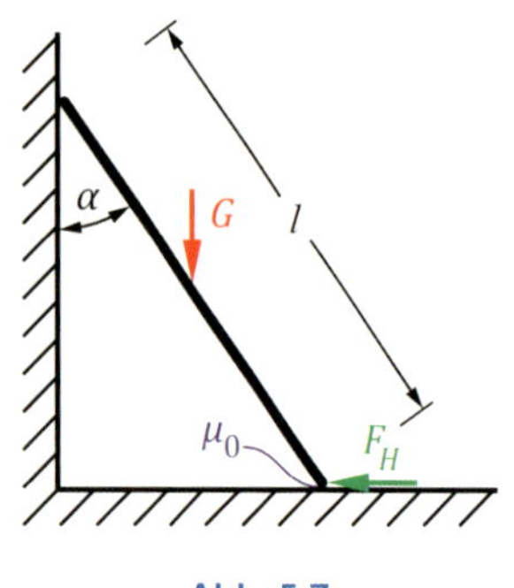

Abb. 5.7

Für die Ermittlung der Gleichgewichtslagen von beweglichen Systemen betrachten wir die an einer reibungsfreien Wand gelehnte Holzbohle in nebenstehender ▸ Abb. 5.7. Wir wollen hieran die Gleichgewichtslage ermitteln, in welcher die Holzbohle nicht rutscht und allein durch die Haftkraft F_H des Bodens gehalten wird. Der entscheidende Variationsparameter ist hier der Winkel α. Wird α zu groß, würde die Holzbohle über den Boden rutschen und umfallen. Daher müssen wir den Wertebereich des Winkels α ermitteln, sodass die Holzbohle noch im Gleichgewicht bleibt. Die gegebenen Werte sind: $l = 3$ m, $G = 250$ N, $\mu_0 = 0{,}35$. Die Wand wird als reibungsfrei angenommen.

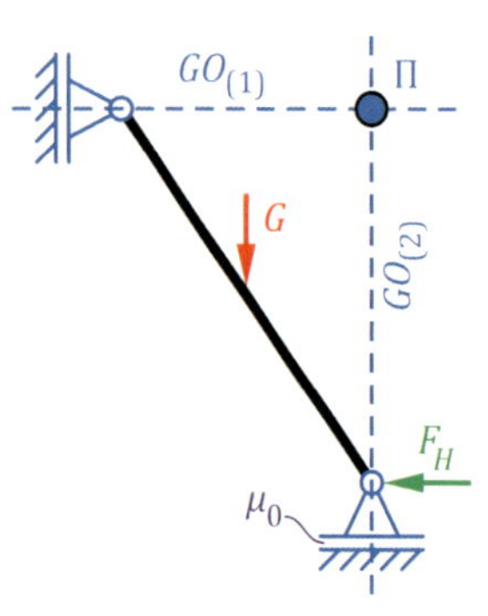

Abb. 5.8

Wir ermitteln zuerst mithilfe der Polplanregeln den Hauptpol der Holzbohle. Für ein besseres Verständnis ersetzen wir die Kontaktpunkte Holzbohle/Wand und Holzbohle/Boden durch gelenkige Loslager, siehe ▸ Abb. 5.8. Dadurch haben wir das System nicht verändert. Die Bewegungsmöglichkeiten sind immer noch die gleichen wie zuvor. Die Holzbohle kann sich geradlinig zur Wand vertikal nach unten und geradlinig am Boden horizontal nach rechts bewegen. Auch die dabei entstehende Drehung der Holzbohle ist durch diese Art der Lager gegeben. Den Hauptpol Π der Holzbohle finden wir, indem wir senkrecht zur Verschiebungsrichtung der Loslager die Polstrahle $GO_{(1)}$ und $GO_{(2)}$ einzeichnen. Im Schnittpunkt der Polstrahle liegt dann der Hauptpol Π.

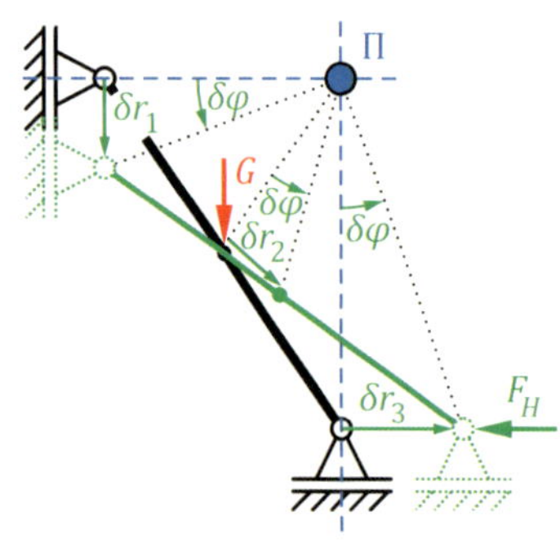

Abb. 5.9

Die entsprechende Verschiebungsfigur ist nebenstehend in ▸ Abb. 5.9 gezeichnet. Das obere Loslager bzw. das Ende der Holzbohle verdrehen wir um den Hauptpol Π mit den Verdrehwinkel $\delta\varphi$ im Gegenuhrzeigersinn. Schließlich würde die Holzbohle an der Wand nach unten rutschen. Damit einhergehend erhalten wir die translatorische und vertikale Verschiebung δr_1. Der Kraftangriffspunkt der Gewichtskraft G verdreht sich ebenfalls mit $\delta\varphi$ um den Hauptpol Π. Die damit verbundene Verschiebung δr_2 verläuft senkrecht zum Polstrahl (Punktlinie) nach unten rechts. Das andere Ende der Bohle bzw. das untere Loslager verdreht sich ebenfalls mit $\delta\varphi$ um den Hauptpol Π und damit erhalten wir die translatorische und horizontale Verschiebung δr_3 (senkrecht zum Polstrahl $GO_{(2)}$).

Beachten wir nur die virtuellen Verrückungen, an denen auch Kräfte vorhanden sind, erhalten wir anhand der Verschiebungsfigur die folgenden virtuellen Verrückungen:

$$\delta r_2 = \frac{l}{2} \cdot \delta\varphi \qquad \delta r_3 = l \cdot \cos\alpha \cdot \delta\varphi \qquad \text{(a)}$$

Da jedoch die Verschiebung δr_2 nicht in Richtung der Gewichtskraft G verläuft, müssen wir diese Verschiebung in einen vertikalen Anteil δr_{2V} in Richtung der Gewichtskraft G und in einen horizontalen Anteil δr_{2H} aufteilen. Anhand der Ausgangssituation in ▸ Abb. 5.7 und der Geometrie, können wir die Verschiebung δr_{2V} anhand der nebenstehenden Skizze ▸ Abb. 5.10 bestimmen. Wir erhalten somit für die Verschiebung δr_{2V} in Richtung der Gewichtskraft G unter Berücksichtigung von Gleichung (a):

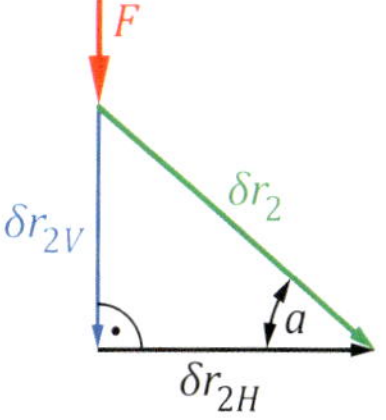

Abb. 5.10

$$\delta r_{2V} = \frac{l}{2} \cdot \sin\alpha \cdot \delta\varphi \qquad \text{(b)}$$

Nun können wir das Prinzip der virtuellen Verrückungen nach Gleichung (5.5) aufstellen und müssen dabei nur noch auf die richtigen Vorzeichen für die virtuellen Arbeiten achten:

$$\delta W = 0 = G \cdot \frac{l}{2} \cdot \sin\alpha \cdot \delta\varphi - F_H \cdot l \cdot \cos\alpha \cdot \delta\varphi \qquad \text{(c)}$$

Wir haben in dieser Gleichung nur eine, nämlich die virtuelle Verdrehung $\delta\varphi$ enthalten. Diese klammern wir aus:

$$\delta W = 0 = \left(G \cdot \frac{l}{2} \cdot \sin\alpha - F_H \cdot l \cdot \cos\alpha\right) \cdot \delta\varphi \qquad \text{(d)}$$

Innerhalb der Klammer haben wir jetzt das Momentengleichgewicht der Holzbohle vorliegen.

Wir wollen nun noch die Haftkraft F_H mit der Gewichtskraft G ausdrücken. Dies können wir mithilfe des COULOMB'schen Haftreibungsgesetzes erreichen. Stellen wir an der Holzbohle das Kräftegleichgewicht in vertikaler Richtung auf, muss die Normalkraft F_N im Kontakt Holzbohle/Boden der Gewichtskraft G entsprechen. Mit dem COULOMB'schen Haftreibungsgesetz erhalten wir dann den Ausdruck:

$$F_N = G \qquad \rightarrow \quad F_H = \mu_0 \cdot G \qquad \text{(e)}$$

Einsetzen von Gleichung (e) in (d) liefert:

$$\delta W = 0 = \left(G \cdot \frac{l}{2} \cdot \sin\alpha - \mu_0 \cdot G \cdot l \cdot \cos\alpha\right) \cdot \delta\varphi \qquad \text{(f)}$$

5

Damit nun die virtuelle Arbeit δW verschwindet, muss der Klammerausdruck zu Null werden. Setzen wir also den Klammerausdruck gleich Null, können wir nach dem gesuchten Winkel α auflösen und erhalten:

$$0 = G \cdot \frac{l}{2} \cdot \sin\alpha - \mu_0 \cdot G \cdot l \cdot \cos\alpha$$

$$\frac{\sin\alpha}{\cos\alpha} = \frac{\mu_0 \cdot G \cdot l \cdot 2}{G \cdot l} \qquad \rightarrow \quad \underline{\alpha = \arctan(\mu_0 \cdot 2)}$$

Machen wir uns hier noch bewusst, dass F_H die maximale Haftkraft im Grenzzustand der Haftreibung ist (also die maximal mögliche Haftkraft), haben wir mit unserem Ergebnis den maximalen Winkel der Haftreibung bestimmt. Damit einhergehend würde eine Vergrößerung des Winkels zum Rutschen der Holzbohle führen. Für den Wertebereich des Winkels α erhalten wir damit:

$$\rightarrow \quad \underline{\underline{\alpha \leq \arctan(\mu_0 \cdot 2)}} = 35°$$

Hinweis: Wir wollen die gleiche Aufgabe nochmals behandeln, aber dieses Mal mit der *formalen Methode* (Lösungsmöglichkeit 2) lösen.

Als erstes führen wir ein globales kartesisches Koordinatensystem mit Ursprung im Schnittpunkt von Wand und Boden (unten links in der Ecke) ein, siehe ▸ Abb. 5.11. In diesem Koordinatensystem beschreiben wir nun die Lage der beiden Kraftangriffspunkte von G und F_H:

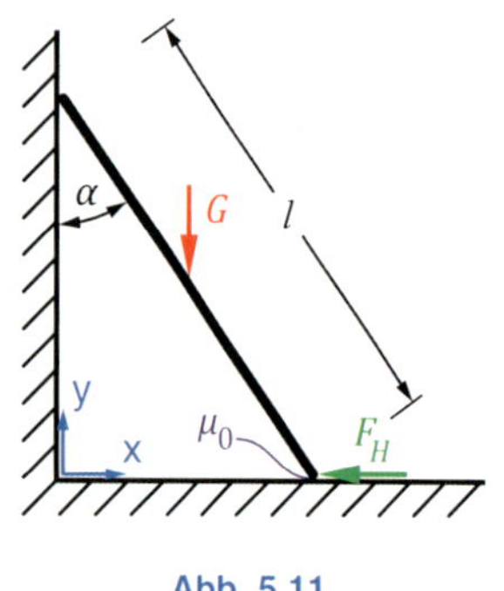

Abb. 5.11

$$x_G = \frac{l}{2} \cdot \sin\alpha \qquad y_G = \frac{l}{2} \cdot \cos\alpha \qquad \text{(a)}$$

$$x_F = l \cdot \sin\alpha \qquad y_F = 0 \qquad \text{(b)}$$

Da die Wirkrichtung der Gewichtskraft G vertikal nach unten und von der Haftkraft F_H horizontal nach links gerichtet ist, können diese beiden Kräfte auch nur in diese Richtungen Arbeit verrichten. Somit brauchen wir für die Gewichtskraft nur die Koordinate y_G und für die Haftkraft die Koordinate x_F.

Für die formale Methode bilden wir nun die virtuellen Verrückungen der Kraftangriffspunkt δy_G, δx_F in Abhängigkeit der Variationsgröße (in unserem Fall α) nach Gleichung (5.7) auf S. 72. Die virtuelle Variation ist dann $\delta\alpha$ und wir erhalten:

$$\delta y_G = \frac{dy_G}{d\alpha} \cdot \delta\alpha = -\frac{l}{2} \cdot \sin\alpha \cdot \delta\alpha \qquad \text{(c)}$$

$$\delta x_F = \frac{dx_F}{d\alpha} \cdot \delta\alpha = l \cdot \cos\alpha \cdot \delta\alpha \qquad \text{(d)}$$

Bevor wir nun mit diesen Gleichungen das Prinzip der virtuellen Verrückungen aufstellen, wollen wir uns kurz noch die Zusammenhänge in diesen Gleichungen verdeutlichen. Wir müssen für die formale Methode die Verschiebungsfigur nicht zu zeichnen. Um jedoch ein besseres Verständnis zu erlangen, ist die Verschiebungsfigur in ▸ Abb. 5.12 dargestellt. Wenn wir den Winkel α um eine virtuelle Verrückung $\delta\alpha$ vergrößern, verschiebt sich der Kraftangriffspunkt von F_H um die virtuelle Verrückung δx_F nach rechts. Entsprechend verschiebt sich der Kraftangriffspunkt von G um δy_G nach unten. Die obere Ecke der Holzbohle verschiebt sich um δr nach unten. Aufgrund der vorhandenen Geometrie ist δy_G nur halb so groß wie δr.

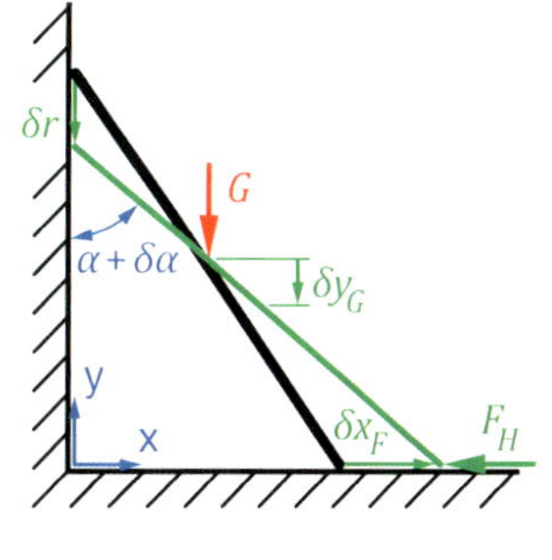

Abb. 5.12

Beim Aufstellen des Prinzips der virtuellen Verrückungen nach Gleichung (5.5) müssen wir nun auf die richtigen Vorzeichen für die Wirkrichtungen der Kräfte in unserem globalen Koordinatensystem achten. Da die beiden Kräfte entgegen der positiven Richtungen des globalen Koordinatensystems wirken, erhalten wir für das PdvV:

$$\delta W = 0 = -G \cdot \delta y_G - F_H \cdot \delta x_F \qquad \text{(e)}$$

Setzen wir nun die Gleichungen (c) und (d) in (e) ein und klammern die virtuelle Verrückung $\delta\alpha$ aus, erhalten wir:

$$\delta W = 0 = \left(G \cdot \frac{l}{2} \cdot \sin\alpha - F_H \cdot l \cdot \cos\alpha\right) \cdot \delta\alpha \qquad \text{(f)}$$

Ein Vergleich mit Gleichung (d) auf S. 77 der anschaulichen Methode zeigt die identische Gleichung. Die weiteren Schritte haben wir mit der anschaulichen Methode durchgeführt. Wie nicht anders zu erwarten war, kommen wir mit beiden Methoden zum gleichen Ergebnis.

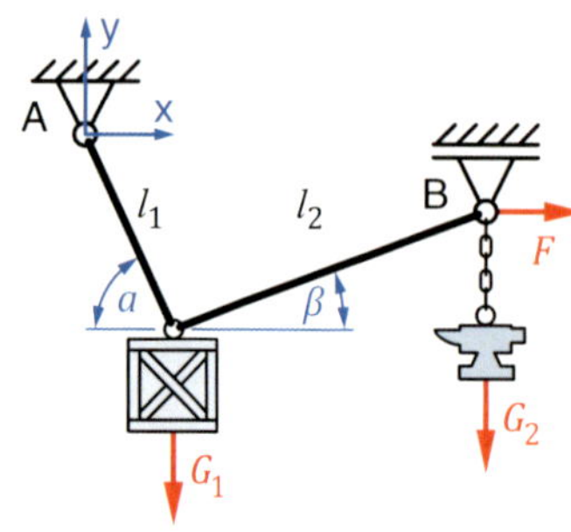

Abb. 5.13

Wir wollen noch das nebenstehende Beispiel in ▸ Abb. 5.13 mit der formalen Methode behandeln.

An zwei masselosen Seilen (l_1 = 3 m, l_2 = 4,5 m) sind eine Kiste (G_1 = 600 N) und ein Amboss (G_2 = 900 N) aufgehangen. Das Lager *B* wird durch die Kraft F = 700 N in seiner Position gehalten. Für welche Winkel α und β ist das System im Gleichgewicht?

Das globale Koordinatensystem für die Aufgabenstellung ist in ▸ Abb. 5.13 schon enthalten. Also beschreiben wir zuerst die Lage der beiden Kraftangriffspunkte von G_1, G_2 in diesem Koordinatensystem:

$$x_1 = l_1 \cdot \cos\alpha \qquad x_2 = l_1 \cdot \cos\alpha + l_2 \cdot \cos\beta$$

$$y_1 = -l_1 \cdot \sin\alpha \qquad y_2 = -l_1 \cdot \sin\alpha + l_2 \cdot \sin\beta$$

Für die beiden Gewichtskräfte G_1, G_2 benötigen wir jeweils die *y*-Koordinaten, da die Gewichtskräfte in *x*-Richtung keine virtuelle Arbeit leisten können. Bei der Kraft F dagegen brauchen wir nur die *x*-Koordinate, weil nur in dieser Richtung eine virtuelle Arbeit von der Kraft F geleistet werden kann. Mit den Koordinaten x_2, y_1, y_2 bilden wir nun nach Gleichung (5.7) auf S. 72 die virtuellen Verrückungen δx_2, δy_1, δy_2 in Abhängigkeit der beiden virtuellen Variationen $\delta\alpha$, $\delta\beta$ und beachten dabei die partielle Ableitung nach den beiden Variationen:

$$\delta x_2 = -l_1 \cdot \sin\alpha \cdot \delta\alpha - l_2 \cdot \sin\beta \cdot \delta\beta$$

$$\delta y_1 = -l_1 \cdot \cos\alpha \cdot \delta\alpha$$

$$\delta y_2 = -l_1 \cdot \cos\alpha \cdot \delta\alpha + l_2 \cdot \cos\beta \cdot \delta\beta$$

Stellen wir damit das Prinzip der virtuellen Verrückungen nach Gleichung (5.5) auf, müssen wir dabei auf Vorzeichenkonvention achten. Die beiden Gewichtskräfte G_1, G_2 wirken in negativer Koordinatenrichtung und die Kraft F wirkt in positiver Richtung. Damit haben wir auch schon die Vorzeichen der jeweiligen virtuellen Arbeiten. Für das PdvV erhalten wir:

$$\delta W = -G_1 \cdot \delta y_1 - G_2 \cdot \delta y_2 + F \cdot \delta x_2 = 0$$

Setzen wir darin die virtuellen Verrückungen δx_2, δy_1, δy_2 ein und sortieren nach den beiden Variationsgrößen $\delta\alpha$, $\delta\beta$ erhalten wir den Ausdruck:

$$\delta W = (G_1 \cdot l_1 \cdot \cos\alpha + G_2 \cdot l_1 \cdot \cos\alpha - F \cdot l_1 \cdot \sin\alpha) \cdot \delta\alpha$$
$$-(G_2 \cdot l_2 \cdot \cos\beta + F \cdot l_2 \cdot \sin\beta) \cdot \delta\beta = 0$$

Darin müssen nun beide Klammerausdrücke für sich genommen zu Null werden, damit die virtuelle Arbeit verschwindet. Setzen wir also die beiden Klammerausdrücke zu Null und lösen nach den beiden gesuchten Winkeln α und β auf, finden wir die Ergebnisse:

$$0 = G_1 \cdot l_1 \cdot \cos\alpha + G_2 \cdot l_1 \cdot \cos\alpha - F \cdot l_1 \cdot \sin\alpha$$

$$\rightarrow \underline{\underline{\alpha = \arctan\left(\frac{G_1 + G_2}{F}\right)}} = 65°$$

$$0 = G_2 \cdot l_2 \cdot \cos\beta + F \cdot l_2 \cdot \sin\beta$$

$$\rightarrow \underline{\underline{\beta = \arctan\left(\left|-\frac{G_2}{F}\right|\right)}} = 52{,}1°$$

Da im Ergebnis des Winkels β der Quotient der beiden Kräfte G_2 und F negativ ist, können wir hier den Betrag des Quotienten verwenden. Schließlich kann der Winkel β nicht negativ werden.

5

5.2.5 Systemparameter zur Erfüllung von Gleichgewicht

Bei der Bestimmung einzelner Systemparameter zur Erfüllung von Gleichgewicht betrachten wir das Beispiel der beiden Kisten mit einer schiefen Ebene in ▸ Abb. 5.14. Die beiden Kisten (G_1 = 40 N, G_2 = 80 N) sind durch ein masseloses und dehnstarres Seil miteinander verbunden. Das Seil läuft dabei über eine reibungsfreie Seilrolle A. Die schiefe Ebene, auf der die Kiste 2 steht, ist ebenfalls als reibungsfrei anzunehmen. Für dieses System ist der Winkel α zu bestimmen, unter dem sich das System im Gleichgewicht befindet.

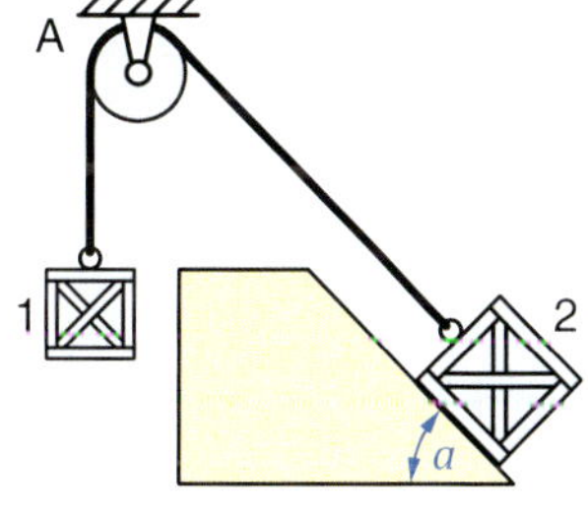

Abb. 5.14

Aufgrund der Systemanordnung ist uns direkt ersichtlich, dass sich die beiden Kisten nur geradlinig bewegen können. Kiste 1 kann nur eine Bewegung in vertikaler Richtung und Kiste 2 entlang der schiefen Ebene ausführen. Daher können wir an dieser Stelle auf den Polplan verzichten und direkt zur Erstellung der Verschiebungsfigur übergehen. Verschieben wir Kiste 1 um die virtuelle Verschiebung δr_1 vertikalnach unten, muss sich zwangsläufig Kiste 2 um eine virtuelle Verschiebung δr_2 nach oben bewegen, siehe ▸ Abb. 5.15. Zusätzlich zeichnen wir noch die Gewichtskräfte G_1 und G_2 ein.

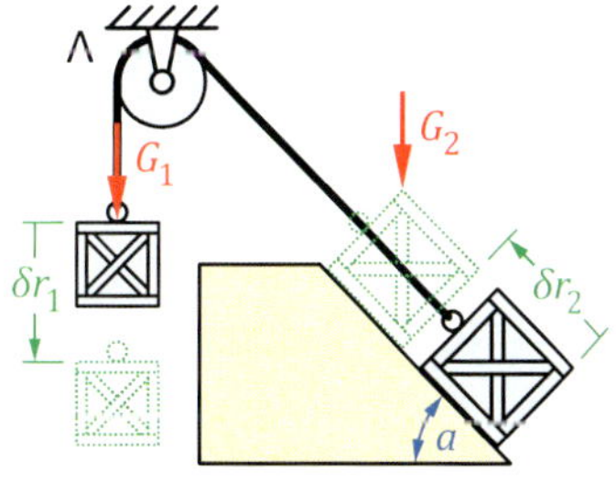

Abb. 5.15

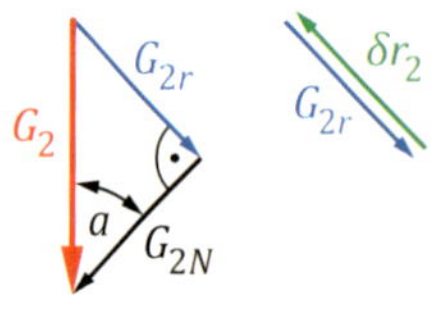

Abb. 5.16

Anhand unserer Verschiebungsfigur erkennen wir, dass die Gewichtskraft G_1 in Richtung der virtuellen Verschiebung δr_1 wirkt. Dagegen stehen die Gewichtskraft G_2 und die virtuelle Verschiebung δr_2 unter einem Winkel zueinander. Somit müssen wir hier entweder die Gewichtskraft G_2 oder die Verschiebung δr_2 so zerlegen, dass Gewichtskraft und Verschiebung auf der gleichen Wirkungslinie sind. Wir wollen in diesem Beispiel die Gewichtskraft G_2 zerlegen, siehe ▸ Abb. 5.16.

Damit können wir dann auch schon direkt das Prinzip der virtuellen Verrückungen aufstellen:

$$\delta W = 0 = G_1 \cdot \delta r_1 - G_2 \cdot \sin\alpha \cdot \delta r_2 \qquad \text{(a)}$$

Da es sich um ein dehnstarres Seil handelt, welches nur über eine Umlenkrolle geführt wird, müssen sich die beiden Kisten identisch bewegen. Somit erhalten wir als Zusammenhang zwischen den beiden virtuellen Verschiebungen:

$$\delta r_1 = \delta r_2 = \delta r \qquad \text{(b)}$$

Setzen wir Gleichung (b) in (a) ein und klammern direkt die virtuelle Größe δr aus, folgt damit:

$$\delta W = 0 = (G_1 - G_2 \cdot \sin\alpha) \cdot \delta r \qquad \text{(c)}$$

Damit die virtuelle Arbeit δW verschwindet, muss der Klammerausdruck, der das Kräftegleichgewicht für dieses System enthält, Null werden. Wir setzen also wieder den Klammerausdruck gleich Null und lösen nach dem gesuchten Winkel α auf:

$$0 = G_1 - G_2 \cdot \sin\alpha \quad \rightarrow \quad \underline{\underline{\alpha = \arcsin\left(\frac{G_1}{G_2}\right)}} = 30°$$

Bei einem Winkel von $\alpha < 30°$, würde die virtuelle Arbeit der Gewichtskraft G_2 kleiner werden und die Kiste 2 würde von der Kiste 1 die schiefe Ebene hinaufgezogen werden. Umgekehrt, bei $\alpha > 30°$, wäre die virtuelle Arbeit der Gewichtskraft G_2 größer und damit würde die Kiste 2 die schiefe Ebene entsprechend hinunterrutschen und Kiste 1 nach oben ziehen.

Tab. 5-1 Lager- und Gelenkarten sowie deren Freiheitsgrade, Bindungen und Reaktionskräfte

Bezeichnung	Symbol	Freiheitsgrade	Bindungen	Reaktionskräfte
freies Ende		3	0	
gelenkiges Loslager		2	1	
gelenkiges Festlager		1	2	
Parallelführung		1	2	
Schiebehülse		1	2	
Dreh-Schiebe-Gelenk		2	1	
Schiebegelenk		2	1	
Drehgelenk		1	2	
Querkraftgelenk		1	2	
Normalkraftgelenk		1	2	

5.2.6 Lager- und Gelenkreaktionen sowie Schnittgrößen

Die Berechnung von Reaktionskräften und -momenten, also von Lager- und Gelenkreaktionen sowie Schnittgrößen, werden wir getrennt voneinander behandeln.

Lagerreaktionen

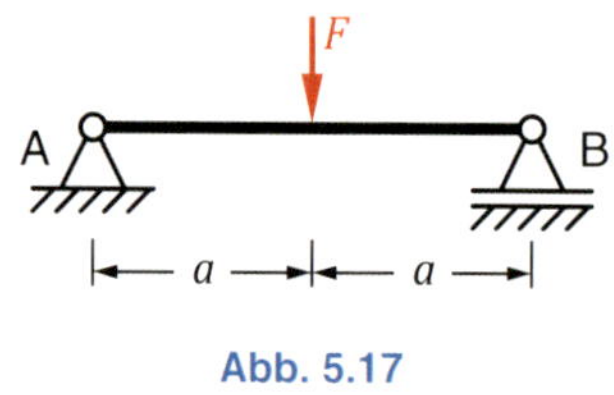

Abb. 5.17

Bei der Berechnung von Lager- und Gelenkreaktionen haben wir es üblicherweise mit einem statisch und kinematisch bestimmten Tragwerk zu tun, wie beispielsweise den Balken in ▸ Abb. 5.17. Um hieran das Prinzip der virtuellen Verrückungen anzuwenden, müssen wir in einem ersten Schritt die zu der gesuchten Lagerreaktion gehörende Bindung entfernen und die gesuchte Lagerreaktion als eingeprägte Kraft einzeichnen (siehe hierzu ▸ Tab. 5-1 auf S. 83). Wir wollen die Berechnung für die vertikalen Lagerreaktionen A_V und B durchführen.

Lagerreaktion A_V

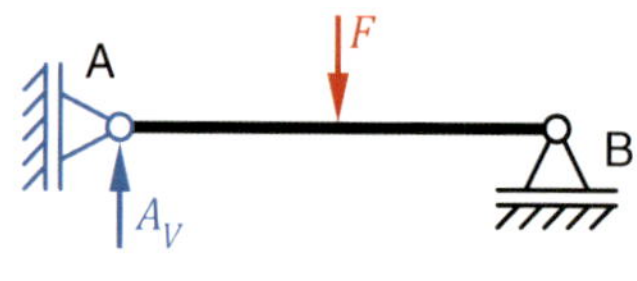

Abb. 5.18

Um die vertikale Lagerreaktion A_V einzeichnen zu können, ersetzen wir das gelenkige Festlager durch ein gelenkiges Loslager, welches in vertikaler Richtung einen Freiheitsgrad besitzt und damit in Richtung der gesuchten Lagerreaktion verschiebbar ist, siehe ▸ Abb. 5.18. Dann müssen wir die soeben hergestellte Bewegungsmöglichkeit wieder einschränken, indem wir den geschaffenen Freiheitsgrad durch die vertikale Lagerreaktion A_V binden.

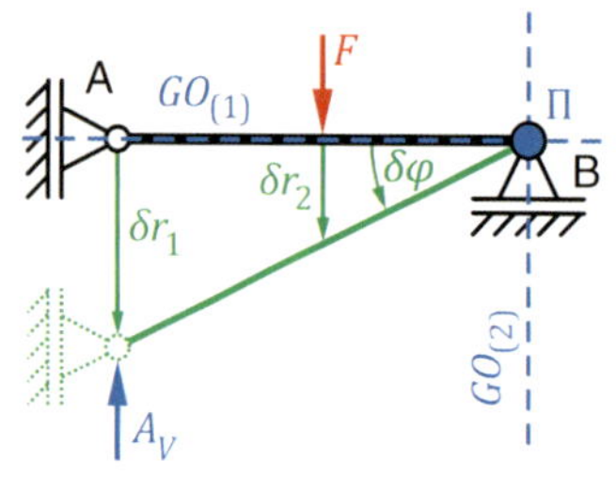

Abb. 5.19

Nun zeichnen wir die Verschiebungsfigur, indem wir zuerst den Polplan aufstellen. Beide gelenkige Loslager bekommen einen Polstrahl $GO_{(1)}$ und $GO_{(2)}$ senkrecht zur Verschiebungsrichtung und im Schnittpunkt der Polstrahlen befindet sich der Hauptpol Π des Balkens, siehe ▸ Abb. 5.19. Danach wird der Balken virtuell um den Hauptpol mittels der virtuellen Verdrehung $\delta\varphi$ verdreht. Dementsprechend verschiebt sich das Lager *A* um die virtuelle Verschiebung δr_1 und der Kraftangriffspunkt um δr_2 vertikal nach unten.

Anhand der Verschiebungsfigur stellen wir das Prinzip der virtuellen Verrückungen auf. Wir erhalten den Ausdruck:

$$\delta W = 0 = -A_V \cdot \delta r_1 + F \cdot \delta r_2$$

Für die Zusammenhänge zwischen der virtuellen Verdrehung $\delta\varphi$ und den virtuellen Verschiebungen δr_1 und δr_2 finden wir nach ▸ Abb. 5.19:

$$\delta r_1 = 2a \cdot \delta\varphi \qquad \delta r_2 = a \cdot \delta\varphi$$

Wir setzen diese Zusammenhänge in die virtuelle Arbeit ein. Da wir damit nur noch eine einzige virtuelle Größe, nämlich die virtuelle Verdrehung $\delta\varphi$, in der Gleichung enthalten haben, klammern wir diese Größe entsprechend aus und erhalten:

$$\delta W = 0 = (-A_V \cdot 2a + F \cdot a) \cdot \delta\varphi$$

Im Klammerausdruck finden wir das Momentengleichgewicht. Damit die virtuelle Arbeit δW verschwindet, setzen wir den Klammerausdruck gleich Null und lösen nach der gesuchten Lagerreaktion A_V auf. Als Ergebnis finden wir:

$$0 = -A_V \cdot 2a + F \cdot a \qquad \rightarrow \quad \underline{\underline{A_V = \frac{1}{2} \cdot F}}$$

Lagerreaktion *B*

Zur Berechnung der Lagerreaktion des Lagers *B* können wir analog vorgehen. Beim Lager *B* fällt jedoch auf, dass das gelenkige Loslager nur eine vertikale Lagerbindung besitzt. Wenn wir in dieser Richtung einen Freiheitsgrad herstellen, müssen wir das gesamte Lager *B* entfernen. Den hergestellten Freiheitsgrad binden wir durch die gesuchte vertikale Lagerbindung B, siehe ▸ Abb. 5.20. Danach erstellen wir den Polplan und zeichnen die Verschiebungsfigur. Mit dem Prinzip der virtuellen Verrückungen finden wir für die virtuelle Arbeit:

$$\delta W = 0 = F \cdot \delta r_1 - B \cdot \delta r_2$$

Aufstellen der Zusammenhänge zwischen der virtuellen Verdrehung $\delta\varphi$ und den virtuellen Verschiebungen δr_1 und δr_2:

$$\delta r_1 = a \cdot \delta\varphi \qquad \delta r_2 = 2a \cdot \delta\varphi$$

Einsetzen in das PdvV und Ausklammern der virtuellen Verdrehung $\delta\varphi$ ergibt:

$$\delta W = 0 = (F \cdot a - B \cdot 2a) \cdot \delta\varphi$$

Die gesuchte Lagerreaktion B erhalten wir, indem wir den Klammerausdruck Null setzen, damit die virtuelle Arbeit verschwindet. Als Ergebnis bekommen wir:

$$0 = F \cdot a - B \cdot 2a \qquad \rightarrow \quad \underline{\underline{B = \frac{1}{2} \cdot F}}$$

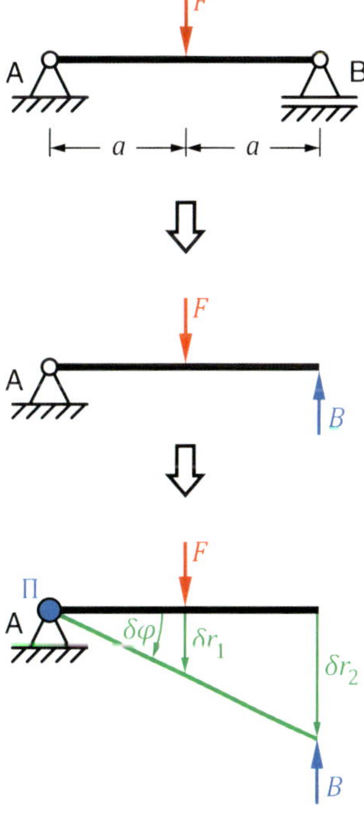

Abb. 5.20

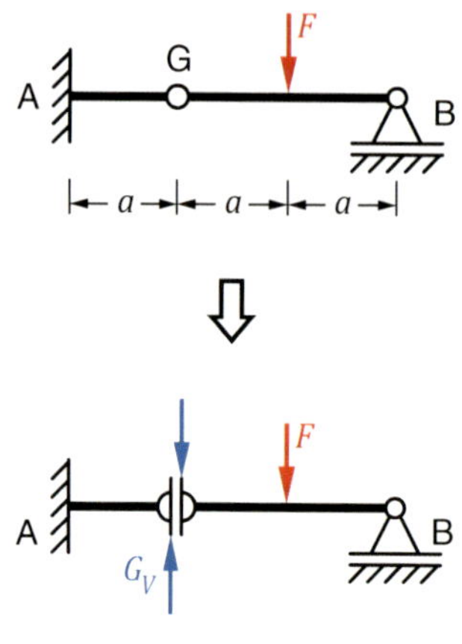

Abb. 5.21

Gelenkreaktionen

Die Berechnung von Gelenkreaktionen können wir ähnlich vornehmen. Betrachten wir hierzu das Beispiel des Tragwerks in ▸ Abb. 5.21 Um hier beispielsweise die vertikale Gelenkreaktion berechnen zu können, müssen wir diese Bindung lösen, einen Freiheitsgrad herstellen und die entsprechende Gelenkreaktion zur Bindung des Freiheitsgrades einsetzen (siehe hierzu ▸ Tab. 5-1 auf S. 83). Da wir nur die vertikale Bindung lösen müssen, können wir anstatt des Drehgelenks ein *Dreh-Schiebe-Gelenk* einsetzen. Anschließend stellen wir die Bindung wieder her, indem wir die vertikale Gelenkreaktion G_V an beiden Seiten des Gelenks einzeichnen. Wir müssen hier zwei Gelenkreaktionen einsetzen, da sich innerhalb eines Gelenks die Gelenkreaktionen gegenseitig aufheben (*actio* = *reactio*).

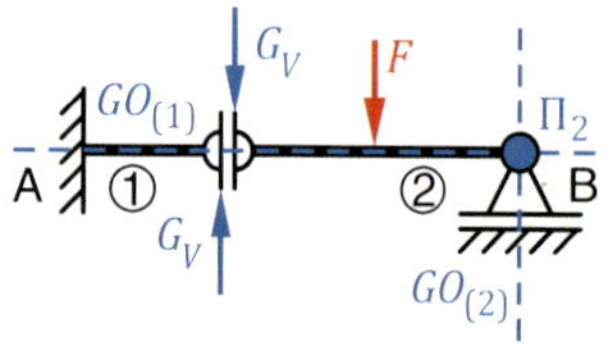

Abb. 5.22

Danach zeichnen wir den Polplan, siehe ▸ Abb. 5.22. Aufgrund der festen Einspannung ist Körper ① unbeweglich gelagert. Das gelenkige Loslager *B* bekommt einen Polstrahl $GO_{(2)}$ senkrecht zur Verschiebungsrichtung. Das Dreh-Schiebe-Gelenk bekommt aufgrund der vertikalen Verschiebbarkeit ebenfalls einen Polstrahl $GO_{(1)}$ senkrecht zur Verschiebungsrichtung. Im Schnittpunkt beider Polstrahle finden wir dann den Hauptpol Π_2 des Körpers ②.

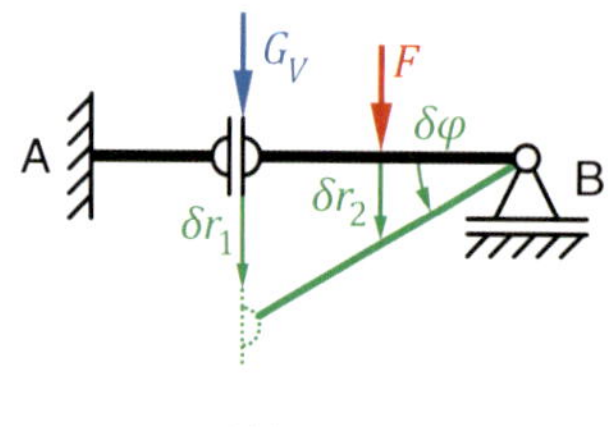

Abb. 5.23

Nun zeichnen wir die Verschiebungsfigur. Da Körper ① durch die feste Einspannung keine Bewegungsmöglichkeit besitzt, brauchen wir für die Verschiebungsfigur nur Körper ② um die virtuelle Verdrehung $\delta\varphi$ auslenken, siehe ▸ Abb. 5.23. Dementsprechend verschieben sich der rechte Teil des Dreh-Schiebe-Gelenks um die virtuelle Verschiebung δr_1 sowie der Kraftangriffspunkt von F um δr_2 vertikal nach unten.

Stellen wir das PdvV auf, ergibt sich:

$$\delta W = 0 = G_V \cdot \delta r_1 + F \cdot \delta r_2$$

Aufgrund der Geometrie finden wir die Zusammenhänge der virtuellen Verrückungen zu:

$$\delta r_1 = 2a \cdot \delta\varphi \qquad \delta r_2 = a \cdot \delta\varphi$$

Beides in das PdvV eingesetzt und $\delta\varphi$ ausgeklammert:

$$\delta W = 0 = (G_V \cdot 2a + F \cdot a) \cdot \delta\varphi$$

Das in der Klammer enthaltene Momentengleichgewicht setzen wir zu Null und lösen nach der gesuchten Gelenkreaktion G_V auf:

$$0 = G_V \cdot 2a + F \cdot a \qquad \rightarrow \; \underline{\underline{G_V = -\frac{1}{2} \cdot F}}$$

Anhand des negativen Ergebnisses erkennen wir, dass die in der Verschiebungsfigur ▸ Abb. 5.23 eingezeichnete Gelenkreaktion falsch angenommen wurde und in Wirklichkeit nach oben wirkt.

Vorgehensweise für Lager- und Gelenkreaktionen

- Die zu der gesuchten Lager- bzw. Gelenkreaktion gehörende Bindung wird entfernt und die gesuchte Lager- bzw. Gelenkreaktion wird als eingeprägte Kraft bzw. eingeprägtes Moment angetragen.
- Zeichnen der Verschiebungsfigur und Antragen der virtuellen Verrückungen δr_i, $\delta\varphi_i$ für die äußeren eingeprägten Kräfte F_i und Momente M_i.
- Aufstellen des *Prinzips der virtuellen Verrückungen* (PdvV) nach Gl. (5.5).
- Im PdvV alle Zusammenhänge der virtuellen Verrückungen δr_i, $\delta\varphi_i$ derart einsetzen, dass nur noch *eine* virtuelle Verrückung δr oder $\delta\varphi$ vorhanden ist.
- Ausklammern der virtuellen Verrückung.
- Den Klammerausdruck gleich Null setzen und nach der gesuchten Lager- bzw. Gelenkreaktion auflösen.

Tab. 5-2 Gelenke zur Bestimmung von Schnittgrößen

Bezeichnung	Gelenkreaktion	virtuelle Verrückung	Schnittgröße
Drehgelenk *(Momentengelenk)*		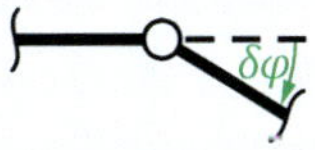 $\delta\varphi$	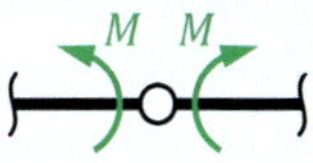 M M
Querkraftgelenk		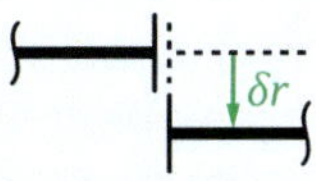 δr	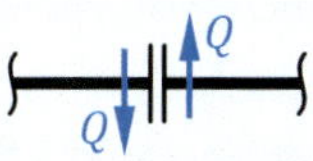 Q Q
Normalkraftgelenk		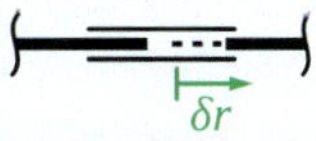 δr	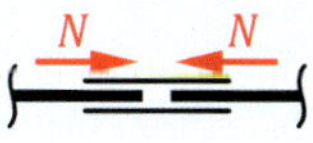 N N

Schnittgrößen

Um die **Schnittgröße** an einer **bestimmten Stelle** zu berechnen, muss an dieser Stelle ein **Gelenk** eingesetzt werden, welches einen **Freiheitsgrad** in Richtung der gesuchten Schnittgröße besitzt.

Auch Schnittgrößen können wir mit einer zu Gelenkreaktionen analogen Vorgehensweise berechnen. Dazu setzen wir an die Stelle der gesuchten Schnittgröße ein entsprechendes Gelenk und zeichnen die jeweils gesuchte Schnittgröße an beiden Körpern des Gelenks nach dem Prinzip *actio = reactio* ein. Um zu entscheiden, welches Gelenk eingesetzt werden muss, dient ▸ Tab. 5-2 auf S. 87. Als Merkregel können wir jedoch sagen, dass immer das Gelenk eingesetzt werden muss, dessen Bezeichnung die gesuchte Schnittgröße enthält. Wollen wir also die Querkraft an einer bestimmten Stelle berechnen, setzen wir an diese Stelle ein Querkraftgelenk ein.

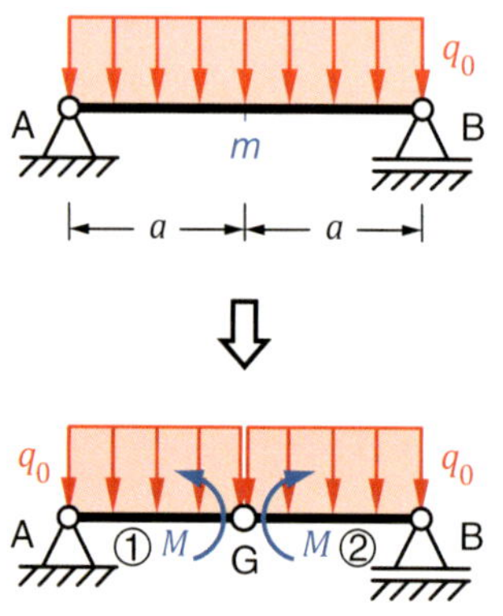

Abb. 5.24

Als Beispiel wollen wir das Biegemoment an der Stelle m des in ▸ Abb. 5.24 dargestellten Balkens berechnen. Wir setzen also im ersten Schritt ein Drehgelenk an die Stelle m ein und schaffen damit einen Drehfreiheitsgrad. Um diesen Freiheitsgrad wieder einzuschränken, führen wir das Biegemoment M als Schnittgröße nach dem Prinzip *actio = reactio* auf beiden Seiten des Gelenks mit entgegengesetzter Wirkrichtung ein.

Hinweis: Wenn, wie in diesem Beispiel, der Balken durch eine Streckenlast beansprucht wird und das Gelenk den Balken in zwei Teilbalken aufteilt, müssen wir auch die Streckenlast in zwei Teilstreckenlasten aufteilen.

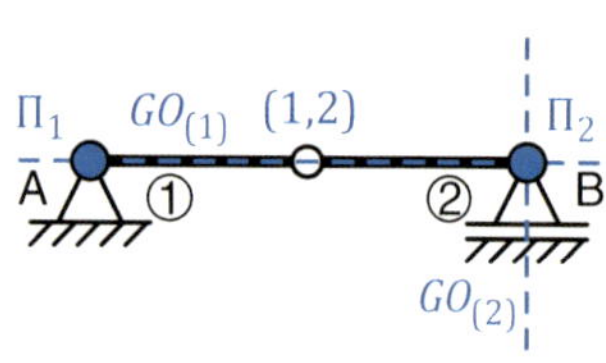

Abb. 5.25

Als nächstes erstellen wir den Polplan für die Verschiebungsfigur, siehe ▸ Abb. 5.25. Das gelenkige Festlager A ist der Hauptpol Π_1 des Körpers ①. Das gelenkige Loslager B bekommt einen Polstrahl $GO_{(2)}$ senkrecht zur Verschiebungsrichtung. Das Drehgelenk G ist der gemeinsame Nebenpol $(1,2)$. Als nächstes müssen zwei Hauptpole und ein Nebenpol auf einer Geraden liegen, weshalb wir einen weiteren Polstrahl $GO_{(1)}$ einzeichnen, der durch den Hauptpol Π_1 und Nebenpol $(1,2)$ verläuft. Im Schnittpunkt der beiden Polstrahlen, also im Lager B, finden wir den Hauptpol Π_2 des Körpers ②.

Jetzt können wir die Verschiebungsfigur zeichnen, indem wir Körper ① um die virtuelle Verdrehung $\delta\varphi_1$ auslenken, siehe ▸ Abb. 5.26. Mit der Verdrehung ergeben sich die virtuellen Verschiebungen δr_1 an der Kraftangriffsstelle der Einzelkraft F_{q1} (Reduzierung der Streckenlast) und δr am Gelenk vertikal nach unten. In Bezug auf den Hauptpol Π_2 verdreht sich Körper ② im Gegenuhrzeigersinn um die virtuelle Verdrehung $\delta\varphi_2$. Damit verschiebt sich der Kraftangriffspunkt von F_{q2} um δr_2 vertikal nach unten.

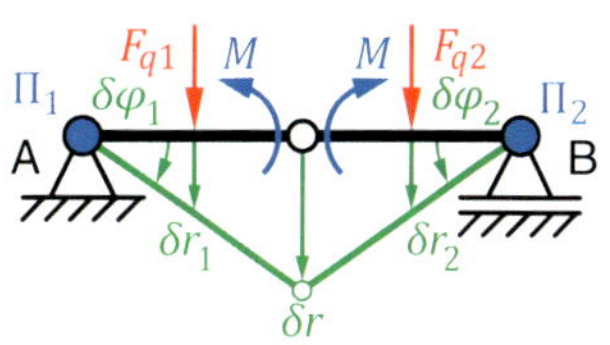

Abb. 5.26

Für die beiden Einzelkräfte gilt:

$$F_{q1} = q_0 \cdot a \qquad F_{q2} = q_0 \cdot a \qquad \text{(a)}$$

Die virtuellen Verrückungen entnehmen wir der Verschiebungsfigur und stellen damit das PdvV auf:

$$\delta W = 0 = F_{q1} \cdot \delta r_1 + F_{q2} \cdot \delta r_2 - M \cdot \delta\varphi_1 - M \cdot \delta\varphi_2 \qquad \text{(b)}$$

Durch die virtuelle Verschiebung δr am Gelenk, können wir die Zusammenhänge aller virtuellen Verrückungen aufstellen:

$$\delta r = a \cdot \delta\varphi_1 = a \cdot \delta\varphi_2 \qquad \text{(c)}$$

$$\delta r_1 = \frac{1}{2} \cdot a \cdot \delta\varphi_1 \qquad \delta r_2 = \frac{1}{2} \cdot a \cdot \delta\varphi_2 \qquad \text{(d)}$$

Die Gleichungen (c) und (d) bestätigen, was wir aufgrund der Symmetrie schon sehen können, dass die virtuelle Verdrehung $\delta\varphi_1 = \delta\varphi_2$ ist und somit die virtuellen Verschiebungen δr_1 und δr_2 ebenfalls identisch sind. Setzen wir wieder alles in das PdvV ein und klammern die virtuelle Größe aus, ergibt sich:

$$\delta W = 0 = \left(F_{q1} \cdot \frac{1}{2} \cdot a + F_{q2} \cdot \frac{1}{2} \cdot a - 2 \cdot M\right) \cdot \delta\varphi \qquad \text{(e)}$$

Das Momentengleichgewicht in der Klammer müssen wir gleich Null setzen und können dann nach dem gesuchten Schnittgröße M umstellen. Wir setzen direkt auch noch die reduzierten Streckenlasten nach den Gleichungen (a) in (e) ein und erhalten als Endergebnis:

$$\underline{\underline{M = \frac{1}{2} \cdot q_0 \cdot a^2}}$$

So wie an diesem Beispiel gezeigt, lassen sich auch die Quer- Q und die Normalkraft N an einer beliebigen Stelle eines Tragwerks berechnen.

Dabei ist der erwähnte Nachteil des Prinzips der virtuellen Verrückungen, dass wir die Schnittgrößen nur für *eine einzige Stelle* berechnen können. Jedoch überwiegt dabei der Vorteil, dass wir nicht mehr mühsam alle Lager- und vielleicht auch noch Gelenkreaktionen berechnen müssen, bevor wir die Schnittgröße bestimmen können.

Mit dem **PdvV** kann eine **Schnittgröße** auch direkt an einem **Kraft- oder Momentenangriffspunkt** berechnet werden.

Ein weiterer Vorteil des PdvV ist, dass wir auch direkt an einem Kraftangriffspunkt die Schnittgrößen berechnen können. Bei der herkömmlichen Vorgehensweise mussten wir das Tragwerk erst in mehrere Bereiche unterteilen und dann für jeden Bereich die Schnittgrößen ausrechnen. Mit dem PdvV können wir direkt die Schnittgröße an einem Kraft- sowie Momentenangriffspunkt bestimmen.

Vorgehensweise für Schnittgrößen

- Die Lagerung des Originalsystems wird beibehalten.
- Einsetzen eines Gelenks an die Stelle der gesuchten Schnittgröße.
- Antragen der jeweils gesuchten Schnittgröße an beiden Körpern des Gelenks nach dem Prinzip *actio = reactio* (siehe ▸ Tab. 5-2 auf S. 87).
- Zeichnen der Verschiebungsfigur und Antragen der virtuellen Verrückungen δr_i, $\delta\varphi_i$ für die äußeren eingeprägten Kräfte F_i und Momente M_i.
- Aufstellen des *Prinzips der virtuellen Verrückungen* (PdvV) nach Gl. (5.5).
- Im PdvV alle Zusammenhänge der virtuellen Verrückungen δr_i, $\delta\varphi_i$ derart einsetzen, dass nur noch *eine* virtuelle Verrückung δr oder $\delta\varphi$ vorhanden ist.
- Ausklammern der virtuellen Verrückung.
- Den Klammerausdruck gleich Null setzen und nach der gesuchten Schnittgröße auflösen.

Stabkräfte in Fachwerken

Analog zur Ermittlung von Schnittgrößen lassen sich auch Stabkräfte in Fachwerken ermitteln. Da die Stabkraft nichts weiter als die Schnittgröße Normalkraft N ist, kann die identische Vorgehensweise verwendet werden. Wir wollen dies an einem kurzen Beispiel aber nochmals separat erläutern.

Das in ▸ Abb. 5.27 dargestellte Fachwerk ist statisch und kinematisch bestimmt und wird durch eine Einzelkraft F belastet. Anhand der Fachwerkbildungsgesetze ist ersichtlich, dass es sich bei diesem Fachwerk um ein einfaches Fachwerk handelt, welches nach dem 1. Bildungsgesetz aufgebaut ist (es besteht ausschließlich aus einfachen Dreiecken).

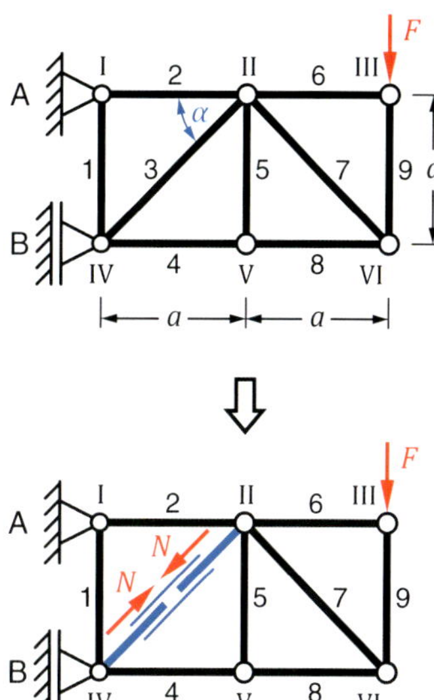

Abb. 5.27

In unserem Beispiel wollen wir die Stabkraft S_3 mithilfe des PdvV berechnen. Dazu fügen wir im Stab 3 ein Normalkraftgelenk ein um einen Freiheitsgrad und damit eine kinematische Verschiebbarkeit herzustellen. Den entsprechenden Freiheitsgrad binden wir mit der Normalkraft N, welche gleichzeitig die Stabkraft $S_3 = N$ ist.

Wichtig: Da wir nur in der linken Hälfte des Fachwerks einen Freiheitsgrad eingefügt haben, ist die rechts Hälfte für sich genommen immer noch kinematisch bestimmt. Daher können wir den rechten Fachwerkteil (Stäbe 5 bis 9) als ein starres Teilfachwerk betrachten und wie einen einzigen Starrkörper, z. B. eine starre Scheibe, behandeln.

Für den Polplan können wir den Stab 3 bzw. das Normalkraftgelenk komplett herauslassen und die Normalkraft N in den Knoten II und IV angreifen lassen, siehe ▸ Abb. 5.28. Das gelenkige Festlager *A* ist der Hauptpol $\Pi_{1,2}$ der Stäbe 1 und 2. Der Knoten II verbindet den Stab 2 mit der Scheibe 5 und ist damit der Nebenpol $(2{,}5)$. Da zwei Hauptpole und der gemeinsame Nebenpol auf einer Gerade liegen müssen, verbinden wir den Hauptpol $\Pi_{1,2}$ mit dem Nebenpol $(2{,}5)$ durch den Polstrahl $GO_{(1)}$. Der gesuchte Hauptpol Π_5 der Scheibe 5 befindet sich dann auf dem Polstrahl im Unendlichen. Das gelenkige Loslager *B* erhält einen Polstrahl $GO_{(4)}$. Der Knoten V ist der Nebenpol $(4{,}5)$ von Stab 4 und Scheibe 5. Den noch fehlenden Hauptpol $\Pi_{1,4}$ von Stab 1 und 4 finden wir dann im gelenkigen Loslager *B*. Das gelenkige Loslager *B* ist gleichzeitig auf der Nebenpol $(1{,}4)$ der Stäbe 1 und 4. Mit dieser Bedingung wird dieser Nebenpol $(1{,}4)$ zum Hauptpol $\Pi_{1,4}$.

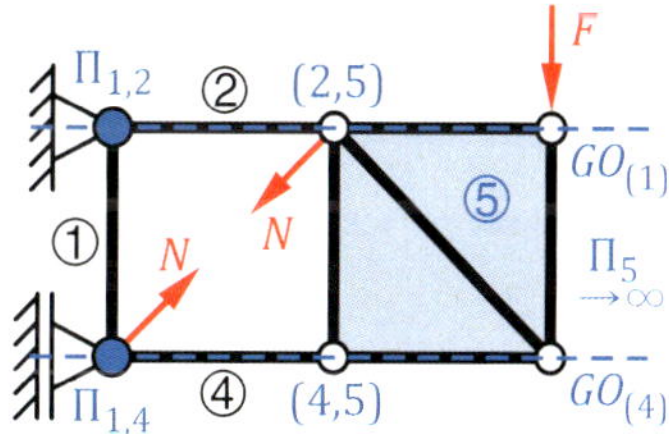

Abb. 5.28

Hinweis: Der Polplan dieses Fachwerkes ist im Grunde recht ähnlich zum Rahmen in ▸ Abb. 5.3 auf S. 74. Vernachlässigen wir die Stäbe 6 bis 9 ist die Ähnlichkeit unverkennbar.

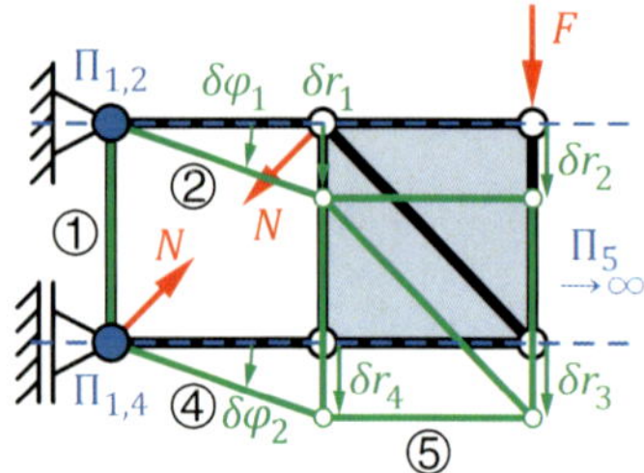

Abb. 5.29

Die Verschiebungsfigur ist in ▸ Abb. 5.29 zu sehen. Der Stab 2 wurde um den Hauptpol $\Pi_{1,2}$ mit der virtuellen Verdrehung $\delta\varphi_1$ im Uhrzeigersinn ausgelenkt. Dementsprechend verschiebt sich der Knoten II um die virtuelle Verschiebung δr_1 vertikal nach unten. Die Scheibe 5 (Knoten II, III, V, VI) verschiebt sich um den Hauptpol Π_5 ebenfalls um δr_1 vertikal nach unten. Wenn sich damit verbunden Knoten V um δr_4 verschiebt, muss sich der Stab 4 um $\delta\varphi_2$ im Uhrzeigersinn um den Hauptpol $\Pi_{1,4}$ verdrehen.

Bezüglich der virtuellen Verschiebung δr_1 müssen wir beachten, dass die Normalkraft N in einem bestimmten Winkel dazu steht. Dementsprechend müssen wir entweder die Verschiebung δr_1 oder die Normalkraft N zerlegen. Mithilfe des Winkels α am Knoten II in ▸ Abb. 5.27 können wir den vertikalen Anteil der Normalkraft N recht einfach bestimmen.

Für das PdvV können wir damit Folgendes aufstellen:

$$\delta W = 0 = F \cdot \delta r_2 + N \cdot \cos\alpha \cdot \delta r_1$$

Aufgrund der Geometrie der Verschiebungsfigur erhalten wir für die virtuellen Verrückungen:

$$\delta r_1 = \delta r_2 = \delta r_4 \qquad \delta\varphi_1 = \delta\varphi_2$$

Beides in das PdvV eingesetzt und δr_1 ausgeklammert:

$$\delta W = 0 = (F + N \cdot \cos\alpha) \cdot \delta r_1$$

Im Klammerausdruck ist das Kräftegleichgewicht enthalten. Setzen wir den Klammerausdruck gleich Null, damit die virtuelle Arbeit δW verschwindet und lösen nach Normalkraft N auf, erhalten wir das Ergebnis:

$$0 = F + N \cdot \cos\alpha \qquad \rightarrow \underline{\underline{N = S_3 = -\frac{F}{\cos\alpha}}}$$

Anhand des Ergebnisses ist deutlich, dass es sich bei der Stabkraft S_3 um eine Druckkraft handelt. Dass der Stab 3 ein Druckstab sein muss, können wir zudem an unserer Verschiebungsfigur in ▸ Abb. 5.29 erkennen.

Vorgehensweise für Stabkräfte in Fachwerken

- Die Lagerung des Originalsystems wird beibehalten.
- Der zur gesuchten Stabkraft gehörende Stab wird entfernt und durch die Schnittgröße Normalkraft N an den beiden Knoten des entfernten Stabes nach dem Prinzip *actio* = *reactio* angetragen.
- Sind Abschnitte des Fachwerkes in sich starr, können diese Abschnitte als starre Scheiben betrachtet werden.
- Zeichnen der Verschiebungsfigur und Antragen der virtuellen Verrückungen δr_i, $\delta\varphi_i$ für die äußeren eingeprägten Kräfte F_i und Momente M_i.
- Aufstellen des *Prinzips der virtuellen Verrückungen* (PdvV) nach Gl. (5.5).
- Im PdvV alle Zusammenhänge der virtuellen Verrückungen δr_i, $\delta\varphi_i$ derart einsetzen, dass nur noch *eine* virtuelle Verrückung δr oder $\delta\varphi$ vorhanden ist.
- Ausklammern der virtuellen Verrückung.
- Den Klammerausdruck gleich Null setzen und nach der gesuchten Normalraft N (Stabkraft) auflösen.

Beispiel 5.1

Das nebenstehende masselose Tragwerk (a = 60 cm) wird durch eine Einzelkraft F = 60 N und eine dreiecksförmige Streckenlast q_0 = 150 N/m belastet.

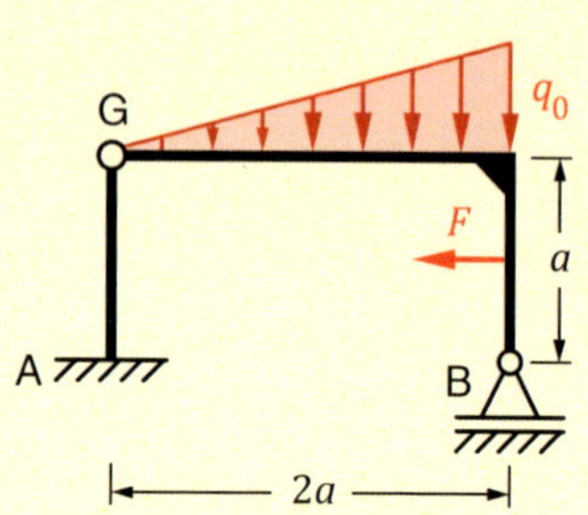

Berechnen Sie mithilfe des Prinzips der virtuellen Verrückungen:

a) die vertikale Gelenkreaktion G_V
b) die horizontale Lagerreaktion A_V

Lösung

a) Das Drehgelenk *G* ersetzen wir durch ein Dreh-Schiebe-Gelenk (vgl. ▸ Tab. 5-1 auf S. 83). Dadurch erhält das Gelenk einen Polstrahl $GO_{(1)}$ senkrecht zur Verschiebungsrichtung und das Gelenk ist der Nebenpol (1,2). Das gelenkige Loslager *B* bekommt ebenfalls einen Polstrahl $GO_{(2)}$ senkrecht zur Verschiebungsrichtung. Im Schnittpunkt der beiden Polstrahle liegt der Hauptpol Π_2 des Rahmens ②. Balken ① ist durch die feste Einspannung unverschieblich gelagert.

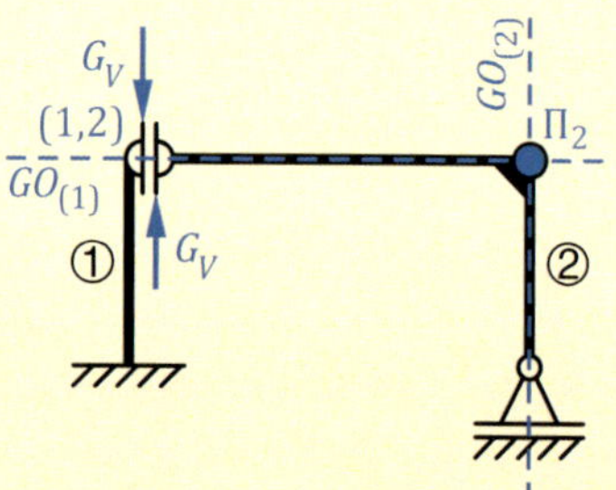

Die virtuelle Verdrehung $\delta\varphi_1$ um den Hauptpol Π_2 erfolgt im Gegenuhrzeigersinn. Das Lager *B* verschiebt sich damit um δr_1, die Kraftangriffsstelle von F um δr_2, der Scherpunkt der reduzierten Streckenlast F_q um δr_3 und das Gelenk *G* um δr_4.

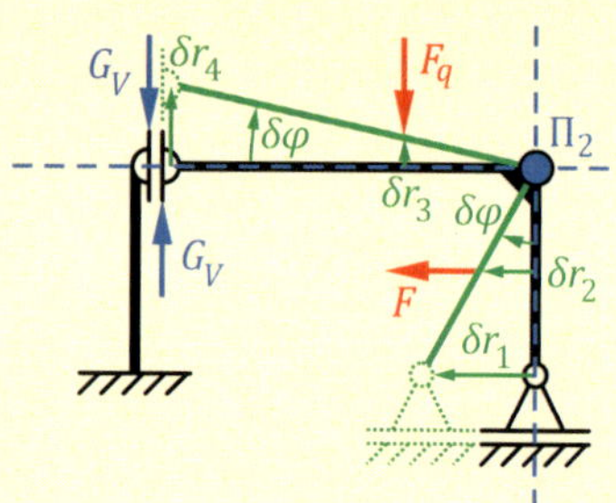

Prinzip der virtuellen Verrückungen:

$$\delta W = 0 = F \cdot \delta r_2 - \frac{1}{2} \cdot q_0 \cdot 2a \cdot \delta r_3 + G_V \cdot \delta r_4$$

Zusammenhänge der virtuellen Verrückungen:

$$\delta r_2 = \frac{1}{2} \cdot a \cdot \delta\varphi \qquad \delta r_3 = \frac{1}{3} \cdot 2a \cdot \delta\varphi \qquad \delta r_4 = 2a \cdot \delta\varphi$$

Alles ins PdvV eingesetzt und ausgeklammert:

$$\delta W = 0 = \left(F \cdot \frac{1}{2} \cdot a - \frac{1}{2} \cdot q_0 \cdot 2a \cdot \frac{1}{3} \cdot 2a + G_V \cdot 2a\right) \cdot \delta\varphi$$

Klammerausdruck zu Null setzen und nach G_V auflösen:

$$0 = \left(\frac{1}{2} \cdot F \cdot a - \frac{2}{3} \cdot q_0 \cdot a^2 + G_V \cdot 2a\right) \qquad \rightarrow \quad \underline{\underline{G_V = \frac{1}{3} \cdot q_0 \cdot a - \frac{1}{4} \cdot F = 15\,N}}$$

b) Die feste Einspannung *A* ersetzen wir durch eine Parallelführung, welche einen Polstrahl $GO_{(1)}$ senkrecht zur Verschiebungsrichtung erhält und der Hauptpol Π_1 des Balkens ① liegt im Unendlichen. Das Gelenk *G* ist der Nebenpol $(1,2)$. Das gelenkige Loslager *B* bekommt ebenfalls einen Polstrahl $GO_{(2)}$ senkrecht zur Verschiebungsrichtung. Wenn zwei Hauptpole und der gemeinsame Nebenpol auf einer Gerade liegen, befindet sich der Hauptpol Π_2 des Rahmens ② ebenfalls im Unendlichen.

Anhand des Polplans ist deutlich, dass sich das Tragwerk als Ganzes nur translatorisch nach links oder rechts bewegen kann. Verschieben wir das Tragwerk um die virtuelle Verschiebung δr nach rechts, erhalten wir die nebenstehende Verschiebungsfigur.

Prinzip der virtuellen Verrückungen:

$$\delta W = 0 = A_H \cdot \delta r - F \cdot \delta r$$

Ausklammern der virtuellen Verschiebung:

$$\delta W = 0 = (A_H - F) \cdot \delta r$$

Klammerausdruck zu Null setzen und nach A_H auflösen:

$$0 = (A_H - F) \qquad \rightarrow \quad \underline{\underline{A_H}} = F = 60\ N$$

Beispiel 5.2

Das nebenstehende Tragwerk (Modell einer Kfz-Hebebühne, $l = 4$ m, $\alpha = 61°$) wird durch eine Einzelkraft $F = 3{,}5$ kN belastet.

Hinweis: Das Drehgelenk *C* ist ein Scharniergelenk, welche die beiden geneigten Balken der Länge l miteinander verbindet.

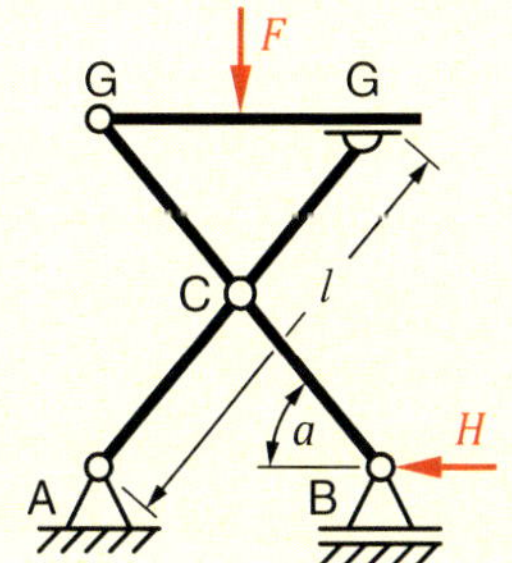

Bestimmen Sie mithilfe des Prinzips der virtuellen Verrückungen die Haltekraft H für die dargestellte Lage.

Lösung

Das gelenkige Festlager *A* ist der Hauptpol Π_1. Das gelenkige Loslager *B* erhält einen Polstrahl $GO_{(2)}$ senkrecht zur Verschiebungsrichtung. Der Nebenpol $(1{,}2)$, welcher die beiden Balken ① und ② miteinander verbindet, liegt mit dem Hauptpol Π_1 auf dem Polstrahl $GO_{(1)}$. Im Schnittpunkt der beiden Polstrahle $GO_{(1)}$ und $GO_{(2)}$ liegt der Hauptpol Π_2. Zudem liegt in Π_2 durch das Dreh-Schiebe-Gelenk gleichzeitig der Nebenpol $(1{,}3)$. Das Gelenk *G* ist der Nebenpol $(2{,}3)$. Verbinden wir den Nebenpol $(2{,}3)$ und den Hauptpol Π_2 durch den Polstrahl $GO_{(3)}$, finden wir den Hauptpol Π_3 des Balkens ③ im Unendlichen.

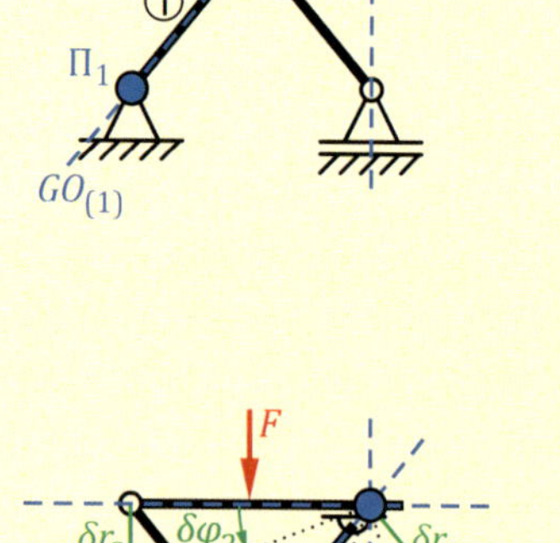

Durch die virtuelle Verdrehung $\delta\varphi_1$ um den Hauptpol Π_1 verschiebt sich die Mitte des Balkens ① mit dem Gelenk *C* um δr_1 und das Ende des Balkens ① sowie das Dreh-Schiebe-Gelenk um δr_2. Gleichzeitig verdreht sich Gelenk *C* mit $\delta\varphi_2$ um den Hauptpol Π_2 (Verschiebung δr_1). Das Lager *B* verschiebt sich damit um δr_4 und das linke Ende des Balkens ② um δr_3. Balken ③ verschiebt sich vertikal nach unten um δr_3 (Hauptpol Π_3 im Unendlichen).

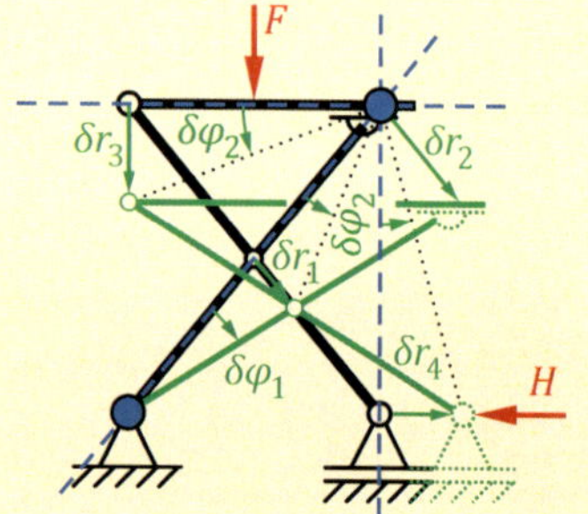

Prinzip der virtuellen Verrückungen:

$$\delta W = 0 = F \cdot \delta r_3 - H \cdot \delta r_4$$

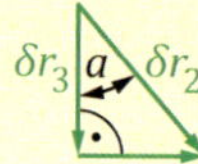

Zusammenhänge der virtuellen Verrückungen:

$$\delta r_1 = \frac{l}{2} \cdot \delta\varphi_1 = \frac{l}{2} \cdot \delta\varphi_2 \qquad \delta r_2 = l \cdot \delta\varphi_1 \qquad \delta r_3 = \delta r_2 \cdot \cos\alpha \qquad \delta r_4 = l \cdot \sin\alpha \cdot \delta\varphi_2$$

Alles ins PdvV eingesetzt und ausgeklammert:

$$\delta W = 0 = (F \cdot l \cdot \cos\alpha - H \cdot l \cdot \sin\alpha) \cdot \delta\varphi_1$$

Klammerausdruck zu Null setzen und nach *H* auflösen:

$$0 = (F \cdot l \cdot \cos\alpha - H \cdot l \cdot \sin\alpha) \qquad \rightarrow \underline{\underline{H = \frac{F}{\tan\alpha}}} = 1940\ N$$

Beispiel 5.3

Das nebenstehende Tragwerk (a = 1 m) wird durch eine Einzelkraft F = 300 N, ein Einzelmoment M_0 = 180 Nm und eine Streckenlast $q_{(x)}$ belastet.

$$q_{(x)} = q_0 \cdot \frac{x^3}{l^3}; \quad q_0 = 200 \, \frac{N}{m}$$

Berechnen Sie mithilfe des Prinzips der virtuellen Verrückungen das innere Biegemoment an der Stelle m.

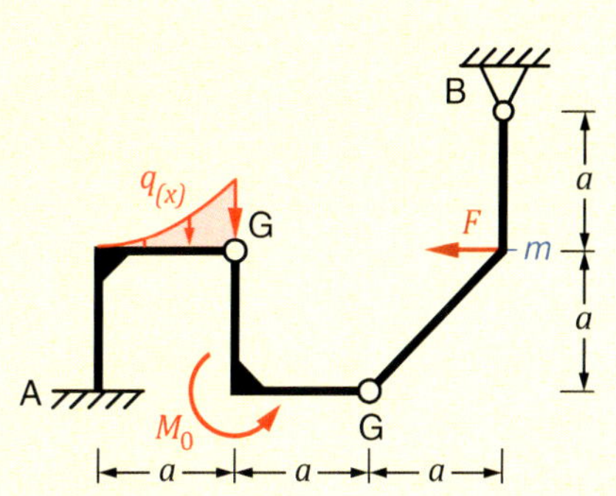

Lösung

An die Stelle m fügen wir ein Drehgelenk ein, um später damit die gesuchte Schnittgröße Biegemoment zu bestimmen. Danach stellen wir den Polplan auf.

Das linke Gelenk G ist der Nebenpol (1,2). Da der Rahmen ① eine feste Einspannung besitzt, wird das Gelenk zum gelenkigen Festlager und dementsprechend ist der Nebenpol (1,2) gleichzeitig der Hauptpol Π_2 vom Rahmen ②. Die beiden anderen Gelenke sind die Nebenpole (2,3) und (3,4). Das gelenkige Festlager B ist der Hauptpol Π_4 vom Balken ④. Verbinden wir den Hauptpol Π_2 mit dem Nebenpol (2,3) durch den Polstrahl $GO_{(2)}$ sowie den Hauptpol Π_4 mit dem Nebenpol (3,4) durch den Polstrahl $GO_{(4)}$, erhalten wir im Schnittpunkt der Polstrahle den gesuchten Hauptpol Π_3 vom Balken ③.

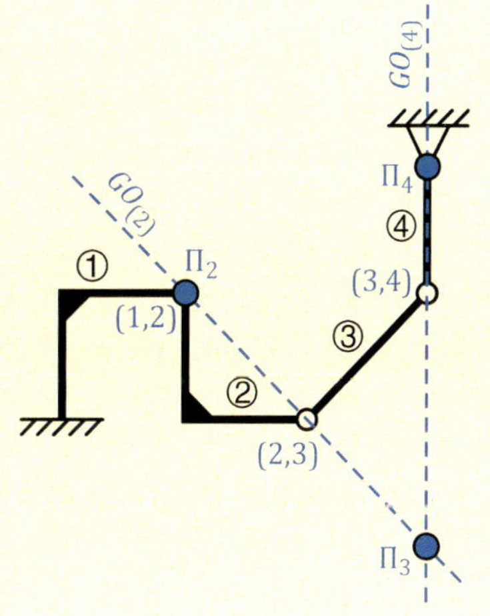

Bevor wir die Verschiebungsfigur zeichnen, müssen wir an das eingefügte Drehgelenk noch die Schnittgröße M an die Balken ③ und ④ antragen. Danach verdrehen wir den Balken ④ um den Winkel $\delta\varphi_4$ um Π_4. Damit erhalten wir am rechten Gelenk die Verschiebung δr_4. Bezogen auf den Balken ③ muss das Gelenk mit der Verschiebung δr_4 um den Winkel $\delta\varphi_3$ um Π_3 verdreht werden. Das mittlere Gelenk wird ebenfalls um den Winkel $\delta\varphi_3$ um Π_3 verdreht und wir erhalten die dort vorhandene Verschiebung δr_3. Übertragen auf den Rahmen ② finden wir damit die Verdrehung $\delta\varphi_2$ um Π_2. Und schließlich erhalten wir mit der Verdrehung $\delta\varphi_2$ um Π_2 die Verschiebung δr_2 an der Ecke von Rahmen ②.

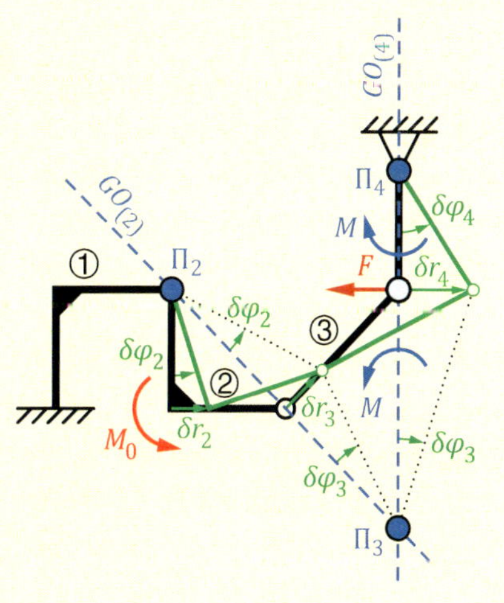

Prinzip der virtuellen Verrückungen:

$$\delta W = 0 = M_0 \cdot \delta\varphi_2 - M \cdot \delta\varphi_3 - M \cdot \delta\varphi_4 - F \cdot \delta r_4$$

Zusammenhänge der virtuellen Verrückungen:

$$\delta r_4 = a \cdot \delta\varphi_4 = 2a \cdot \delta\varphi_3 \qquad \delta r_3 = \sqrt{2} \cdot a \cdot \delta\varphi_3 = \sqrt{2} \cdot a \cdot \delta\varphi_2$$

Alles ins PdvV eingesetzt und ausgeklammert:

$$\delta W = 0 = (M_0 - M - 2 \cdot M - F \cdot 2a) \cdot \delta\varphi_3$$

Klammerausdruck zu Null setzen und nach der Schnittgröße M auflösen:

$$0 = (M_0 - 3 \cdot M - F \cdot 2a) \qquad \rightarrow \quad \underline{\underline{M = \frac{1}{3} \cdot M_0 - \frac{2}{3} \cdot F \cdot a = -140\ Nm}}$$

Am Ergebnis erkennen wir, dass durch das negative Vorzeichen wir die Wirkrichtung des Biegemomentes M falsch herum angenommen haben. Des Weiteren wird deutlich, dass die Streckenlast $q_{(x)}$ keine Wirkung auf das Biegemoment M an der Stelle m besitzt. Da der Rahmen ① keine Bewegungsmöglichkeit besitzt, kann die Streckenlast $q_{(x)}$ auch keine virtuelle Arbeit leisten. Würden wir die Schnittgrößen mithilfe der üblichen *Gleichgewichts-* oder *Integrationsmethode* bestimmen, wäre der Aufwand immens höher als mit dem hier gezeigten Prinzip der virtuellen Verrückungen.

5.3 Anwendung in der Elastostatik

Das **Prinzip der virtuellen Verrückungen** ist eine ***verschiebungsgeregelte*** Methode.

Das Prinzip der virtuellen Verrückungen kann auch in der Elastostatik angewendet werden. Dazu werden wir unseren höheren Betrachtungen zur Arbeit und Formänderungsenergie in Kapitel 3.5 (S. 46 ff.) verwenden, um das Prinzip der virtuellen Verrückungen entsprechend zu erweitern. Wie an unseren bisherigen Beispielen und der grundlegenden Vorgehensweise des PdvV deutlich zu erkennen ist, führen wir eine virtuelle Verschiebung unseres Tragwerkes/Systems durch, um anschließend damit eine Kraft zu berechnen. Somit ist das PdvV eine *verschiebungsgeregelte* Methode. Wenden wir hierauf den Arbeitssatz nach Gleichung (5.5) (S. 68) an, können wir die reale Arbeit W durch eine virtuelle Arbeit δW ersetzen und haben damit gleichzeitig einen Zusammenhang zur virtuellen Formänderungsenergie $\delta\Pi$ hergestellt:

Virtueller Arbeitssatz

$$\delta W = \delta \Pi \tag{5.8}$$

Aus der Elastostatik ist uns bekannt, dass die äußeren Kraftgrößen mit den äußeren Deformationen genauso miteinander verknüpft sind wie die inneren Schnittgrößen mit den inneren Verzerrungen (Dehnungen und Gleitungen). Dies wollen wir nun anhand des Beispiels der Zugbelastung in ▸ Abb. 5.30 in das PdvV einfügen. Infolge der äußeren Kraft F resultiert im Inneren die Schnittgröße Normalkraft N. Beziehen wir die Normalkraft N auf den Querschnitt A, erhalten wir die entsprechende Spannung σ:

$$\sigma = \frac{N}{A} \qquad \rightarrow \quad N = \sigma \cdot A \tag{5.9}$$

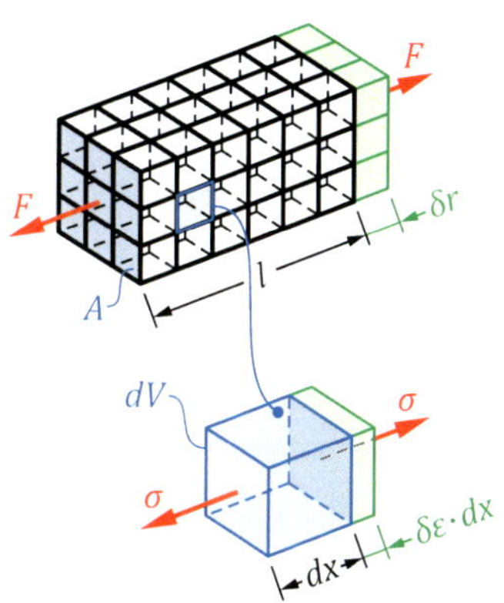

Abb. 5.30

Nun benötigen wir noch die Verzerrungen. Am Kraftangriffspunkt von F bringen wir die virtuelle Verschiebung δr auf. Betrachten wir einen beliebiges infinitesimales Volumenelement dV des Körpers, wirkt daran die Spannung σ. Weiterhin ergibt sich durch δr am Element die Dehnung ε. Um die virtuelle Formänderungsenergie $\delta \Pi$ des gesamten Körpers durch die inneren Größen σ und ε zu erhalten, multiplizieren wir σ und ε miteinander um die im Volumenelement dV vorhandene virtuelle Element-Formänderungsenergie $d\delta \Pi$ zu erhalten. Anschließend müssen wir dies über das Gesamtvolumen V integrieren, um die gesamte Formänderungsenergie $\delta \Pi$ zu erhalten:

$$\delta \Pi = \int_V \sigma \cdot \delta\varepsilon \cdot dV = \sigma \cdot \delta\varepsilon \cdot V \tag{5.10}$$

Setzen wir dies in den virtuellen Arbeitssatz (5.8) ein, folgt:

$$\delta W = F \cdot \delta r = \delta \Pi = \sigma \cdot \delta\varepsilon \cdot V \tag{5.11}$$

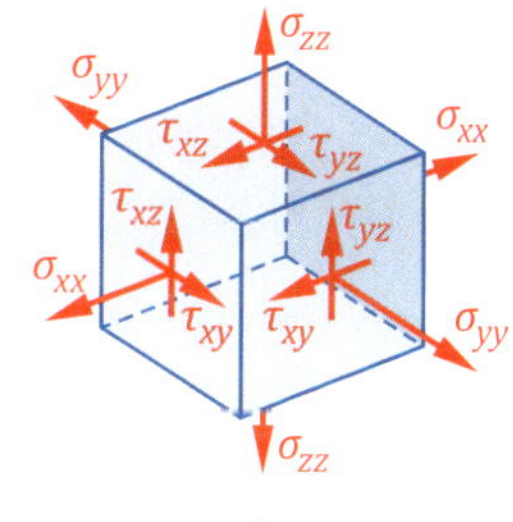

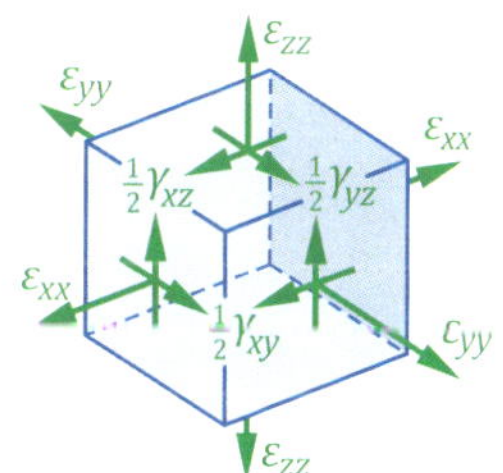

Abb. 5.31

Darin sind neun Spannungen[28] σ_{ij} und neun Dehnungen[29] ε_{ij} enthalten, welche wir mit dem in der Elastostatik verwendeten Doppelindex kennzeichnen, siehe ▸ Abb. 5.31:

- 1. Index: Richtung der Senkrechten auf der Schnittfläche
- 2. Index: Wirkrichtung der Spannung

Erweitern wir unsere Betrachtung auf beliebig viele äußere Kräfte F_i und Momente M_j, erhalten wir mit den jeweils neun Spannungen σ_{ij} und Dehnungen ε_{ij} sowie mithilfe des virtuellen Arbeitssatzes (5.8) das *Prinzip der virtuellen Verrückungen der Elastostatik*:

Prinzip der virtuellen Verrückungen der Elastostatik

$$\sum_{i=1}^{n} F_i \cdot \delta r_i + \sum_{j=1}^{m} M_j \cdot \delta\varphi_j = \int_V \sum_{i=x}^{z} \sum_{j=x}^{z} \sigma_{ij} \cdot \delta\varepsilon_{ij} \cdot dV \tag{5.12}$$

[28] Normalspannungen σ_{xx}, σ_{yy}, σ_{zz} und Schubspannungen $\sigma_{xy} = \tau_{xy} = \tau_{yx}$, $\sigma_{xz} = \tau_{xz} = \tau_{zx}$, $\sigma_{yz} = \tau_{yz} = \tau_{zy}$

[29] Dehnungen ε_{xx}, ε_{yy}, ε_{zz} und Gleitungen $\varepsilon_{xy} = \gamma_{xy} = \gamma_{yx}$, $\varepsilon_{xz} = \gamma_{xz} = \gamma_{zx}$, $\varepsilon_{yz} = \gamma_{yz} = \gamma_{zy}$

In Worten lautet das Prinzip der virtuellen Verrückungen:

Prinzip der virtuellen Verrückungen der Elastostatik

Ein mechanisches System ist im Gleichgewicht, wenn die virtuelle Arbeit δW aller eingeprägten äußeren Kräfte und Momente der virtuellen Formänderungsenergie $\delta \Pi$ aller inneren Spannungen und Dehnungen entspricht.

Das **PdvV** kann für **beliebiges Materialverhalten** angewendet werden.

Das PdvV kann für beliebiges Materialverhalten (elastisch, plastisch, viskoelastisch usw.) verwendet werden, da in Gleichung (5.12) die inneren Spannungen und Dehnungen enthalten sind. Der gegenseitige Zusammenhang zwischen Spannungen und Dehnungen wird durch ein Elastizitätsgesetz (z. B. HOOKE'sches Gesetz) hergestellt, welches aber in der allgemeinen Form nicht enthalten ist. Daher kann in Gleichung (5.12) jedes beliebige Elastizitätsgesetz bzw. Materialverhalten verwendet werden.

Da in der Stereostatik keine Verzerrungen berücksichtigt werden, zeigt ein Vergleich von Gleichung (5.12) mit dem PdvV der Stereostatik nach Gleichung (5.5) (S. 68), dass das Integral der Spannungen und Dehnungen in der Stereostatik zu Null wird. Somit erhalten wir aus Gleichung (5.12) mit $\int(\ldots) = 0$ unsere Gleichung (5.5).

▶ Für die Berechnung werden die **Zusammenhänge** zwischen den **virtuellen Verschiebungen δr** und den abhängigen **virtuellen Verzerrungen $\delta \varepsilon_{(\delta r)}$** benötigen, was für eine Handrechnung zu komplex ist.

Ein entscheidender Nachteil beim PdvV der Elastostatik ist, dass wir einen Zusammenhang zwischen den virtuellen Verschiebungen δr und den von δr abhängigen virtuellen Verzerrungen $\delta \varepsilon_{(\delta r)}$ benötigen. Für das Beispiel der eindimensionalen Zugbelastung in ▸ Abb. 5.30 war dieser Zusammenhang recht einfach zu finden. Hingegen ist die Erstellung der Abhängigkeiten und Zusammenhänge durch beispielsweise einer angreifenden Querkraft wesentlich komplexer und bedarf eines immens höheren Aufwandes. Daher ist das Prinzip der virtuellen Verrückungen der Elastostatik auch ungeeignet für eine Handrechnung. Dies ist auch der Grund, wieso das PdvV so gut wie keine praktische Bedeutung besitzt. Jedoch sei an dieser Stelle angemerkt, dass das PdvV die wesentliche Grundlage für die *Finite-Elemente-Methode*, kurz FEM, darstellt.

In Kürze

- Das Prinzip der virtuellen Verrückungen (PdvV) wird auch *Prinzip der virtuellen Verschiebungen*, *Prinzip der virtuellen Arbeiten*, *Arbeitssatz der Statik* oder *Differentialprinzip der Mechanik* genannt.
- Beim Prinzip der virtuellen Verrückungen werden die realen Verrückungen durch virtuelle Verrückungen ersetzt.
- Mit dem Prinzip der virtuellen Verrückungen wird der reale Kraftzustand bei einer virtuellen Verrückung betrachtet.
- Als Verrückung werden Verschiebungen und Verdrehungen verstanden.
- *Virtuelle Verrückungen* sind:
  - gedacht und in Wirklichkeit nicht vorhanden
  - infinitesimal klein
  - geometrisch (kinematisch) möglich (mit den Systembindungen verträglich)
- Virtuelle Verrückungen sind nur möglich, wenn das System *mindestens einen Freiheitsgrad* besitzt.
- Bei statisch bestimmten Systemen muss eine Bindung gelöst und durch eine eingeprägte Kraft bzw. eingeprägtes Moment ersetzt werden.
- Das Prinzip der virtuellen Verrückungen ist äquivalent zu den bekannten Gleichgewichtsbedingungen und kann zur Berechnung folgender Aufgabentypen angewendet werden:
  - Berechnung von eingeprägten Kräften und Momenten in verschiebbaren Gleichgewichtssystemen,
  - Ermittlung der Gleichgewichtslagen von beweglichen Systemen,
  - Bestimmung einzelner Systemparameter zur Erfüllung von Gleichgewicht,
  - Berechnung von Reaktionskräften und Reaktionsmomenten (Lager- und Gelenkreaktionen sowie Schnittgrößen).

Lösen von Aufgaben

- *Anschauliche Methode*: Es werden die Ausgangslage und die Verschiebungsfigur des Systems gezeichnet. Die sich in der Verschiebungsfigur einstellenden virtuellen Verrückungen können direkt abgelesen werden.
- *Formale Methode*: Es wird ein generalisiertes Koordinatensystem gewählt und die Lage jedes Kraftangriffspunktes wird in diesem globalen Koordinatensystem beschrieben. Die virtuellen Verrückungen können dann formal als infinitesimale Änderungen der beschriebenen globalen Lagekoordinaten aufgestellt werden. Mit dieser Methode ist es möglich, gleichzeitig mehrere Freiheitsgrade zu berücksichtigen.
  - Als generalisierte Koordinaten wird ein minimaler Satz von voneinander unabhängigen Lageparametern q_i (z. B. Länge, Winkel) bezeichnet, welche zur eindeutigen Beschreibung des räumlichen Zustandes des betrachteten Systems verwendet werden.

Prinzip der virtuellen Verrückungen in der Stereostatik

Ein mechanisches System ist im Gleichgewicht, wenn die Arbeit der eingeprägten Kräfte und Momente bei einer virtuellen Verrückung verschwindet:

$$\delta W = \sum F_i \cdot \delta r_i + \sum M_i \cdot \delta \varphi_i = 0$$

Prinzip der virtuellen Verrückungen in der Elastostatik

$$\sum_{i=1}^{n} F_i \cdot \delta r_i + \sum_{j-1}^{m} M_j \cdot \delta \varphi_j = \int_V \sum_{i,j} \sigma_{ij} \cdot \delta \varepsilon_{ij} \cdot dV$$

5.4 Aufgaben zu Kapitel 5

Aufgabe 5.1

Ein Amboss ($G = 1$ kN) ist mit einem masselosen und dehnstarren Seil ($l = 4$ m) an der Decke befestigt. Am Ambos greift die eingeprägte Kraft $F = 250$ N an, wodurch der Amboss um den Winkel α ausgelenkt wird.
Bestimmen Sie mithilfe des Prinzips der virtuellen Verrückungen den sich ergebenden Winkel α.

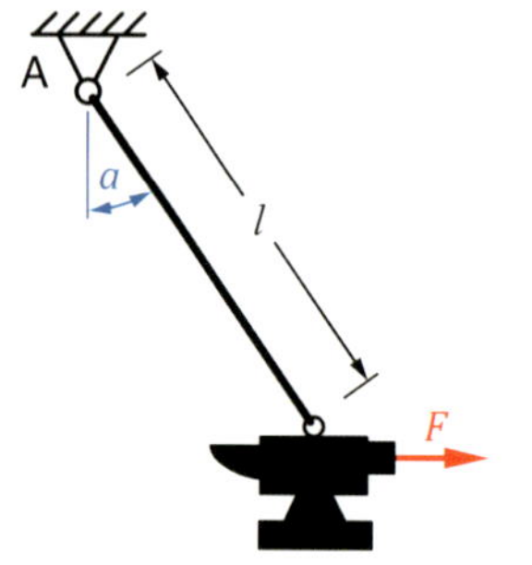

Aufgabe 5.2

Ein Brett ($G = 150$ N, $l = 2$ m) liegt auf dem Lager *A* auf und berührt unter dem Winkel α eine Wand. Die Kontaktstellen des Bretts am Lager *A* und der Wand sind reibungsfrei. Der Abstand von Lager *A* bis zur Wand beträgt $e = 30$ cm.
Bestimmen Sie mithilfe des Prinzips der virtuellen Verrückungen den Winkel α für die dargestellte Gleichgewichtslage.

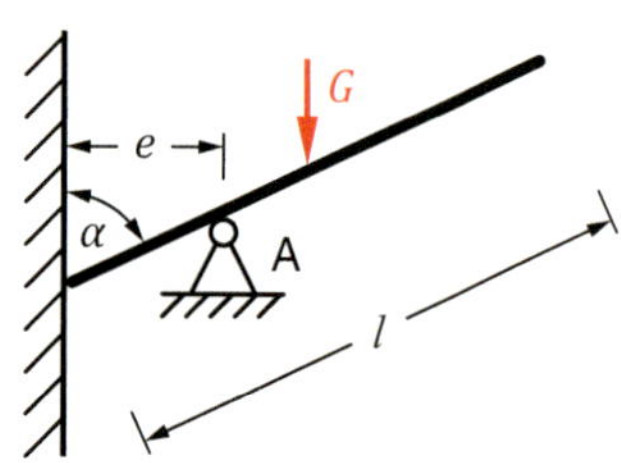

Aufgabe 5.3

Ein masseloser Gelenkbalken ($a = 15$ dm) wird durch eine Kraft $F = 30$ N, ein Moment $M_0 = 25$ Nm und eine konstante Streckenlast $q_0 = 20$ N/m belastet.
Bestimmen Sie alle Lager- und Gelenkreaktionen mithilfe des Prinzips der virtuellen Verrückungen.

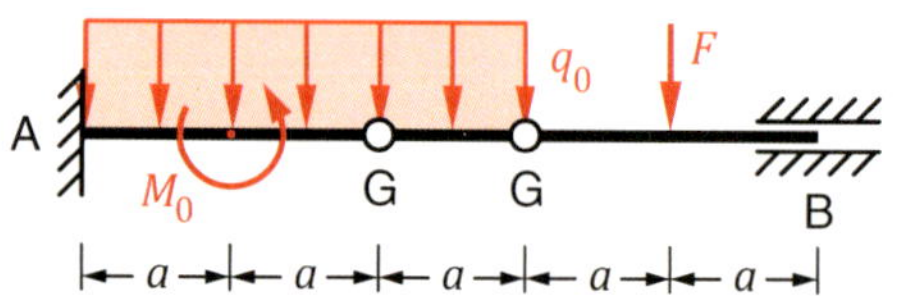

Aufgabe 5.4

Ein masseloser Gerberträger (a =1,5 m) wird durch eine dreiecksförmige $q_1 = 15$ N/m und eine konstante Streckenlast $q_2 = 10$ N/m belastet.
Berechnen Sie an der Stelle *m* das Biegemoment mithilfe des Prinzips der virtuellen Verrückungen.

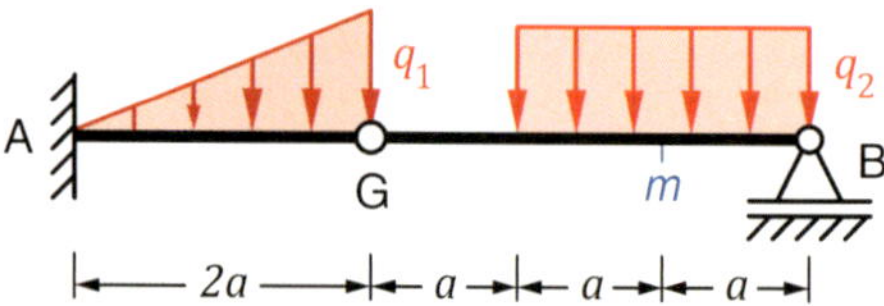

Aufgabe 5.5

Ein masseloser Rahmen (a = 120 cm) wird durch zwei Kräfte F_1 = 800 N, F_2 = 1,9 kN belastet.

Bestimmen Sie das Biegemoment M an der Rahmenecke *C* mithilfe des Prinzips der virtuellen Verrückungen (*PdvV*).

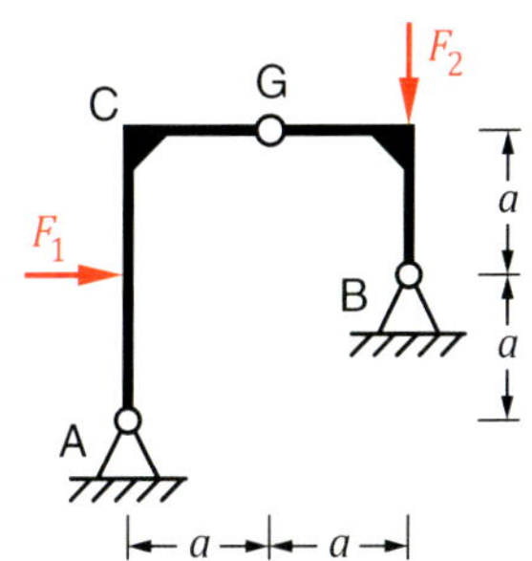

Aufgabe 5.6

Ein masseloser Rahmen (a = 9 dm) wird durch ein Moment M_0 = 405 Nm und eine konstante Streckenlast q_0 = 500 N/m belastet.

Bestimmen Sie mit dem Prinzip der virtuellen Verrückungen (*PdvV*) die horizontale Lagerreaktion in *B* und das Biegemoment M an der Rahmenecke *C*.

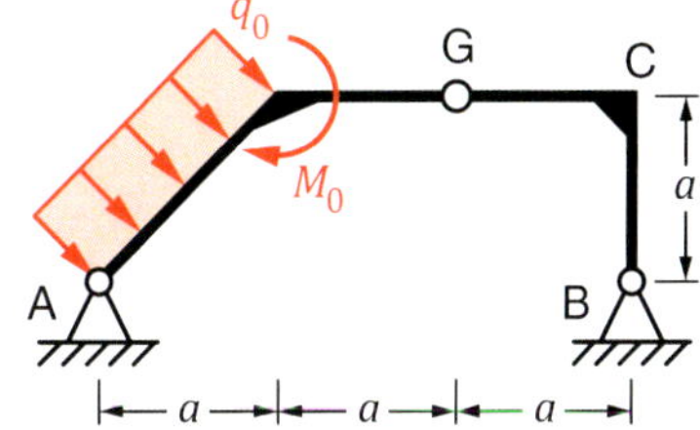

Aufgabe 5.7

Ein masseloser Balken (a = 1 m) wird durch eine Kraft F = 2 kN und eine dreiecksförmige Streckenlast q_0 =1,2 kN/m belastet.

Bestimmen Sie mit dem Prinzip der virtuellen Verrückungen (*PdvV*) alle Lagerreaktionen sowie das Biegemoment M und die Querkraft Q an der Stelle *mq*.

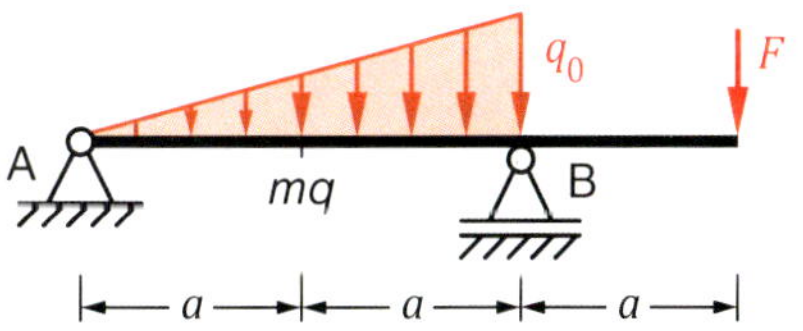

Aufgabe 5.8

Ein masseloser Rahmen (a = 80 cm) wird durch eine Kraft F = 700 N, ein Moment M_0 = 450 Nm und eine konstante Streckenlast q_0 = 300 N/m belastet.

Bestimmen Sie mit dem Prinzip der virtuellen Verrückungen (*PdvV*) alle Lagerreaktionen sowie das Biegemoment M an der Stelle *m*.

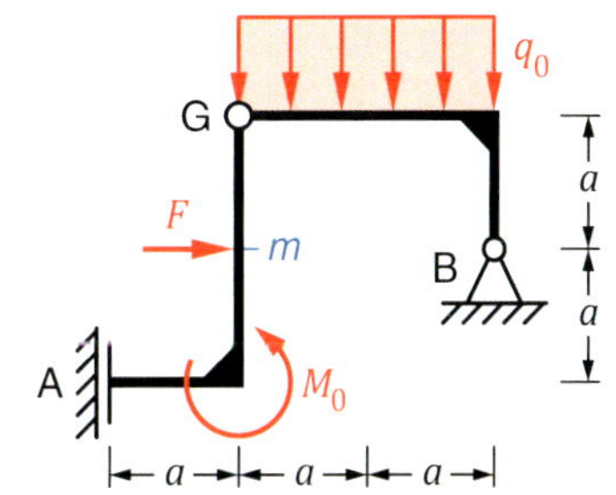

5

Lösungen

Aufgabe 5.1	$\alpha = 14°$	
Aufgabe 5.2	$\alpha = 42°$	
Aufgabe 5.3	$A_H = 0$ $A_V = 75\,N$ $M_A = 110\,Nm$ $B = 45\,N$ $M_B = -90\,Nm$	$G_{H1} = 0$ $G_{V1} = 15\,N$ $G_{H2} = 0$ $G_{V2} = -15\,N$
Aufgabe 5.4	$M_m = 18{,}75\,Nm$	
Aufgabe 5.5	$M_C = 320\,Nm$	
Aufgabe 5.6	$B_H = -300\,N$ $M_C = -270\,Nm$	
Aufgabe 5.7	$A_H = 0$ $A_V = -600\,N$ $B = 3800\,N$	$M_{mq} = -700\,Nm$ $Q_{mq} = -900\,N$
Aufgabe 5.8	$A = -220\,N$ $M_A = -658\,N$ $B_H = -480\,N$ $B_V = 480\,N$	$M_m = 480\,Nm$

6 Prinzip der virtuellen Kräfte

C. Spura, *Energiemethoden der Technischen Mechanik*,
https://doi.org/10.1007/978-3-658-29574-5_6

Beim *Prinzip der virtuellen Kräfte* (PdvK) werden reale Verrückungen bei einem virtuellen Kraftzustand betrachtet. Das PdvK dient zur Berechnung von *Verschiebungen* und *Verdrehungen* an *beliebigen Punkten* eines Tragwerkes. Dabei ist es unerheblich, ob an diesen Punkten äußere Belastungen vorhanden oder diese Punkte belastungsfrei sind. Das PdvK dient in erster Linie zur Berechnung an statisch bestimmten Tragwerken. Unter Zuhilfenahme von anderen Methoden/Verfahren (z. B. das Kraftgrößenverfahren) lassen sich auch statisch unbestimmte Tragwerke berechnen.

Das **PdvK** und **PdvV** bilden das übergeordnete ***Prinzip der virtuellen Arbeit*** und wird oft auch als *Arbeitssatz der Statik* bezeichnet.

Das **PdvK** und **PdvV** sind **komplementär** zueinander.

Das **Prinzip der virtuellen Kräfte** ist eine ***kraftgeregelte*** Methode.

Das *Prinzip der virtuellen Kräfte* (PdvK) ist eine Methode der analytischen Mechanik und basiert, wie auch das *Prinzip der virtuellen Verrückungen* (PdvV, vorheriges Kapitel 5), auf den Überlegungen einer virtuellen Arbeit. Prinzipiell gibt es zwei Möglichkeiten eine virtuelle Arbeit aufzustellen. Entweder, wie beim PdvV, durch eine reale Kraft F mit einer virtuellen Verrückung δr oder, wie beim PdvK, durch eine reale Verschiebung f mit einer virtuellen Kraft δF. Somit ist das Prinzip der virtuellen Kräfte komplementär zum Prinzip der virtuellen Verrückungen und beide Prinzipe lassen sich zu einem übergeordneten *Prinzip der virtuellen Arbeit* zusammenfassen. Daher werden das PdvK und das PdvV oft auch als *Arbeitssatz der Statik* bezeichnet. Im Gegensatz zum PdvV, welches eine verschiebungsgeregelte Methode ist, ist das PdvK eine *kraftgeregelte* Methode.

6.1 Herleitung

Zur Berechnung einer virtuellen Arbeit wollen wir die an einem Tragwerk/System vorhandenen realen Verschiebung f unter einer virtuellen Kraft δF benutzen. Dabei soll eine virtuelle Kraft eine gedachte, bei festgehaltener (stillstehender) Zeit aufgebrachte, mit den Gleichgewichts- und Kompatibilitätsbedingungen des Tragwerks verträgliche und infinitesimale (differenziell kleine) Kraft sein, bei der sich die am Tragwerk vorhandenen Verformungen nicht ändern. Mathematisch betrachtet sind virtuelle Kräfte damit eine Variation des Kraft- bzw. Belastungszustandes eines Tragwerkes bei festgehaltener Zeit. Virtuelle Kräfte sind somit:

- gedacht und in Wirklichkeit nicht vorhanden,
- infinitesimal klein,
- statisch mit den virtuellen Reaktionskräften des Tragwerkes im Gleichgewicht.

Mithilfe der Gleichgewichtsbedingungen (GGB) können wir eine eindeutige Zuordnung zwischen den äußeren Belastungen (reale und virtuelle Kraftgrößen) und den inneren Schnittgrößen herstellen. Die kinematischen Beziehungen (Kompatibilitätsbedingungen) dienen uns für einen eindeutigen Zusammenhang zwischen den Verschiebungen und Verdrehungen infolge der äußeren (realen und virtuellen) Belastungen und den inneren Verzerrungen.

GGB: Zusammenhang zwischen äußeren **Belastungen** und inneren **Schnittgrößen**.

Kinematische Beziehungen: Zusammenhang zwischen äußeren Verschiebungen/Verdrehungen und inneren Verzerrungen.

Da das Prinzip der virtuellen Kräfte eine *kraftgeregelte* Methode ist, dürfen wir nicht die virtuelle Arbeit δW sondern müssen die virtuelle komplementäre Arbeit δW^* verwenden, wie wir uns am Beispiel des Flipperautomaten in Kapitel 3.5.1 auf S. 46 klarmachen können. Bei einer kraftgeregelten Methoden haben wir eine kraftabhängige Verschiebung $u_{(F)}$ vorliegen. Damit erhalten wir nach Gleichung (3.39) (S. 46) die komplementäre Arbeit W^* und es gilt der komplementäre Arbeitssatz nach Gleichung (3.53) auf S. 50. Um nun bei unseren virtuellen Größen einen Zusammenhang zwischen der äußeren komplementären Arbeit δW^* und der inneren komplementären Formänderungsenergie $\delta \Pi^*$ herzustellen, können wir den komplementären Arbeitssatz direkt auf unsere virtuellen Größen übertragen und definieren damit den sogenannten *virtuellen komplementären Arbeitssatz*:

Bei einer **kraftgeregelten Methode** erzeugen die äußeren Belastungen die **komplementäre Arbeit δW^***.

$$\delta W^* = \delta \Pi^* \qquad (6.1)$$

Virtueller komplementärer Arbeitssatz

Darin können wir die virtuelle komplementäre Arbeit δW^* mit den realen Verschiebungen f und den virtuellen Kräften δF_i sowie den realen Verdrehungen ψ und den virtuellen Momenten δM_j vornehmen:

$$\delta W^* = \sum_{i=1}^{n} \delta F_i \cdot f_i + \sum_{j=1}^{m} \delta M_j \cdot \psi_j \qquad (6.2)$$

Virtuelle komplementäre Arbeit

Die virtuelle komplementäre Formänderungsenergie $\delta \Pi^*$ wollen wir ganz allgemein mit den realen Dehnungen ε_{ij} und den virtuellen Spannungen $\delta\sigma_{ij}$, integriert über das gesamte Körpervolumen V ausdrücken (vgl. Gleichung (5.12) auf S. 99):

$$\delta \Pi^* = \int_V \sum_{i=x}^{z} \sum_{j=x}^{z} \varepsilon_{ij} \cdot \delta\sigma_{ij} \cdot dV \qquad (6.3)$$

Virtuelle komplementäre Formänderungsenergie

6

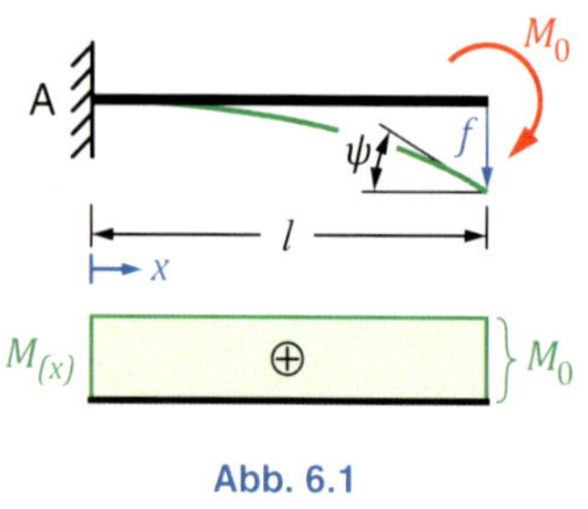

Abb. 6.1

Da in den virtuellen Spannungen $\delta\sigma_{ij}$ die virtuellen Kräfte δF_i und die virtuellen Momente δM_j enthalten sind, kürzen sich die virtuellen Größen beim Gleichsetzen nach (6.1) auf beiden Seiten heraus und übrig bleiben die realen Verschiebungen f und die realen Verdrehungen ψ. Um dies zu verdeutlichen, wollen wir am nebenstehenden Beispiel ▸ Abb. 6.1 die Berechnung nach dem Prinzip der virtuellen Kräfte vornehmen. Wir beschränken unsere erste Betrachtung lediglich auf das angreifende Einzelmoment M_0 und wollen die sich dadurch einstellende Verschiebung f des Momentenangriffspunktes berechnen. Für die komplementäre Formänderungsenergie $\delta\Pi^*$ ersetzen wir die enthaltenen realen Dehnungen ε_{ij} mithilfe des HOOKE'schen Gesetzes durch die realen Spannungen σ:

$$\sigma_{(M_0)} = E \cdot \varepsilon \qquad \rightarrow \ \varepsilon = \frac{\sigma_{(M_0)}}{E} \tag{6.4}$$

Da im Inneren des Balken die Schnittgröße $M_{(x)} = M_0$ ist (siehe ▸ Abb. 6.1), haben wir die realen Spannungen direkt mit dem äußeren Moment M_0 ausgedrückt. Formal müsste es aber die Schnittgröße $M_{(x)}$ sein.

Die nun vorliegenden realen Spannungen σ infolge des angreifenden äußeren Momentes M_0 wollen wir durch das Moment M_0 berechnen (vgl. ▸ Tab. 3-1 auf S. 38):

$$\sigma_{(M_0)} = \frac{M_0}{I_y} \cdot z \tag{6.5}$$

Setzen wir beides ineinander ein, erhalten wir für die realen Dehnungen ε infolge des äußeren Momentes M_0:

$$\Rightarrow \ \varepsilon = \frac{M_0}{E \cdot I_y} \cdot z \tag{6.6}$$

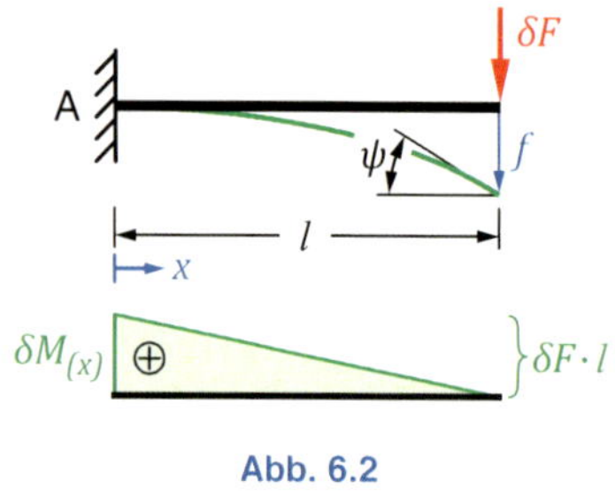

Abb. 6.2

Nun fehlen uns noch die virtuellen Spannungen $\delta\sigma_{ij}$ infolge eines virtuellen Momentes δM oder einer virtuellen Kraft δF. Da am Momentenangriffspunkt von M_0 keine äußere Kraft vorhanden ist, fügen wir hier eine virtuelle Kraft δF an, um damit Arbeit in Richtung von f zu verrichten, siehe ▸ Abb. 6.2. Andernfalls können wir später nicht die Verschiebung f bestimmen. Infolge der virtuellen Kraft δF erhalten wir den dargestellten Momentenverlauf $\delta M_{(x)}$ mit der Funktionsgleichung von $x = 0$ bis l:

$$\delta M_{(x)} = \delta F \cdot x \tag{6.7}$$

Zu beachten ist hier, dass wir das Tragwerk ohne eine Änderung beibehalten haben und lediglich anstelle *aller* äußeren Belastungen ausschließlich die virtuelle Kraft δF als Belastung aufgebracht haben, um damit die Verschiebung f zu erzeugen.

Nun benötigen wir zur virtuellen Schnittgröße $\delta M_{(x)}$ die gesuchten virtuellen Spannungen $\delta\sigma$. Dazu können wir ebenfalls die Beziehung nach Gleichung (6.5) verwenden und erhalten:

$$\delta\sigma = \frac{\delta M}{I_y} \cdot z \tag{6.8}$$

Als nächstes folgt das Einsetzen in den virtuellen komplementären Arbeitssatz (6.1):

$$\delta W^* = \delta F \cdot f = \delta \Pi^* = \int\limits_V \frac{M_0}{E \cdot I_y} \cdot z \cdot \frac{\delta M}{I_y} \cdot z \cdot dV \tag{6.9}$$

Das darin enthaltene Volumenintegral können wir in zwei Integrale, ein Integral über die Querschnittfläche A und ein Integral über die Balkenlänge l, aufteilen:

$$\delta F \cdot f = \int\limits_A \int\limits_0^l \frac{M_0}{E \cdot I_y} \cdot z \cdot \frac{\delta M}{I_y} \cdot z \cdot dA \cdot dx \tag{6.10}$$

Sortieren wir den Integralausdruck etwas um, finden wir darin das axiale Flächenträgheitsmoment I_y:

$$\delta F \cdot f = \int\limits_A z^2 \cdot dA \cdot \int\limits_0^l \frac{M_0 \cdot \delta M}{E \cdot I_y^2} \cdot dx \tag{6.11}$$

$$\delta F \cdot f = I_y \cdot \int\limits_0^l \frac{M_0 \cdot \delta M}{E \cdot I_y^2} \cdot dx$$

$$\delta F \cdot f = \int\limits_0^l \frac{M_0 \cdot \delta M}{E \cdot I_y} \cdot dx \tag{6.12}$$

Virtueller komplementärer Arbeitssatz zur Bestimmung einer Verschiebung infolge eines Momentes

Setzen wir darin den virtuellen Momentenverlauf $\delta M_{(x)}$ nach Gleichung (6.7) ein, folgt:

$$\delta F \cdot f = \int\limits_0^l \frac{M_0 \cdot \delta F \cdot x}{E \cdot I_y} \cdot dx$$

Hieran ist nun deutlich, dass die virtuelle Kraft δF auf beiden Seiten der Gleichung vorkommt und sich damit kürzen lässt. Führen wir das Integral aus, erhalten wir schließlich für die gesuchte Verschiebung f am Momentenangriffspunkt:

$$\underline{\underline{f = \frac{1}{2} \cdot \frac{M_0 \cdot l^2}{E \cdot I_y}}} \tag{6.13}$$

Auf analoge Weise können wir auch eine Verschiebung oder eine Verdrehung infolge einer anderen beliebigen Schnittgröße bestimmen. Da damit verbunden Gleichung (6.12) analog aussieht, haben wir diese hervorgehoben und wollen auf eine weitere Herleitung der übrigen Schnittgrößen verzichten. Stattdessen sind in ▸ Tab. 6-1 die entsprechenden Integralausdrücke aller Schnittgrößen aufgeführt. Darin ist die Bestimmung der komplementären Formänderungsenergie infolge der realen Verzerrungen (infolge realer Schnittgrößen) sowie infolge der virtuellen Verzerrungen (virtuelle Schnittgrößen) in Abhängigkeit der verschiedenen Belastungsarten dargestellt. Fassen wir alle Belastungsarten zusammen, so nimmt das *Prinzip der virtuellen Kräfte* die folgende Form an:

PdvK

$$\sum_{i=1}^{n} \delta F_i \cdot f_i + \sum_{j=1}^{m} \delta M_j \cdot \psi_j = \int_0^l \left(\frac{N \cdot \delta N}{E \cdot A} + \frac{M \cdot \delta M}{E \cdot I} + \frac{Q \cdot \delta Q}{\kappa \cdot G \cdot A} + \frac{T \cdot \delta T}{G \cdot I_t} \right) \cdot dx \tag{6.14}$$

Sollten einige dieser Schnittgrößen nicht vorhanden sein oder sollten diese nicht berücksichtigt werden, sind die entsprechenden Terme in Gleichung (6.14) zu vernachlässigen.

▸ Für die häufig vorkommenden **Schnittgrößenverläufe** sind die **Überlagerungen** der realen und virtuellen Verlaufsfunktionen in sogenannten **Integraltafeln** zusammengestellt.

Des Weiteren ist im PdvK ersichtlich, dass im Integral die realen wie auch virtuellen Schnittgrößen miteinander multipliziert werden. Für die meisten Handrechnungen sind diese Schnittgrößenverläufe recht einfache rationale (lineare, quadratische, kubische) Funktionen. Da diese Funktionsverläufe miteinander multipliziert und integriert, also überlagert werden, lassen sich die Ergebnisse der Überlagerungen in sogenannten *Integraltafeln* (auch *Koppel-* oder *Überlagerungstafeln* genannt) für recht häufig vorkommende Funktionen aufführen, siehe ▸ Tab. 10-2 auf S. 185. Hier findet sich eine Zusammenstellung der Integration der gängigsten Funktionen.

Darüber hinaus müssen wir noch die Bereichseinteilung der Schnittgrößen beachten. Wie aus der Stereo- und Elastostatik bekannt ist, lassen sich Schnittgrößen nur bereichsweise als stetige Funktionen formulieren. Sobald Unstetigkeiten auftreten (wie z. B. Einzelkräfte), muss notwendiger Weise eine Bereichseinteilung erfolgen. Dies ist bei der Überlagerung entsprechend zu beachten.

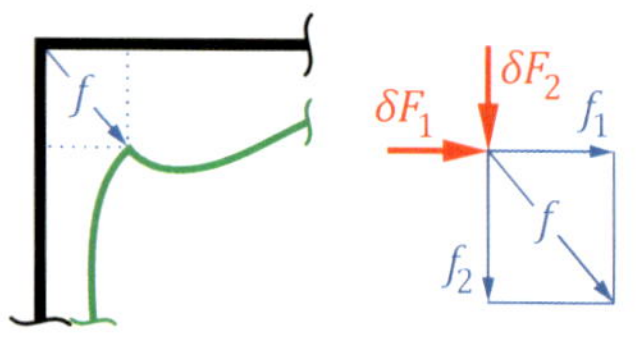

Abb. 6.3

Ist darüber hinaus beispielsweise die Gesamtverschiebung eines beliebigen Punktes, z. B. der in ▸ Abb. 6.3 dargestellten Rahmenecke, von Interesse aber die Richtung der Gesamtverschiebung f unbekannt, lassen sich mit den beiden virtuellen Kräften δF_1, δF_2 die beiden Verschiebungen f_1, f_2 berechnen. Die beiden Verschiebungen f_1, f_2 können anschließend zur Gesamtverschiebung f zusammengefasst werden.

Wichtig: In der Elastostatik wird in der Regel linear-elastisches Materialverhalten betrachtet. Daher wenden wir als Elastizitätsgesetz das HOOKE'sche Gesetz an. Wie wir in Kapitel 3.5 auf S. 46 ff. gesehen haben, gilt damit der Zusammenhang nach Gleichung (3.54) auf S. 51: $W = W^* = \Pi^* = \Pi$. Dementsprechend wird in mancher Literatur das Prinzip der virtuellen Kräfte mit dem Arbeitssatz $W = \Pi$ und nicht mit dem komplementären Arbeitssatz $W^* = \Pi^*$ aufgestellt. Da für linear-elastisches Materialverhalten dieser Unterschied unerheblich ist, ist diese Vereinfachung durchaus gerechtfertigt. Jedoch kann bei Verwendung eines beliebigen Elastizitätsgesetzes dieser Unterschied zu falschen Ergebnissen führen.

► Bei **linear-elastischem Materialverhalten** nach dem **HOOKE'schen Gesetz** sind die Arbeit und Formänderungsenergie wie auch die komplementäre Arbeit und Formänderungsenergie identisch:

$$W = W^* = \Pi^* = \Pi$$

Tab. 6-1 Komplementäre Formänderungsenergie

	Zug/Druck	Biegung	Schub (Vollquerschnitt)	Torsion (Kreisquerschnitt)
Π^* infolge realer Verzerrungen	$\int_0^l \frac{1}{2} \cdot \frac{N^2}{E \cdot A} \cdot dx$	$\int_0^l \frac{1}{2} \cdot \frac{M^2}{E \cdot I} \cdot dx$	$\int_0^l \frac{1}{2} \cdot \frac{Q^2}{\kappa \cdot G \cdot A} \cdot dx$	$\int_0^l \frac{1}{2} \cdot \frac{T^2}{G \cdot I_t} \cdot dx$
$\delta\Pi^*$ infolge virtueller Verzerrungen	$\int_0^l \frac{N \cdot \delta N}{E \cdot A} \cdot dx$	$\int_0^l \frac{M \cdot \delta M}{E \cdot I} \cdot dx$	$\int_0^l \frac{Q \cdot \delta Q}{\kappa \cdot G \cdot A} \cdot dx$	$\int_0^l \frac{T \cdot \delta T}{G \cdot I_t} \cdot dx$

6

Vorgehensweise

- Am Tragwerk werden mit der *realen Belastung* die benötigten *realen Schnittgrößen* (N, Q, M oder T) bestimmt.
- Bei einer gesuchten Verschiebung f wird eine virtuelle Kraft δF in Richtung der gesuchten Verschiebung f aufgebracht.
- Bei einer gesuchten Verdrehung ψ wird ein virtuelles Moment δM in Richtung der gesuchten Verdrehung ψ aufgebracht.
- Am Tragwerk werden alle realen Belastungen entfernt und es werden mit den *virtuellen Belastungen* die *virtuellen Schnittgrößen* (δN, δQ, δM oder δT) bestimmt.
- Einsetzen der realen und virtuellen Schnittgrößen in das *Prinzip der virtuellen Kräfte* nach Gl. (6.14) und über die Balkenlänge l integrieren.
- Die virtuelle Belastung δF bzw. δM auf beiden Seiten der Gleichung kürzen und die gesuchte Verschiebung f oder Verdrehung ψ berechnen.

6.2 Fachwerke

In **Fachwerksstäben** treten ausschließlich **Normalkräfte** N auf.

Zudem sind die **Normalkräfte** N konstant über der Stablänge und entsprechend der **Stabkraft**.

Nachdem wir nun das PdvK kennengelernt haben, wollen wir zuerst die Anwendung auf Fachwerke vorstellen. Da bei Fachwerken nur Stäbe[30] vorhanden sind, treten demnach auch nur Normalkräfte N in den Stäben auf. Aufgrund der reibungsfreien Drehgelenke kann es kein Biegemoment M geben und da Stäbe nicht quer zu ihrer Längsrichtung belastet werden dürfen, treten auch keine Querkräfte Q auf. Darüber hinaus werden nur die Fachwerksknoten mit Einzelkräften F belastet, weshalb die Normalkräfte N in den Stäben immer konstant über der Stablänge sind. Damit können wir das Integral im PdvK nach Gleichung (6.14) auf S. 110 durch eine *Summe über alle Stäbe* ersetzen und die restlichen Schnittgrößen vernachlässigen. Mit Kenntnis aller Stablängen l (in der Regel anhand der vorliegenden Bemaßung), erhalten wir für das *Prinzip der virtuellen Kräfte für Fachwerke*[31] folgende Form:

PdvK für Fachwerke (allgemeine Form)

$$\delta F \cdot f = \sum_{i=1}^{n} \frac{N_i \cdot \delta N_i \cdot l_i}{(E \cdot A)_i} \tag{6.15}$$

Darin enthalten sind folgende Größen:

- N_i: Normalkräfte der Stäbe infolge aller *realen* äußeren Belastungen F_j
- δN_i: Normalkräfte der Stäbe infolge der *virtuellen* äußeren Belastung δF
- l_i: Länge der Stäbe
- $(E \cdot A)_i$: Dehnsteifigkeit der Stäbe

Da die Schnittgrößen N und δN über der Stablänge konstant sind, können wir auch anstelle der Schnittgrößen die Stabkräfte S und δS verwenden. Damit würde das PdvK für Fachwerke wie folgt aussehen:

PdvK für Fachwerke

$$\delta F \cdot f = \sum_{i=1}^{n} \frac{S_i \cdot \delta S_i \cdot l_i}{(E \cdot A)_i} \tag{6.16}$$

Im weiteren Verlauf wollen wir mit Gleichung (6.16) fortfahren, da bei Fachwerken die Assoziation mit Stabkräften wesentlich verbreiteter ist als mit der Schnittgröße Normalkraft.

---

[30] Definition eines Stabes: Länge >> Querschnitt, biegesteif, Belastung nur in Längsrichtung (Zug oder Druck)

[31] Das Prinzip der virtuellen Kräfte wurde erstmals auf *elastische Fachwerke* angewendet von:
- James Clerk MAXWELL (1831–1879), schott. Physiker, Professor für Physik
- Christian Otto MOHR (1835–1918), dt. Ingenieur, Professor für Technische Mechanik

Vorgehensweise

- Am Fachwerk werden mit der *realen Belastung* die *realen Stabkräfte* S_i bestimmt.
- Die gesuchte Verschiebung f eines Knotens wird durch eine virtuelle Kraft δF in Richtung der gesuchten Verschiebung f aufgebracht.
- Am Fachwerk werden alle realen Belastungen entfernt und es werden mit der *virtuellen Belastung* δF die *virtuellen Stabkräfte* δS_i bestimmt.
- Einsetzen der realen und virtuellen Stabkräfte in das *Prinzip der virtuellen Kräfte für Fachwerke* nach Gl. (6.15) bzw. (6.16) und über alle Stäbe aufsummieren
- Die virtuelle Kraft δF aus der Gleichung kürzen und die gesuchte Verschiebung f berechnen.

Beispiel 6.1

Das nebenstehende masselose Fachwerk ($a = 2$ m, $E = 50.000$ N/mm², $A = 90$ mm²) wird durch eine Kraft $F = 10$ kN belastet.
Bestimmen Sie die auftretende vertikale Verschiebung f des Knotens IV.

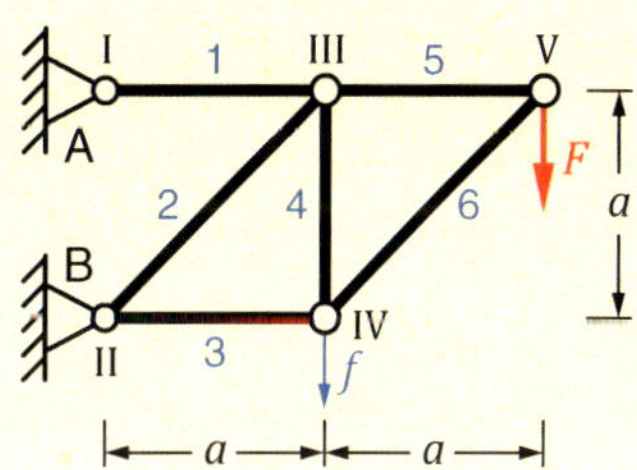

Lösung

Zur Bestimmung der gesuchten vertikalen Verschiebung f des Knotens IV gehen wir wie in der *Vorgehensweise* beschrieben vor. Als erstes Berechnen wir mit der real angreifenden Kraft F alle Stabkräfte in unserem Fachwerk.

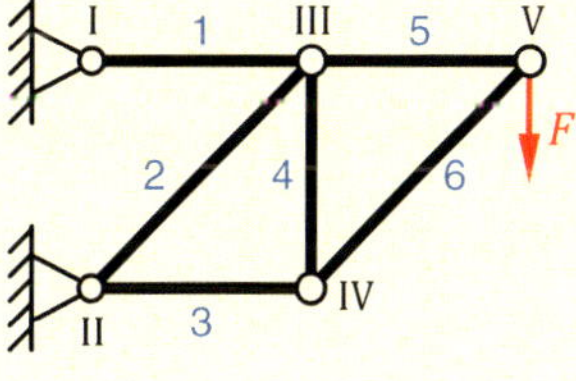

Im nächsten Schritt entfernen wir alle äußeren Kräfte und fügen eine virtuelle Kraft δF in Richtung der gesuchten Verschiebung f am Knoten IV an. Nun Berechnen wir mit der virtuellen Kraft δF alle Stabkräfte.

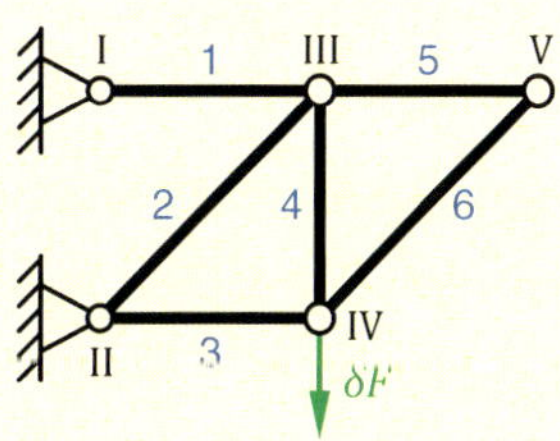

Bestimmen wir auch noch die entsprechenden Längen aller Stäbe, können wir unsere Ergebnisse in folgender Tabelle aufführen:

	S_1	S_2	S_3	S_4	S_5	S_6
infolge F	$2 \cdot F$	$-\sqrt{2} \cdot F$	$-F$	F	F	$-\sqrt{2} \cdot F$
infolge δF	δF	$-\sqrt{2} \cdot \delta F$	0	δF	0	0
Stablänge	a	$\sqrt{2} \cdot a$	a	a	a	$\sqrt{2} \cdot a$

Da wir für das Prinzip der virtuellen Kräfte für Fachwerke die realen Stabkräfte mit den virtuellen Stabkräften multiplizieren, fällt hierbei auf, dass wir dazu nur die Stäbe S_1, S_2, S_4 benötigen. Daher sind diese drei Stäbe auch in blau hervorgehoben. Für die Stäbe S_3, S_5, S_6 sind die virtuellen Stabkräfte alle null, daher würde bei der Multiplikation ebenfalls null herauskommen. Somit müssen wir diese Stäbe nicht weiter beachten.

Setzen wir nun alles in das *Prinzip der virtuellen Kräfte für Fachwerke* nach Gleichung (6.16) ein, erhalten wir folgendes:

$$\delta F \cdot f = \frac{S_1 \cdot \delta S_1 \cdot l_1 + S_2 \cdot \delta S_2 \cdot l_2 + S_4 \cdot \delta S_4 \cdot l_4}{E \cdot A}$$

$$\delta F \cdot f = \frac{2 \cdot F \cdot \delta F \cdot a + \left(-\sqrt{2} \cdot F\right) \cdot \left(-\sqrt{2} \cdot \delta F\right) \cdot \sqrt{2} \cdot a + F \cdot \delta F \cdot a}{E \cdot A} = \frac{\left(3 + 2 \cdot \sqrt{2}\right) \cdot a}{E \cdot A} \cdot F \cdot \delta F$$

Hier können wir nun die virtuelle Kraft δF auf beiden Seiten der Gleichung kürzen und erhalten schließlich die gesuchte Verschiebung f des Knotens IV zu:

$$\underline{\underline{f = \frac{\left(3 + 2 \cdot \sqrt{2}\right) \cdot a}{E \cdot A} \cdot F = 25{,}9\, mm}}$$

Beispiel 6.2

Das dargestellte masseloses Fachwerk (a = 1,7 m, E = 70.000 N/mm^2, A = 125 mm^2) wird durch zwei Kräfte (F = 100 kN) belastet.
Bestimmen Sie die Gesamtverschiebung am Knoten III.

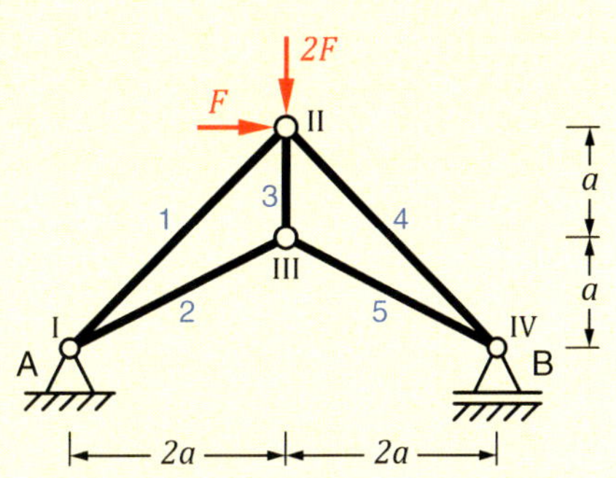

Lösung

Da wir die Richtung der Gesamtverschiebung des Knotens III nicht kennen, gehen wir in drei Schritten vor. Im ersten Schritt bestimmen wir alle Stabkräfte infolge der realen Kräfte F, im zweiten Schritt bestimmen wir infolge einer virtuellen horizontalen Kraft δF_H die horizontale Verschiebung f_H und im dritten Schritt die infolge einer virtuellen vertikalen Kraft δF_V vertikale Verschiebung f_V des Knotens III, (vgl. dazu ▸ Abb. 6.3 auf S. 110). Danach können wir beide Verschiebungen f_H, f_V zur Gesamtverschiebung zusammenfassen.

1) Reale Stabkräfte infolge F

Bestimmung aller Stabkräfte infolge der realen äußeren Kräfte.

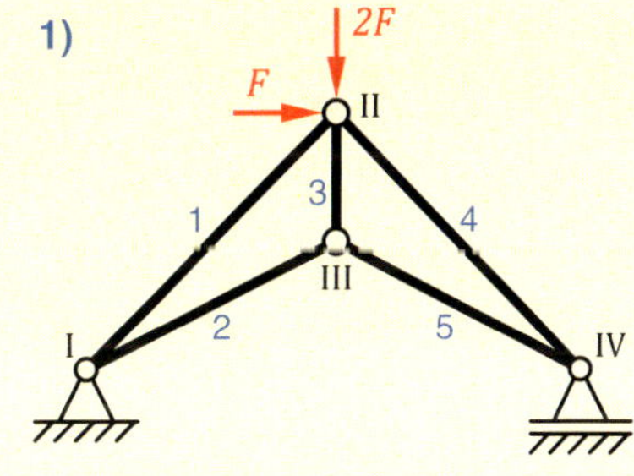

2) Virtuelle Stabkräfte infolge δF_H

Entfernen aller äußeren Kräfte. Hinzufügen einer virtuellen horizontalen Kraft δF_H an Knoten III. Bestimmung aller Stabkräfte infolge der virtuellen Kraft δF_H.

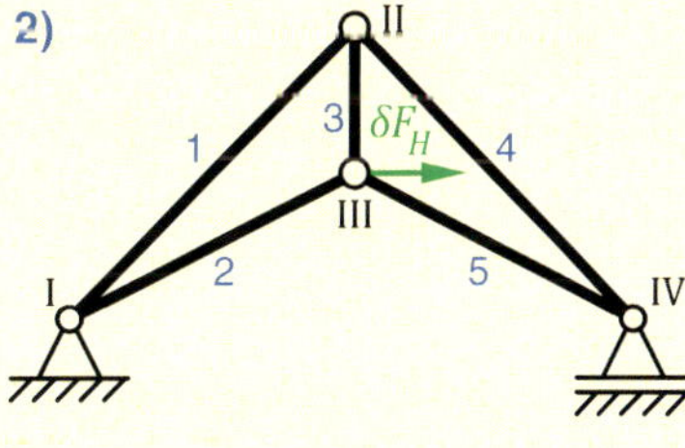

3) Virtuelle Stabkräfte infolge δF_V

Entfernen aller äußeren Kräfte. Hinzufügen einer virtuellen vertikalen Kraft δF_V an Knoten III. Bestimmung aller Stabkräfte infolge der virtuellen Kraft δF_V.

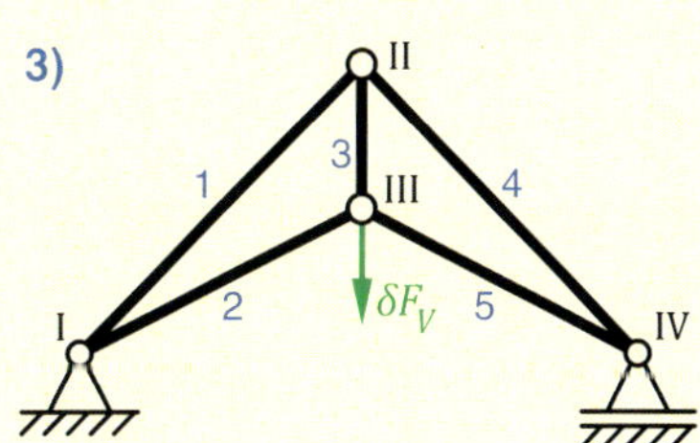

6

Bestimmen wir auch noch die entsprechenden Längen aller Stäbe, können wir unsere Ergebnisse in folgender Tabelle aufführen:

	S_1	S_2	S_3	S_4	S_5
infolge *F*	$-2{,}83 \cdot F$	$3{,}35 \cdot F$	$3 \cdot F$	$-4{,}24 \cdot F$	$3{,}35 \cdot F$
infolge δF_H	$-0{,}71 \cdot \delta F_H$	$1{,}68 \cdot \delta F_H$	δF_H	$-0{,}71 \cdot \delta F_H$	$0{,}56 \cdot \delta F_H$
Infolge δF_V	$-1{,}41 \cdot \delta F_V$	$1{,}12 \cdot \delta F_V$	$2 \cdot \delta F_V$	$-1{,}41 \cdot \delta F_V$	$1{,}12 \cdot \delta F_V$
Stablänge	$2{,}83 \cdot a$	$2{,}24 \cdot a$	a	$2{,}83 \cdot a$	$2{,}24 \cdot a$

Setzen wir nun alles in das *Prinzip der virtuellen Kräfte für Fachwerke* nach Gleichung (6.16) zur Bestimmung der horizontalen Verschiebung f_H ein und Kürzen danach die virtuelle Kraft δF_H auf beiden Seiten der Gleichung, folgt damit:

$$\delta F_H \cdot f_H = \sum_{i=1}^{5} \frac{S_i \cdot \delta S_{H,i} \cdot l_i}{E \cdot A} \qquad \rightarrow \quad f_H = 0{,}66\,mm$$

Gleiches machen wir mit der virtuelle Kraft δF_V um die vertikale Verschiebung f_V zu erhalten:

$$\delta F_V \cdot f_V = \sum_{i=1}^{5} \frac{S_i \cdot \delta S_{V,i} \cdot l_i}{E \cdot A} \qquad \rightarrow \quad f_V = 0{,}99\,mm$$

Fassen wir nun beide Ergebnisse zusammen, erhalten wir die gesuchte Gesamtverschiebung f:

$$\underline{\underline{f}} = \sqrt{f_H^2 + f_V^2} = \underline{\underline{1{,}19\,mm}}$$

6.3 Statisch bestimmte Tragwerke

Wir wollen nun das Prinzip der virtuellen Kräfte nach Gleichung (6.14) von S. 110 auf *statisch bestimmte* Tragwerke anwenden. Dazu wollen wir die aus der Elastostatik (*TM 2*) bekannte und sehr wichtige Bereichseinteilung zur Schnittgrößenbestimmung kurz wiederholen.

Grundsätzlich unterscheiden wir in statische und geometrische (bzw. kinematische) Randbedingungen. Die *statischen Randbedingungen* liefern eine Aussage zu den Kraftgrößen (Schnittgrößen $Q_{(x)}$ und $M_{(x)}$) und die *geometrischen Randbedingungen* liefern eine Aussage zu den Verformungsgrößen (Neigung $w'_{(x)}$ und Durchbiegung $w_{(x)}$). Ein Bereich endet immer bei einer Unstetigkeit in den Kraft- oder Verformungsgrößen. Beispielsweise treten Unstetigkeiten bei der Querkraft $Q_{(x)}$ durch eine Einzelkraft, beim Biegemoment $M_{(x)}$ durch ein Einzelmoment, bei der Neigung $w'_{(x)}$ durch ein Drehgelenk und bei der Durchbiegung $w_{(x)}$ durch ein Querkraftgelenk auf. Anhand der ▸ Tab. 10-1 auf S. 184, in welcher auch die Rand- und Übergangsbedingungen für die gängigsten Lager, Gelenke und Belastungen enthalten sind, können wir die entsprechenden Unstetigkeiten entnehmen. Immer wenn Sprünge in einer der vier Verlaufsfunktionen ($Q_{(x)}$, $M_{(x)}$, $w'_{(x)}$, $w_{(x)}$) auftreten, ist dies eine Unstetigkeitsstelle und damit endet ein Bereich. Diese Bereichseinteilung gilt für einteilige sowie mehrteilige Tragwerke gleichermaßen.

▶ Sobald **Unstetigkeiten** innerhalb der **Kraftgrößen $Q_{(x)}$ und $M_{(x)}$** sowie der **Verformungsgrößen $w'_{(x)}$ und $w_{(x)}$** auftreten, muss das Tragwerk in **mehrere Bereiche eingeteilt** werden.

▶ **Innerhalb eines Bereichs** müssen die **Kraft- und Verformungsgrößen** ($Q_{(x)}$, $M_{(x)}$, $w'_{(x)}$, $w_{(x)}$) alle **stetig** verlaufen.

Des Weiteren ist nach Gleichung (6.14) auf S. 110 ersichtlich, dass im Integral die realen wie auch virtuellen Schnittgrößen miteinander multipliziert werden. Um für diese Multiplikation die Handrechnung einfacher zu gestalten, ist in ▸ Tab. 10-2 auf S. 185 die Integraltafel der häufig vorkommenden Funktionen aufgeführt.

Damit können wir das Prinzip der virtuellen Kräfte direkt anwenden. Wir müssen nur darauf achten, dass wir damit nur eine Verschiebung f oder eine Verdrehung ψ bestimmen können. Berücksichtigen wir dies, erhalten wir die beiden folgenden Gleichungen zur Bestimmung dieser beiden Größen:

Mit dem **PdvK** kann entweder eine **Verschiebung f oder eine Verdrehung ψ** berechnet werden.

$$\delta F \cdot f = \int_0^l \left(\frac{N \cdot \delta N}{E \cdot A} + \frac{M \cdot \delta M}{E \cdot I} + \frac{Q \cdot \delta Q}{\kappa \cdot G \cdot A} + \frac{T \cdot \delta T}{G \cdot I_t} \right) \cdot dx \qquad (6.17)$$

PdvK für eine Verschiebung f

$$\delta M \cdot \psi = \int_0^l \left(\frac{N \cdot \delta N}{E \cdot A} + \frac{M \cdot \delta M}{E \cdot I} + \frac{Q \cdot \delta Q}{\kappa \cdot G \cdot A} + \frac{T \cdot \delta T}{G \cdot I_t} \right) \cdot dx \qquad (6.18)$$

PdvK für eine Verdrehung ψ

6

Vorgehensweise

- Am Tragwerk werden mit der *realen Belastung* die benötigten *realen Schnittgrößen* (N, Q, M oder T) bestimmt.
- *Verschiebung*: Bei einer gesuchten Verschiebung f wird eine virtuelle Kraft δF in Richtung der gesuchten Verschiebung f aufgebracht.
- *Verdrehung*: Bei einer gesuchten Verdrehung ψ wird ein virtuelles Moment δM in Richtung der gesuchten Verdrehung ψ aufgebracht.
- Am Tragwerk werden alle realen Belastungen entfernt und mit einer *virtuellen Belastung* δF bzw. δM die *virtuellen Schnittgrößen* (δN, δQ, δM oder δT) bestimmt.
- Aufstellen des *Prinzips der virtuellen Kräfte* nach Gl. (6.17) bzw. (6.18) auf S. 117 und Ausführen der Integration mithilfe der Integraltafeln nach ▸ Tab. 10-2 (S. 185).
- Die virtuelle Belastung δF bzw. δM auf beiden Seiten der Gleichung kürzen und die gesuchte Verschiebung f bzw. Verdrehung ψ berechnen.

Beispiel 6.3

Ein masseloser Rahmen (b = 1,2 m, h = 1,4 m, E = 210.000 N/mm², I = 120 cm⁴) wird durch eine Kraft F = 1,5 kN belastet.

Bestimmen Sie die auftretende horizontale Verschiebung f der Rahmenecke infolge Querkraft und Biegung.

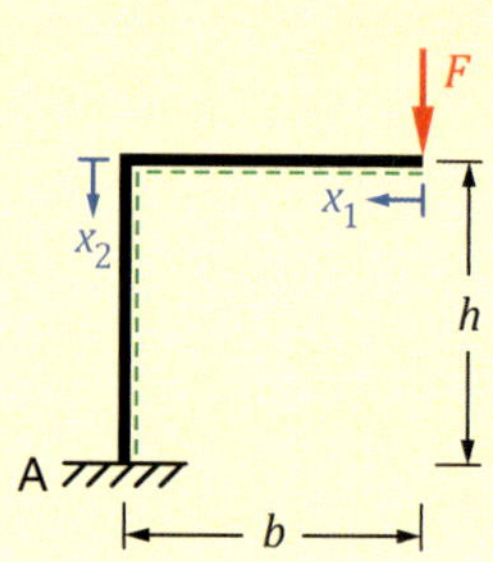

Lösung

Wir bestimmen zuerst die Schnittgrößen Querkraft $Q_{(x)}$ und Biegemoment $M_{(x)}$ infolge der realen angreifenden Kraft F:

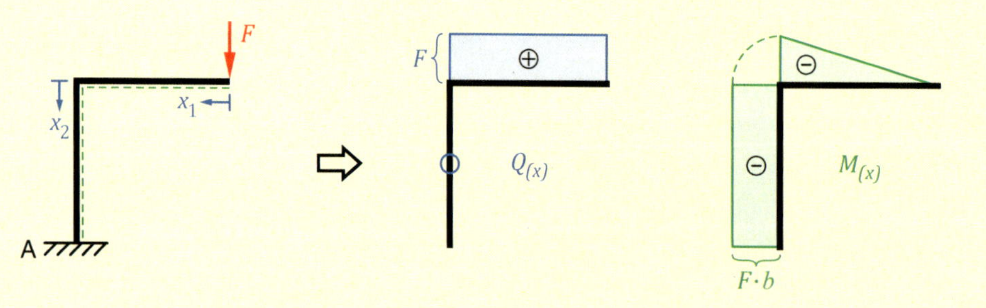

Da wir die horizontale Verschiebung f der Rahmenecke suchen, entfernen wir die reale Belastung durch die Kraft F und fügen eine virtuelle Kraft in horizontaler Richtung an der Rahmenecke an. Danach bestimmen wir die infolge der virtuellen Kraft vorhandenen virtuellen Schnittgrößen der Querkraft $\delta Q_{(x)}$ und des Biegemoments $\delta M_{(x)}$.

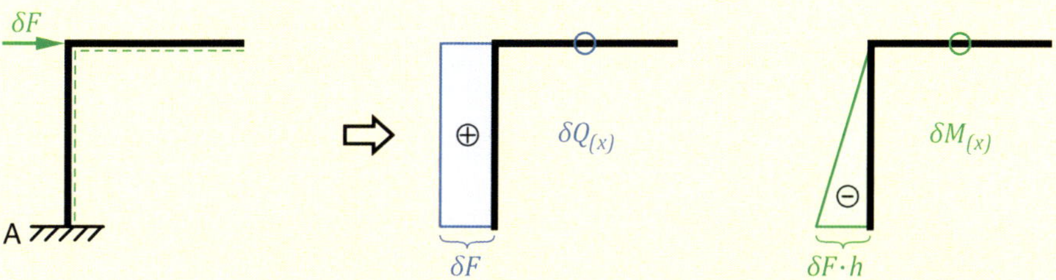

Wir wollen nun die Verformung f infolge Querkraft und Biegemoment bestimmen. Dazu wenden wir das Prinzip der virtuellen Kräfte nach Gleichung (6.17) an und nehmen die Integraltafeln nach ▸ Tab. 10-2 zur Hilfe. Bei der Multiplikation der realen mit den virtuellen Schnittgrößen fällt auf, dass wir bei der Querkraft für beide Bereiche x_1, x_2 jeweils null erhalten. Im ersten Bereich ist die virtuelle Querkraft null und im zweiten Bereich ist die reale Querkraft null. Somit hat die Querkraft keinen Einfluss auf die horizontale Verschiebung der Rahmenecke. Bei der Multiplikation des Biegemomentes erhalten wir im ersten Bereich ebenfalls null, da das virtuelle Biegemoment hier null ist. Für den zweiten Bereich können wir die entsprechende Multiplikation ausführen. Anhand unserer Integraltafel finden wir für das Integral von Rechteck mit Dreieck und damit für das Prinzip der virtuellen Kräfte folgendes Ergebnis:

$$\delta F \cdot f = \int_0^h \frac{M \cdot \delta M}{E \cdot I} \cdot dx = \frac{1}{E \cdot I} \cdot \frac{1}{2} \cdot h \cdot (F \cdot b) \cdot (\delta F \cdot h) = \frac{1}{2} \cdot \frac{b \cdot h^2}{E \cdot I} \cdot F \cdot \delta F$$

$$\rightarrow \quad \underline{\underline{f = \frac{1}{2} \cdot \frac{b \cdot h^2}{E \cdot I} \cdot F}} = 7\,mm$$

Beispiel 6.4

Ein masseloser Gelenkbalken (a = 1,5 m, I = 120 cm^4, E = 210.000 N/mm^2) wird durch eine dreieckförmige Streckenlast q_0 = 500 N/m belastet.

Bestimmen Sie infolge der Biegung:

a) die vertikale Verschiebung f am Drehgelenk G.

b) die Neigung w' im Drehgelenk G.

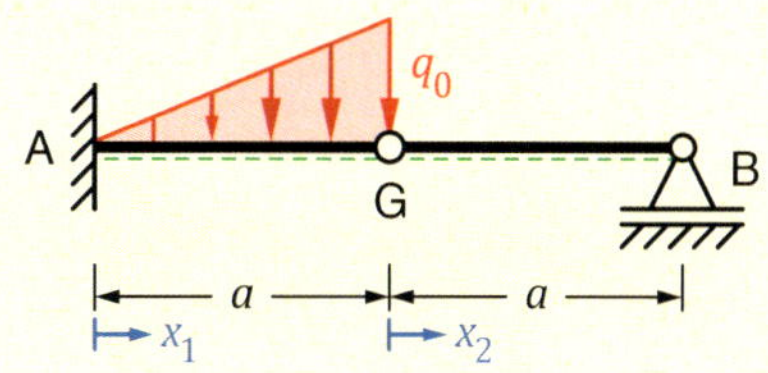

6

Lösung

Für beide Aufgabenteile a) und b) benötigen wir den Biegemomentenverlauf $M_{(x)}$ infolge der *realen Belastung* durch die Streckenlast $q_{(x)}$. Mithilfe der *Integrationsmethode* aus der Elastostatik können wir den Biegemomentenverlauf $M_{(x)}$ recht einfach bestimmen und erhalten als Resultat:

$$M_{(x_1)} = q_0 \cdot \left(-\frac{1}{6}\cdot\frac{x_1^3}{a} + \frac{1}{2}\cdot a\cdot x_1 - \frac{1}{3}\cdot a^2\right)$$

$$M_{(x_2)} = 0$$

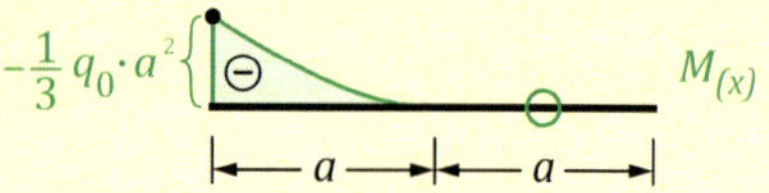

$-\frac{1}{3} q_0 \cdot a^2$ ⊖ $M_{(x)}$ — a — a —

a) Als nächstes ermitteln wir uns den Biegemomentenverlauf $\delta M_{(x)}$ infolge einer *virtuellen Einzelkraft* δF in vertikaler Richtung am Drehgelenk *G*. Zur besseren Verdeutlichung ist am Tragwerk zusätzlich der infolge der virtuellen Kraft δF vorhandene Durchbiegungsverlauf $w_{(x)}$ mit abgebildet. Dieser dient nur dem Verständnis, muss aber nicht berechnet werden.

$$\delta M_{(x_1)} = \delta F \cdot (x_1 - a)$$

$$\delta M_{(x_2)} = 0$$

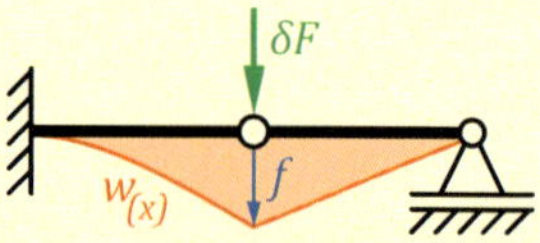

δF $w_{(x)}$ f

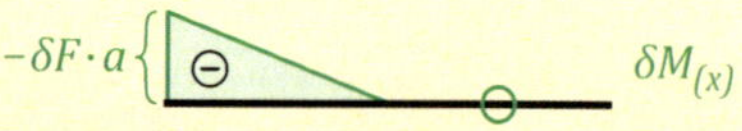

$-\delta F \cdot a$ ⊖ $\delta M_{(x)}$

Mit diesen beiden Verlaufsfunktionen können wir nun das Prinzip der virtuellen Kräfte nach Gleichung (6.17) anwenden. Da beide Biegemomentverläufe im zweiten Bereich null sind, brauchen wir nur den ersten Bereich berücksichtigen. Dazu können wir entweder mit den beiden Verlaufsfunktionen selbst das Integral und damit die Verschiebung *f* berechnen:

$$\delta F \cdot f = \int_0^a \frac{M\cdot\delta M}{E\cdot I}\cdot dx = \frac{1}{E\cdot I}\cdot\int_0^a q_0\cdot\left(-\frac{1}{6}\cdot\frac{x^3}{a} - \frac{1}{2}\cdot a\cdot x + \frac{1}{3}\cdot a^2\right)\cdot\delta F\cdot(x-a)\cdot dx$$

$$\delta F \cdot f = \frac{q_0\cdot\delta F}{E\cdot I}\cdot\left(-\frac{1}{30}\cdot\frac{x^5}{a} + \frac{1}{24}\cdot a\cdot x^4 + \frac{1}{6}\cdot a^2\cdot x^3 - \frac{5}{12}\cdot a^2\cdot x^2 + \frac{1}{3}\cdot a^3\cdot x\right)\Bigg|_0^a$$

$$\rightarrow\quad \underline{\underline{f = \frac{11}{120}\cdot\frac{q_0\cdot a^4}{E\cdot I}}} = 0{,}921\,mm$$

Oder wir verwenden die Integraltafel ▸ Tab. 10-2 und finden für die Integration von einer *kubischen Parabel* mit einem *Dreieck* und damit für die gesuchte Verschiebung *f*:

$$\delta F \cdot f = \int_0^a \frac{M\cdot\delta M}{E\cdot I}\cdot dx = \frac{1}{E\cdot I}\cdot\frac{11}{40}\cdot a\cdot\left(-\frac{1}{3}\cdot q_0\cdot a^2\right)\cdot(-\delta F\cdot a) \qquad \rightarrow\quad \underline{\underline{f = \frac{11}{120}\cdot\frac{q_0\cdot a^4}{E\cdot I}}}$$

b) Zur Bestimmung der Neigung w', also des Verdrehwinkels ψ im Gelenk G, gehen wir ähnlich vor. Da wir aber eine Verdrehung bestimmen wollen, müssen wir anstatt der virtuellen Kraft δF ein virtuelles Moment δM einfügen. Und da das Gelenk G zwei Balken miteinander verbindet, müssen wir das virtuelle Moment δM auch an beiden Balken angreifen lassen. Zudem muss für das Gelenk *actio = reactio* gelten, weshalb die virtuellen Momente δM, auf das Gelenk bezogen, im Gleichgewicht sein müssen.

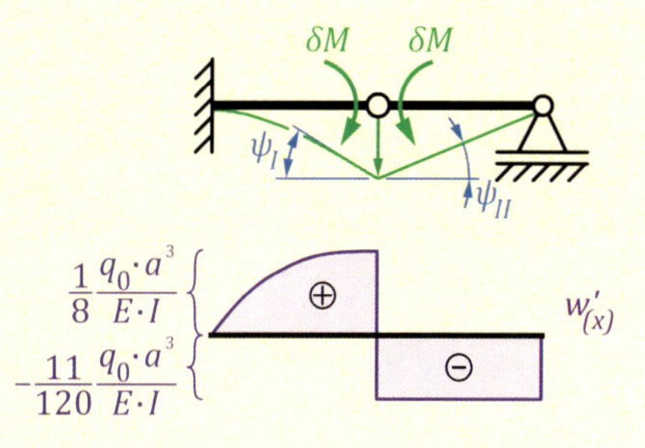

Hinweis: Bezüglich des Verdrehwinkels ψ ist nebenstehend die Durchbiegung in grün abgebildet. Darin ist deutlich sichtbar, dass der Verdrehwinkel ψ_I (links vom Gelenk in *Bereich I* bei $x_1 = a$) einen positiven Wert und der Verdrehwinkel ψ_{II} (rechts vom Gelenk in *Bereich II* bei $x_2 = 0$) einen negativen Wert besitzt. Somit folgt für den gesuchten Verdrehwinkel ψ:

$$\psi = \psi_I - \psi_{II} = w'_{I(x_1=a)} - w'_{II(x_2=0)}$$

Zur besseren Verdeutlichung ist der Neigungsverlauf $w'_{(x)}$ mit den Werten am Gelenk G mit abgebildet. Diesen Verlauf sowie die beiden Extremwerte müssen wir jedoch nicht berechnen. Uns muss hier lediglich klar sein, dass der gesamte Verdrehwinkel ψ aus zwei Anteilen besteht.

Da wir den Verlauf des Biegemomentes $M_{(x)}$ infolge der realen Belastung bereits bestimmt haben, folgt nun die Ermittlung des Biegemomentverlaufes infolge der virtuellen Momente δM:

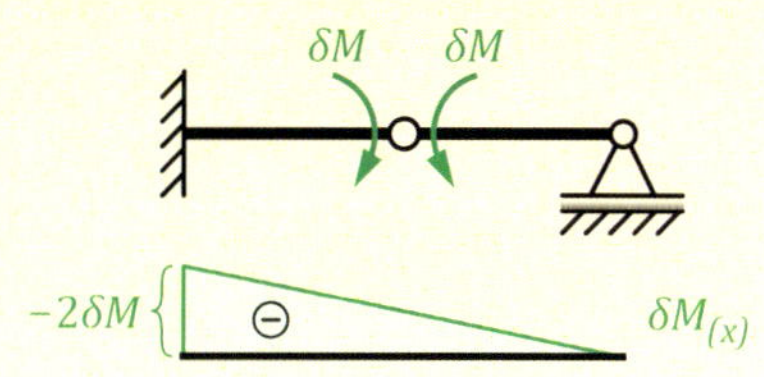

$$\delta M_{(x_1)} = \delta M \cdot \left(\frac{x_1}{a} - 2\right)$$

$$\delta M_{(x_2)} = 0$$

Da der reale Biegemomentverlauf $M_{(x)}$ im *Bereich II* null ist, brauchen wir auch hier nur den ersten Bereich zu berücksichtigen. Für den Integralausdruck im Prinzip der virtuellen Kräfte nach Gleichung (6.17) haben wir somit eine Multiplikation einer *kubischen Parabel* (realer Momentenverlauf $M_{(x)}$) mit einem *Trapez* (virtueller Momentenverlauf $\delta M_{(x)}$). Verwenden wir die Integraltafel ▸ Tab. 10-2, erhalten wir als Ergebnis für die gesuchte Neigung w' bzw. dem Verdrehwinkel $\psi = w'$:

$$\delta M \cdot \psi = \int_0^a \frac{M_{(x_1)} \cdot \delta M_{(x_1)}}{E \cdot I} \cdot dx = \frac{1}{E \cdot I} \cdot \frac{1}{40} \cdot a \cdot \left(-\frac{1}{3} \cdot q_0 \cdot a^2\right) \cdot [4 \cdot (-\delta M) + 11 \cdot (-2\delta M)]$$

$$\delta M \cdot \psi = \frac{26}{120} \cdot \frac{q_0 \cdot a^3}{E \cdot I} \cdot \delta M \qquad \rightarrow \quad \underline{\underline{\psi = \frac{13}{60} \cdot \frac{q_0 \cdot a^3}{E \cdot I}}} = 0{,}00145 = 0{,}083°$$

Beispiel 6.5

Ein rechteckiger masseloser Balken aus Stahl (b = 40 mm, h = 60 mm, l = 1 m, κ = 5/6, ν = 0,3, E = 210.000 N/mm²) wird durch eine konstante Streckenlast q_0 = 5 kN/m belastet.
Berechnen Sie die vertikale Durchbiegung infolge Biegung und Schub am freien Ende.

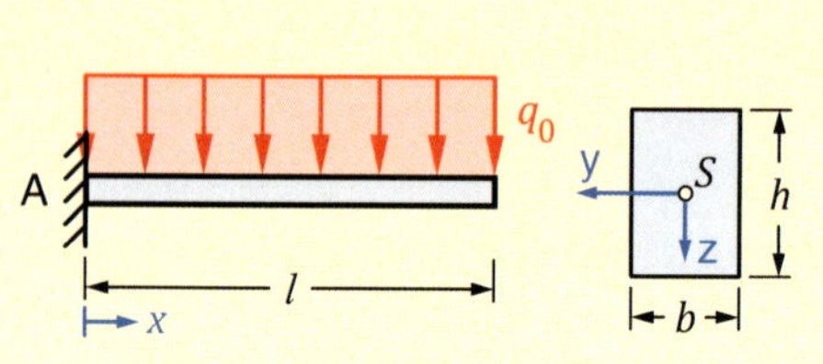

Lösung

Da wir hier die Durchbiegung infolge Biegung und Schub bestimmen müssen (schubweicher Balken nach der TIMOSHENKO-Balkentheorie[32]), benötigen wir die realen Schnittgrößenverläufe der Querkraft $Q_{(x)}$ und des Biegemomentes $M_{(x)}$ infolge der realen Streckenlast q_0:

$$Q_{(x)} = q_0 \cdot (-x + l)$$

$$M_{(x)} = q_0 \cdot \left(-\frac{1}{2} \cdot x^2 + l \cdot x - \frac{1}{2} \cdot l^2\right)$$

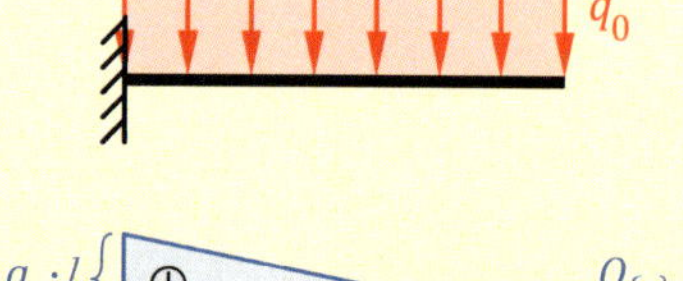

Die Funktionsverläufe sind bei der Querkraft $Q_{(x)}$ linear (Dreieck) und beim Moment $M_{(x)}$ quadratisch (Parabel).

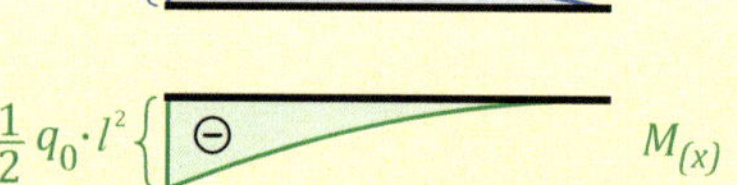

Im zweiten Schritt entfernen wir die reale Streckenlast q_0 und fügen eine virtuelle Kraft δF am freien Ende in Richtung der gesuchten Verschiebung f und bestimmen damit die Schnittgrößen der Querkraft $\delta Q_{(x)}$ und des Biegemomentes $\delta M_{(x)}$:

$$\delta Q_{(x)} = \delta F$$

$$\delta M_{(x)} = -\delta F \cdot l$$

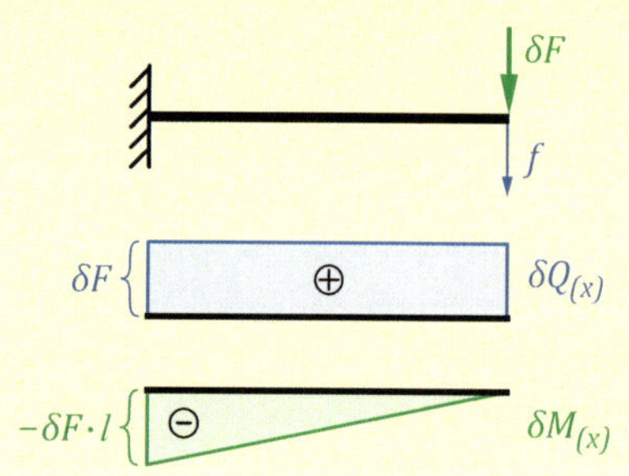

Wir wollen die Verschiebungsanteile infolge Biegung f_M und Schub f_Q separat mithilfe des Prinzips der virtuellen Kräfte nach Gleichung (6.17) und der Integraltafel ▸ Tab. 10-2 bestimmen und anschließend zur gesuchten gesamten Verschiebung f addieren:

$$\delta F \cdot f_M = \int_0^a \frac{M \cdot \delta M}{E \cdot I} \cdot dx = \frac{1}{E \cdot I} \cdot \frac{1}{4} \cdot l \cdot \left(-\frac{1}{2} \cdot q_0 \cdot l^2\right) \cdot (-\delta F \cdot l) \qquad \rightarrow \quad f_M = \frac{1}{8} \cdot \frac{q_0 \cdot l^4}{E \cdot I}$$

$$\delta F \cdot f_Q = \int_0^a \frac{Q \cdot \delta Q}{\kappa \cdot G \cdot A} \cdot dx = \frac{1}{\kappa \cdot G \cdot A} \cdot \frac{1}{2} \cdot l \cdot (q_0 \cdot l) \cdot (\delta F) \qquad \rightarrow \quad f_Q = \frac{1}{2} \cdot \frac{q_0 \cdot l^2}{\kappa \cdot G \cdot A}$$

[32] Stepan Prokopowytsch TIMOSCHENKO (1878–1972), ukr. Ingenieur, Professor für Technische Mechanik

Die gesamte Verschiebung f folgt dann zu:

$$\underline{\underline{f}} = f_M + f_Q = \underline{\underline{\frac{1}{8} \cdot \frac{q_0 \cdot l^4}{E \cdot I} + \frac{1}{2} \cdot \frac{q_0 \cdot l^2}{\kappa \cdot G \cdot A}}} = 4{,}134\,mm + 0{,}015\,mm = 4{,}149\,mm$$

Da wir es hier mit einem langen schlanken Balken mit einem Schlankheitsgrad von $h/l = 0{,}06$ bzw. einer Länge von $l = h/0{,}06 = 16{,}67 \cdot h$ zu tun haben, beträgt der Anteil der Schubverformung f_Q an der Gesamtverformung f lediglich 0,37%. Somit hätten wir den Schub auch vernachlässigen können.

Anmerkung: Dieses Beispiel sollte jedoch zeigen, wie sehr sich die Berechnung mithilfe des Prinzips der virtuellen Kräfte vereinfachen lässt im Gegensatz zur Durchbiegungsberechnung nach der EULER-BERNOULLI- sowie TIMOSHENKO-Balkentheorie, in welcher mittels Integrationsmethode zuerst die Verformung infolge Biegung und anschließend die Verformung infolge Schub bestimmt werden muss.

Beispiel 6.6

Ein masseloser Rahmen ($a = 1$ m, $E = 210$ GPa, $I = 48$ cm^4) wird durch eine Einzelkraft $F = 200$ N und eine konstante Streckenlast $q_0 = 500$ N/m belastet.
Berechnen Sie die horizontale Verschiebung am Lager *B*.

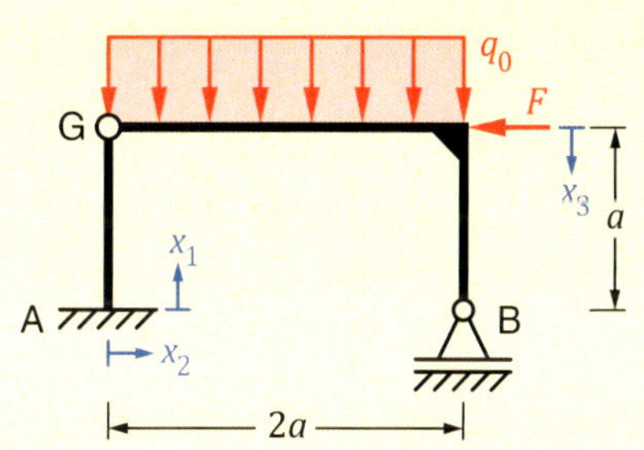

Lösung

Wir bestimmen uns als erstes für jeden Bereich die realen Biegemomentenverläufe $M_{(x)}$ infolge der realen Belastung durch die Einzelkraft F und die Streckenlast q_0 und erhalten damit:

$$M_{(x_1)} = F \cdot (-x_1 + a)$$

$$M_{(x_2)} = q_0 \cdot \left(-\frac{1}{2} \cdot x_2^2 + a \cdot x_2\right)$$

$$M_{(x_3)} = 0$$

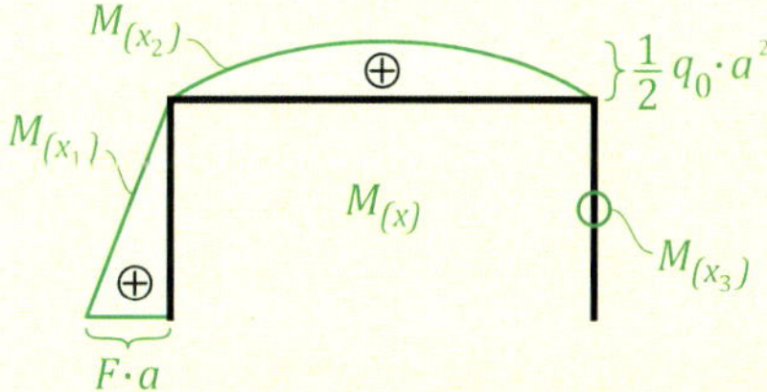

Als nächstes entfernen wir die realen Belastungen und fügen eine virtuelle Kraft δF in horizontaler Richtung an das Lager *B* an. Damit bestimmen wir uns wieder für jeden Bereich die virtuellen Biegemomentenverläufe $\delta M_{(x)}$ infolge der virtuellen Kraft δF:

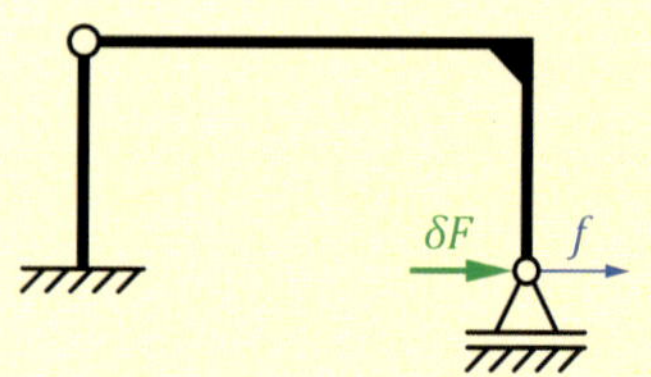

$$\delta M_{(x_1)} = \delta F \cdot (x_1 - a)$$

$$\delta M_{(x_2)} = \frac{1}{2} \cdot \delta F \cdot x_2$$

$$\delta M_{(x_3)} = \delta F \cdot (-x_3 + a)$$

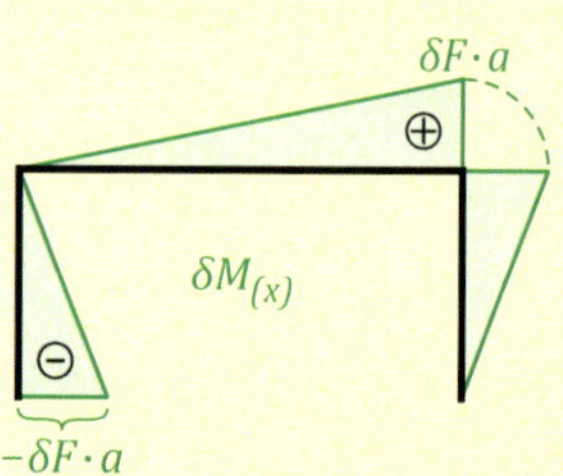

Damit haben wir die für das Prinzip der virtuellen Kräfte notwendigen Schnittgrößenverläufe. Hierbei fällt auf, dass der reale Biegemomentenverlauf $M_{(x3)}$ im *Bereich III* null ist. Somit brauchen wir diesen Bereich nicht weiter berücksichtigen.

Für das Prinzip der virtuellen Kräfte haben wir damit für den *Bereich I* die Multiplikation zweier *Dreiecke* und für den *Bereich II* einer *quadratischen Parabel* mit einem *Dreieck*. Anhand der Integraltafel ▸ Tab. 10-2 finden wir für die gesuchte horizontale Verschiebung f am Lager B:

$$\delta F \cdot f = \int_0^a \frac{M_{(x_1)} \cdot \delta M_{(x_1)}}{E \cdot I} \cdot dx + \int_0^{2a} \frac{M_{(x_2)} \cdot \delta M_{(x_2)}}{E \cdot I} \cdot dx$$

$$\delta F \cdot f = \frac{1}{E \cdot I} \cdot \left[\frac{1}{3} \cdot a \cdot (F \cdot a) \cdot (-\delta F \cdot a) + \frac{1}{3} \cdot 2a \cdot \left(\frac{1}{2} \cdot q_0 \cdot a^2\right) \cdot (\delta F \cdot a)\right]$$

$$\delta F \cdot f = \frac{1}{E \cdot I} \cdot \left(-\frac{1}{3} \cdot a^3 \cdot F + \frac{1}{3} \cdot a^4 \cdot q_0\right) \cdot \delta F \qquad \rightarrow \quad f = \frac{1}{3} \cdot \frac{q_0 \cdot a^4 - F \cdot a^3}{E \cdot I} = 0{,}99\,mm$$

Hier fällt auf, dass die Einzelkraft F ein negatives Vorzeichen besitzt, was bedeutet, dass die Verformung f_F infolge der Einzelkraft F nach links, also entgegen unserer angenommenen Richtung von f wirkt. Dies war so auch zu erwarten, da die Einzelkraft F den rechten Rahmen (*Bereich II* und *III*) nach links drückt. Nur durch die wirkende Streckenlast q_0 wird der horizontale Balken nach unten durchgebogen und damit das Lager B nach rechts verschoben.

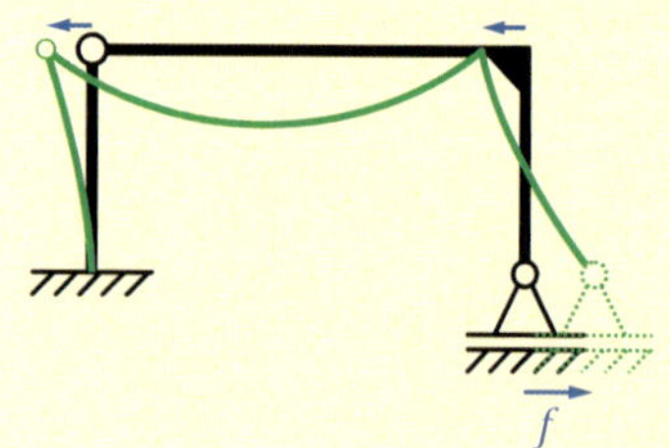

6.4 Statisch unbestimmte Tragwerke

Bei Vorliegen eines statisch unbestimmten Tragwerkes kann das PdvK nicht direkt angewendet werden. Hierbei ist es sinnvoll, unter Zuhilfenahme anderer Methoden/Verfahren das Tragwerk zu berechnen. Konkret kann dazu das *Kraftgrößenverfahren* (Kapitel 4, S. 55) oder das *Weggrößenverfahren*[33] angewendet werden. Mithilfe eines dieser beiden Verfahren werden im ersten Schritt die überzähligen statisch unbestimmten Kräfte bzw. Momente bestimmt. Anschließend, wenn die statisch Unbestimmten bekannt sind und das Tragwerk dadurch statisch bestimmt ist, kann das PdvK in gewohnter Weise angewendet werden.

Vorgehensweise

- Abzählkriterium um den Grad der statischen Unbestimmtheit zu prüfen: $x = r + v - k \cdot n$
- Die statisch unbestimmten Kraftgrößen mithilfe des *Kraftgrößen-* (Kapitel 4, S. 55) oder *Weggrößenverfahrens* bestimmen.
- Nach der Bestimmung der statisch unbestimmten Größen ist das Tragwerk statisch bestimmt und das PdvK kann nach Kapitel 6.3 auf S. 117 angewendet werden.

6

6.5 Analogie zu anderen Verfahren

Das PdvK findet sich in der Literatur unter verschiedenen Bezeichnungen wieder, wie z. B. als *Methode der Hilfskräfte*. Werden die virtuellen Größen δF und δM als Einheitskraft der Größe "1", also $\delta F =$ "1" (bzw. $\delta M =$ "1") verwendet, wobei die Größe "1" eine Kraft wie auch ein Moment sein kann, wird das Verfahren als *Arbeitssatz mit Einheitslasten* oder auch *Einheitslastverfahren* bezeichnet. Die Schnittgrößen werden dann infolge der "1"-Kraft bzw. "1"-Moment bestimmt.

Eine etwas andere und veraltete Bezeichnung des Kraftgrößenverfahrens ist *MOHR'sches Arbeitsintegral*[34]. Hierbei werden die virtuellen Größen δF und δM mit einem Apostroph gekennzeichnet: $\delta F = P'$ und $\delta M = M'$. In früherer Zeit war das Formelzeichen für Kräfte "P" und nicht "F".

Andere Bezeichnungen für das **PdvK** sind:

- Methode der Hilfskräfte
- Arbeitssatz mit Einheitslasten
- Einheitslastverfahren
- MOHR'sches Arbeitsintegral

[33] *Weggrößenverfahren*: siehe hierzu die einschlägige Literatur

[34] Christian Otto MOHR (1835–1918), dt. Ingenieur, Professor für Technische Mechanik

In Kürze

- Das Prinzip der virtuellen Kräfte (PdvK) wird auch *Methode der Hilfskräfte*, *Arbeitssatz mit Einheitslasten*, *Einheitslastverfahren* oder *MOHR'sches Arbeitsintegral* genannt.
- Mit dem Prinzip der virtuellen Kräfte werden reale Verrückungen bei einem virtuellen Kraftzustand betrachtet.
- Virtuelle Kräfte sind:
  - gedacht und in Wirklichkeit nicht vorhanden
  - infinitesimal klein
  - statisch mit den virtuellen Reaktionskräften des Tragwerkes im Gleichgewicht
- Das PdvK dient zur Berechnung von *Verschiebungen* und *Verdrehungen* an *beliebigen Punkten* eines Tragwerkes.
- Das PdvK dient in erster Linie zur Berechnung an statisch bestimmten Tragwerken.
- Unter Zuhilfenahme von anderen Methoden/Verfahren (z. B. das Kraft- oder Weggrößenverfahren) lassen sich auch statisch unbestimmte Tragwerken berechnen.
- Das PdvK und PdvV bilden das übergeordnete *Prinzip der virtuellen Arbeit* und wird oft auch als *Arbeitssatz der Statik* bezeichnet.
- Das PdvK und PdvV sind komplementär zueinander.
- Das PdvK ist eine *kraftgeregelte* Methode.
- Bei einer kraftgeregelten Methode erzeugen die äußeren Belastungen die komplementäre Arbeit δW^*.
- Dementsprechend gilt der *virtuelle komplementäre Arbeitssatz* mit der *komplementären Formänderungsenergie*.
- Für das PdvK in der allgemeinen Form gilt:
- Bei reiner Biegung reduziert sich das PdvK auf die Form:

$$\delta F \cdot f = \int_0^l \frac{M_0 \cdot \delta M}{E \cdot I} \cdot dx$$

- Für die darin häufig vorkommenden Schnittgrößenverläufe sind die Überlagerungen der realen M_0 und virtuellen Verlaufsfunktionen δM in *Integraltafeln* zusammengestellt.

Fachwerke

- In Fachwerksstäben treten ausschließlich Normalkräfte N auf, welche konstant über der Stablänge sind.
- PdvK für Fachwerke:

$$\delta F \cdot f = \sum_{i=1}^{n} \frac{S_i \cdot \delta S_i \cdot l_i}{(E \cdot A)_i}$$

statisch bestimmte Tragwerke

- Mit dem PdvK kann eine Verschiebung f oder eine Verdrehung ψ berechnet werden.
- PdvK für eine Verschiebung f infolge reiner Biegung:

$$\delta F \cdot f = \int_0^l \frac{M \cdot \delta M}{E \cdot I} \cdot dx$$

- PdvK für eine Verdrehung ψ infolge reiner Biegung:

$$\delta M \cdot \psi = \int_0^l \frac{M \cdot \delta M}{E \cdot I} \cdot dx$$

Formelsammlung Integraltafeln:
▸ Tab. 10-2 auf S. 185

$$\sum_{i=1}^{n} \delta F_i \cdot f_i + \sum_{j=1}^{m} \delta M_j \cdot \psi_j = \int_0^l \left(\frac{N \cdot \delta N}{E \cdot A} + \frac{M \cdot \delta M}{E \cdot I} + \frac{Q \cdot \delta Q}{\kappa \cdot G \cdot A} + \frac{T \cdot \delta T}{G \cdot I_t} \right) \cdot dx$$

7 Reziprozitätssätze

C. Spura, *Energiemethoden der Technischen Mechanik*,
https://doi.org/10.1007/978-3-658-29574-5_7

Mithilfe der Reziprozitätssätze von BETTI und MAXWELL können auf Grundlage des Arbeitssatzes Verschiebungen bzw. Verdrehungen oder Kräfte bzw. Momente in linear-elastischen Systemen bestimmt werden. Dabei müssen die angreifende Kraft und die gesuchte Verschiebung nicht an der gleichen Stelle sein, wie es beim eigentlichen Arbeitssatz der Fall ist. Die Reziprozitätssätze stellen somit eine Erweiterung des Arbeitssatzes dar. Große Bedeutung haben die Reziprozitätssätze in der Baustatik. Eine für die Technische Mechanik allgemeinere Bedeutung erlangen die Reziprozitätssätze, indem damit die Anwendung des Kraftgrößenverfahrens für höhergradig statisch unbestimmte Tragwerke erweitert wird.

▶ Modellannahmen

Für unsere Betrachtungen in diesem Kapitel setzen wir die folgenden Modellannahmen voraus:

- alle äußeren Belastungen sind quasi-statisch ($dF/dt \approx 0$)
- alle Verformungen und die verursachenden Kräfte sind linear zueinander: $F \sim f$
- isotropes linear-elastisches Materialverhalten nach dem HOOKE'schen Gesetz
- alle Verformungen sind klein gegenüber den sonstigen Abmessungen
- es gilt die *Theorie 1. Ordnung* (die Gleichgewichtsbedingungen werden am *unverformten* System für *kleine Verformungen* aufgestellt)

Die an einem Tragwerk **gesamte geleistete Arbeit** wird bei Entlastung des Tragwerkes **vollständig zurückgewonnen**. Das System ist vollständig **reversibel**.

Da wir linear-elastisches Materialverhalten voraussetzen, muss die gesamte geleistete Arbeit der äußeren Belastungen sowie die innere Formänderungsenergie bei Entlastung des Tragwerkes vollständig zurückgewonnen werden. Das Tragwerksverhalten ist vollständig reversibel. Mithilfe dieser Modellannahmen sind die an einem linear-elastischen Tragwerk sichtbaren Verformungen nur von den aktuellen äußeren Belastungen abhängig. Die Belastungsgeschichte, also in welcher Reihenfolge die Belastungen aufgebracht wurden, spielt dabei keine Rolle.

Bevor wir nun mit den eigentlichen Reziprozitätstheoremen beginnen, wollen wir noch eine, in der Technischen Mechanik, übliche Indizierung für die Verschiebung f einführen. Damit erhalten wir eine bessere und eindeutigere Zuordnung der Verschiebung f zu der verursachenden Kraft F. Für die Indizierung verwenden wir Folgendes:

Indizierung für Verformungen

- 1. Index: Ort der Verschiebung
- 2. Index: Ort der verursachenden Kraft

7.1 Satz von Betti

Wir betrachten den in ▸ Abb. 7.1 dargestellten Balken mit den beiden beliebig ausgewählten Punkten i und k. Angemerkt sei hierbei, dass es für die weiteren Betrachtungen unerheblich ist, ob es sich um einen *statisch bestimmten* oder *statisch unbestimmten* Balken handelt. Die nachfolgenden Zusammenhänge sind unabhängig davon.

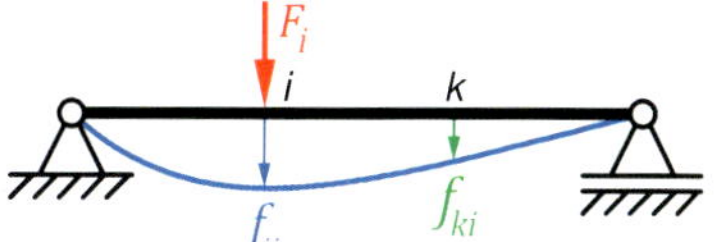

Abb. 7.1

An einem beliebigen Punkt i wird der Balken mit der Kraft F_i belastet. Dementsprechend stellt sich an der Kraftangriffsstelle i die Verschiebung f_{ii} (Indizierung: Verschiebung am Punkt i durch die Kraft am Punkt i) ein. Die dabei durch die Kraft F_i am Punkt i geleistete äußere Arbeit W_{ii} beträgt somit:

$$W_{ii} = \frac{1}{2} \cdot F_i \cdot f_{ii} \tag{7.1}$$

Da sich der Balken an jedem Punkt unterschiedlich stark durchbiegt, erhalten wir an einem weiteren beliebigen Punkt k eine von f_{ii} unterschiedliche Verschiebung f_{ki} (Indizierung: Verschiebung am Punkt k durch die Kraft am Punkt i).

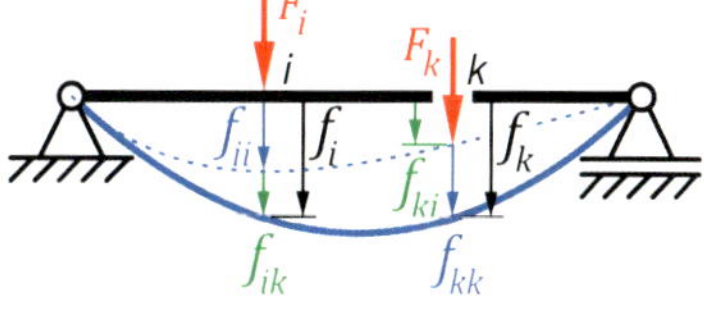

Abb. 7.2

Nun bringen wir neben der schon vorhandenen Kraft F_i zusätzlich die Kraft F_k auf, siehe ▸ Abb. 7.2. Durch die jetzt hinzugekommene Kraft F_k vergrößert sich am Punkt k die Gesamtverschiebung. Zur vorhandenen Verschiebung f_{ki} (Verschiebung infolge der Kraft F_i) kommt zusätzlich noch die Verschiebung f_{kk} infolge der Kraft F_k hinzu. Damit aber noch nicht genug, erfährt auch der Punkt i eine zusätzliche Verschiebung f_{ik} infolge der Kraft F_k. Die gesamte Verschiebung f_i am Punkt i setzt sich also aus der Verschiebung f_{ii} infolge der Kraft F_i sowie der Verschiebung f_{ik} infolge der Kraft F_k zusammen. Analog ergibt sich die gesamte Verschiebung f_k am Punkt k aus der Summe von f_{ki} und f_{kk}.

Bei der Berechnung der äußeren Arbeit müssen wir nun die verschiedenen Anteile aufsummieren. Die Kraft F_i leistet mit der Verschiebung f_{ii} die sogenannte *Eigenarbeit* W_{ii}:

$$W_{ii} = \frac{1}{2} \cdot F_i \cdot f_{ii} \tag{7.2}$$

Analog ergibt sich die *Eigenarbeit* W_{kk} der Kraft F_k zu:

$$W_{kk} = \frac{1}{2} \cdot F_k \cdot f_{kk} \tag{7.3}$$

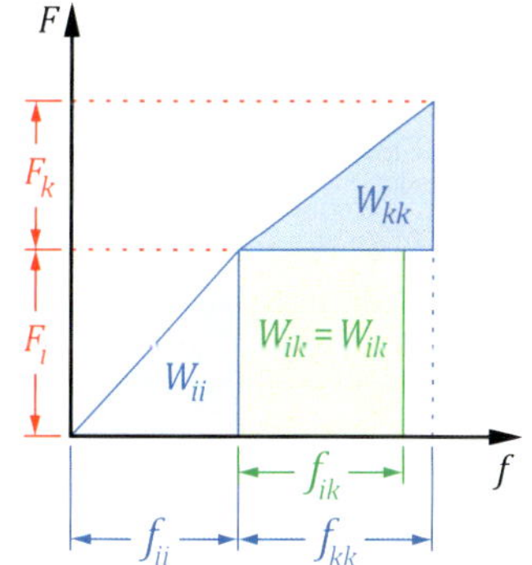

Abb. 7.3

Beide Eigenarbeiten W_{ii}, W_{kk} entsprechen in ▸ Abb. 7.3 den Flächeninhalten der Dreiecksflächen unterhalb der Kraft-Verschiebungs-Kurve.

Eine **Fremdarbeit** wird von einer **Kraft verrichtet**, welche an einem **anderen Ort als dem Betrachtungsort** angreift.

Jetzt müssen wir noch die sogenannte *Fremdarbeit* (oder *passive Arbeit*) berücksichtigen. Da die Kraft F_k als zweites aufgebracht wurde, hat sich infolge von F_k am Punkt *i* die "fremde" Verschiebung f_{ik} ergeben (Kraft und Verschiebung sind an verschiedenen Punkten vorhanden). Am Punkt *i* wirkte jedoch schon die Kraft F_i, wodurch F_i eine Fremdarbeit mit der durch die Kraft F_k verursachten Verschiebung f_{ik} leistet:

$$W_{ik} = \int_0^{f_{ik}} F_i \cdot df_{ik} = F_i \cdot \int_0^{f_{ik}} df_{ik} = F_i \cdot f_{ik} \tag{7.4}$$

▶ **Bei der Fremdarbeit entfällt der Faktor $1/2$.**

Da die Kraft F_i unabhängig von der Verschiebung f_{ik} ist (die Verschiebung hängt ausschließlich von F_k ab), können wir F_i vor das Integral ziehen. Somit gibt es bei der Fremdarbeit keinen Faktor $1/2$. In der grafischen Darstellung ist die Fremdarbeit in ▸ Abb. 7.3 eine Rechteckfläche.

Fassen wir nun alle äußeren geleisteten Arbeiten der beiden Kräfte F_i und F_k zusammen, erhalten wir für diesen ersten betrachteten Fall:

$$W^{(1)} = \frac{1}{2} \cdot F_i \cdot f_{ii} + \frac{1}{2} \cdot F_k \cdot f_{kk} + F_i \cdot f_{ik} \tag{7.5}$$

Für die Gesamtverschiebungen f_i und f_k der beiden Punkte *i* und *k* gilt nach ▸ Abb. 7.2 folgende Berechnung:

$$f_i = f_{ii} + f_{ik} \qquad\qquad f_k = f_{ki} + f_{kk} \tag{7.6}$$

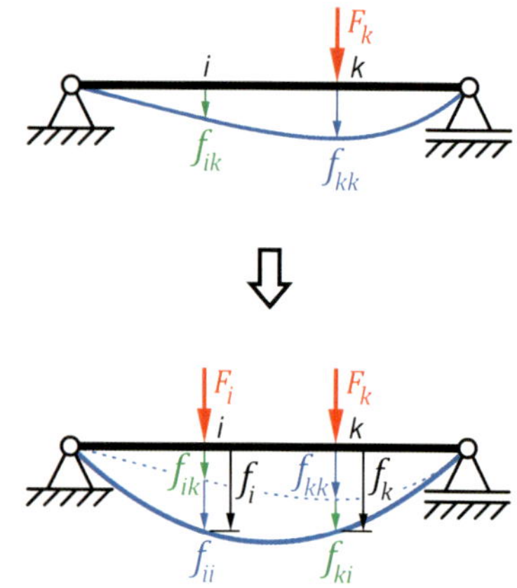

Abb. 7.4

Um nun die Unabhängigkeit der Belastungsreihenfolge zu beweisen, betrachten wir den gleichen Balken, aber bringen die beiden Kräfte F_i, F_K in umgekehrter Reihenfolge auf. Also zuerst die Kraft F_k und danach die Kraft F_i, siehe ▸ Abb. 7.4. Infolge der zuerst aufgebrachten Kraft F_k ergibt sich die Verschiebung f_{kk} am Punkt *k* und gleichzeitig die Verschiebung f_{ik} am Punkt *i*. Danach folgt die Belastung mit der der Kraft F_i, wodurch sich am Punkt *i* die Verschiebung f_{ii} und am Punkt *k* die Verschiebung f_{ki} ergeben. Entsprechend haben wir auch hier die beiden Eigenarbeiten W_{kk} und W_{ii} infolge der beiden Kräfte F_k und F_i. Zusätzlich entsteht durch die Verschiebung f_{ki} (infolge der als zweites aufgebrachten Kraft F_i) eine Fremdarbeit durch die Kraft F_k am Punkt *k*. Wir erhalten also für diesen zweiten Fall die gesamte geleistete äußere Arbeit *W* als Summe aus den Eigenarbeiten und der Fremdarbeit zu:

$$W^{(2)} = \frac{1}{2} \cdot F_k \cdot f_{kk} + \frac{1}{2} \cdot F_i \cdot f_{ii} + F_k \cdot f_{ki} \tag{7.7}$$

Vergleichen wir nun die beiden Gesamtarbeiten $W^{(1)}$, $W^{(2)}$ nach den Gleichungen (7.5) und (7.7) miteinander, muss die gesamte Arbeit W in beiden Fällen gleich sein. Gleiches Tragwerk (System), gleiche Kräfte, somit auch gleiche Arbeit. Dies bedeutet aber weiterhin auch, dass die in den beiden Gleichungen enthaltenen Fremdarbeiten gleich groß sein müssen:

$$W_{ik} = W_{ki} \qquad \text{bzw.} \qquad F_i \cdot f_{ik} = F_k \cdot f_{ki} \tag{7.8}$$

Satz von BETTI

Dieser Zusammenhang ist der sogenannte *Satz von BETTI*[35]. In Worten lautet der Satz von BETTI wie folgt:

In einem linear-elastischen Körper ist die Fremdarbeit, die eine Kraft F_i bei der nachfolgenden Belastung durch die Kraft F_k leistet, gleich der Fremdarbeit, die die Kraft F_k bei der nachfolgenden Belastung durch die Kraft F_i leistet.

Satz von BETTI

Der Satz von BETTI lässt sich auf beliebige elastische Tragwerke/Systeme verallgemeinern. Er gilt zudem für statisch bestimmte als auch statisch unbestimmte Tragwerke sowie für beliebige Belastungen. Dies bedeutet, dass anstelle von Kräften auch Momente verwendet werden können. Dementsprechend müssen bei Momenten die Verschiebungen f durch Verdrehungen ψ ersetzt werden, um die äußeren Arbeiten zu bestimmen. Schließlich gilt für die Arbeit W (vgl. S. 39):

Der **Satz von BETTI** gilt für **statisch bestimmte** und **statisch unbestimmte Tragwerke** sowie für **alle Belastungsarten**.

$$W = \frac{1}{2} \cdot F \cdot u \qquad W = \frac{1}{2} \cdot M \cdot \psi \tag{7.9}$$

Mit diesen Zusammenhängen lässt sich der Satz von BETTI auch folgendermaßen erweitern:

$$\begin{aligned} F_i \cdot f_{ik} &= F_k \cdot f_{ki} \\ F_i \cdot f_{ik} &= M_k \cdot \psi_{ki} \\ M_i \cdot \psi_{ik} &= M_k \cdot \psi_{ki} \end{aligned} \tag{7.10}$$

In mancher Literatur wird der Satz von BETTI auch mit *Reziprozitätssatz von BETTI* oder *Satz von der Gegenseitigkeit der Verschiebungsarbeit* bezeichnet. Zudem bildet der Satz von BETTI die Grundlage der Randelementmethode[36] und ist von großer Bedeutung bei der Anwendung in der Baustatik.

[35] Enrico BETTI (1823–1892), ital. Mathematiker, Professor für höhere Algebra, höhere Geometrie, Analysis und theoretische Physik

[36] Bei der *Randelementmethode* (REM) wird, im Gegensatz zur Finite-Elemente-Methode (FEM), nur der Rand bzw. die Oberfläche eines Bauteils diskretisiert. Das innere Volumen bleibt unberücksichtigt. *Beispiel Geotechnik*: mit der REM muss lediglich die Bodenoberfläche abgebildet werden, die Bodentiefe jedoch nicht.

Der **Satz von Betti** beinhaltet das *Prinzip der virtuellen Verrückungen* (**PdvV**) sowie das *Prinzip der virtuellen Kräfte* (**PdvK**).

Des Weiteren beinhaltet der Satz von Betti auch das *Prinzip der virtuellen Verrückungen* (PdvV) sowie das *Prinzip der virtuellen Kräfte* (PdvK). Bei linear-elastischem Materialverhalten ist die Arbeit mit der komplementären Arbeit wie auch die Formänderungsenergie mit der komplementären Formänderungsenergie identisch, vgl. Gl. (3.54) auf S. 51:

$$W = W^* = \Pi = \Pi^* \tag{7.11}$$

Wird dies auf den Satz von Betti, Gleichung (7.8), übertragen, erhalten wir daraus das PdvV und das PdvK:

Satz von Betti

$$W_{ik} = \Pi_{ik} = F_i \cdot f_{ik} \tag{7.12}$$

Prinzip der virt. Verrückungen

$$\delta W_{ik} = \delta\Pi_{ik} = F_i \cdot \delta f_{ik} \tag{7.13}$$

Prinzip der virtuellen Kräfte

$$\delta W_{ik} = \delta\Pi_{ik} = \delta F_i \cdot f_{ik} = \int_0^l \frac{N_i \cdot \delta N_k}{E \cdot A} \cdot dx \tag{7.14}$$

Wir können in Gleichung (7.12) auch die Kraft F_k und die Verschiebung f_{ki} einsetzen und würden die gleichen Zusammenhänge zum PdvV und PdvK erhalten.

7.2 Satz von Maxwell

Wir wollen nun die *Maxwell'sche Verschiebungseinflusszahl* α (kurz: *Einflusszahl*) definieren. Dazu wird die Verschiebung f_{ki} am Punkt k infolge nur einer einzigen wirkenden Kraft $F_i = "1"$ am Punkt i dividiert. Wichtig ist dabei, dass die Kraft F_i eine Einheitskraft der Größe "1" ist, siehe ▸ Abb. 7.5. Mit dieser Vorgehensweise erhalten wir dann die Einflusszahl:

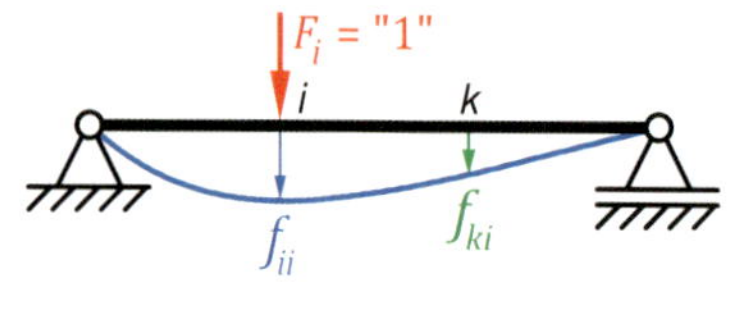

Abb. 7.5

$$\alpha_{ki} = \frac{f_{ki}}{F_i} = \frac{f_{ki}}{1} = f_{ki} \tag{7.15}$$

Die Einflusszahl α_{ki} ist also die *Einheitsverschiebung* am Punkt k infolge einer Einheitskraft $F_i = 1$ am Punkt i.

Analog können wir die Einflusszahl α_{ki} als *Einheitsverdrehung* am Punkt k für eine Verdrehung ψ_{ki} infolge eines Einheitsmomentes M_i der Größe "1" definieren, siehe ▸ Abb. 7.6:

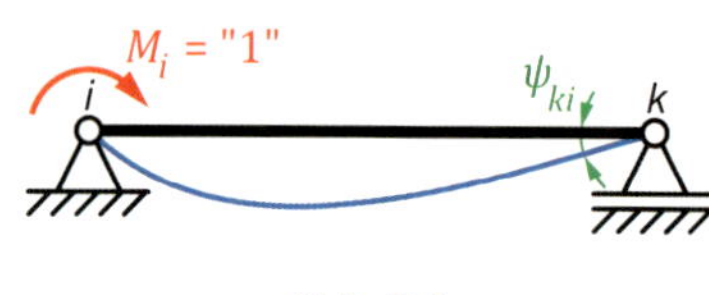

Abb. 7.6

$$\alpha_{ki} = \frac{\psi_{ki}}{M_i} = \frac{\psi_{ki}}{1} = \psi_{ki} \tag{7.16}$$

Setzen wir dies in den Satz von BETTI ein, erhalten wir daraus direkt den sogenannten *Satz von MAXWELL*[37], auch *Reziprozitätssatz* oder *Vertauschungssatz von MAXWELL* genannt:

$$\alpha_{ik} = \alpha_{ki} \qquad \text{bzw.} \qquad 1 \cdot \alpha_{ik} = 1 \cdot \alpha_{ki} \tag{7.17}$$

Satz von MAXWELL

In Worten lautet der Satz von MAXWELL:

In einem linear-elastischen Körper entspricht die Verschiebung α_{ik} am Punkt i infolge der in k angreifenden Einheitskraft $F_k = 1$ der Verschiebung α_{ki} am Punkt k infolge der am Punkt i angreifenden Einheitskraft $F_i = 1$.

Satz von MAXWELL

Wichtig: Die Sätze von BETTI und MAXWELL werden für die am Tragwerk geleistete Arbeit (siehe Gl. (7.9) und (7.10), Einheit [Nm]) aufgestellt und erst danach erfolgt die Deutung für die unterschiedlichen Lasten (Kraft oder Moment) und Weggrößen (Verschiebung oder Verdrehung). Dies bedeutet, dass die Einheiten der Belastungen und der Weggrößen bei der Interpretation der Sätze beachtet werden müssen. Wir wollen dies an einem kurzen Beispiel erläutern.

► Bei der **Interpretation** der **Sätze von BETTI und MAXWELL** müssen die **Einheiten** der **Belastungen** und der **Weggrößen** beachtet werden.

Betrachten wir dazu den nebenstehenden Balken auf zwei Stützen in ▸ Abb. 7.7a). Die beiden beliebigen Punkte sollen das Lager *A* (Punkt 1) und die Balkenmitte (Punkt 2) sein. Nun belasten wir in ▸ Abb. 7.7b) den Balken am Punkt 2 mit der Einheitskraft F_2 = "1" und erhalten am Punkt 1 die Neigung w'_A bzw. die Einheitsverdrehung α_{12}, (Gleichung siehe Formelsammlung *Biegelinien* ▸ Tab. 10-3 auf S. 186):

$$w'_{A,F} = \alpha_{12} = \frac{F_2 \cdot l^2}{16 \cdot E \cdot I} \tag{7.18}$$

Wir entfernen die Kraft F_2 wieder und belasten den Balken am Punkt 1 ausschließlich mit dem Einheitsmoment M_1 = "1". Dadurch erhalten wir am Punkt 2 bei $x = l/2$ die Durchbiegung w_{22} bzw. die Einheitsverschiebung α_{21}:

$$w_{22} = \alpha_{21} = \frac{M_1 \cdot l^2}{16 \cdot E \cdot I} \tag{7.19}$$

Werden in diesen beiden Gleichungen die Einheitsbelastungen $F_2 = M_1$ = "1" eingesetzt und anschließend beide Gleichungen gleichgesetzt, folgt damit direkt der Satz von MAXWELL und es gilt: $\alpha_{12} = \alpha_{21}$:

$$\alpha_{12} = \alpha_{21} = \frac{\text{"1"} \cdot l^2}{16 \cdot E \cdot I} = \frac{\text{"1"} \cdot l^2}{16 \cdot E \cdot I} \tag{7.20}$$

a)

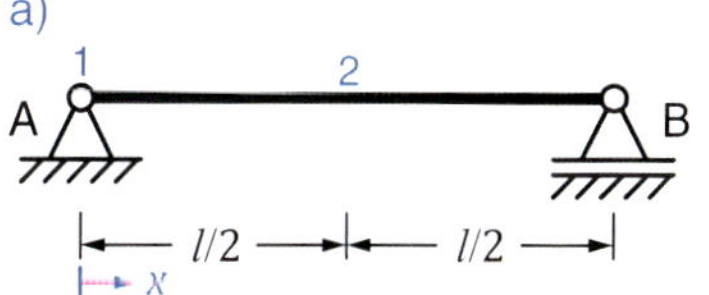

b)

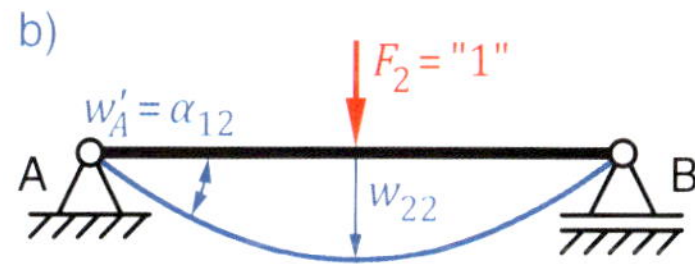

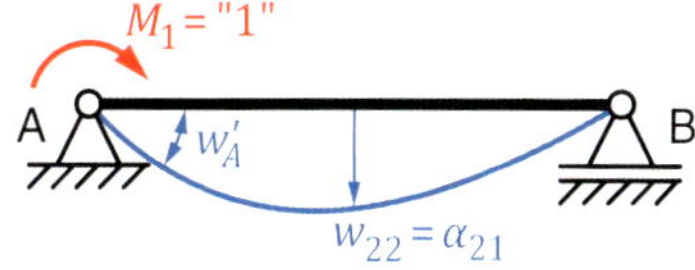

Abb. 7.7

7

[37] James Clerk MAXWELL (1831–1879), schott. Physiker, Professor für Physik und Experimentalphysik

Um nun die Wichtigkeit der Einheit zu verdeutlichen, stellen wir die zugehörigen Arbeiten auf. Die Arbeit der Kraft F_2 mit der Verschiebung α_{21} und das Moment M_1 mit der Verdrehung α_{12}. Dann ergibt sich für die Einheiten folgendes:

$$W_{21} = F_2 \cdot \alpha_{21} = "1" \, [N] \cdot \alpha_{21} \, [m] \quad (7.21)$$

$$W_{12} = M_1 \cdot \alpha_{12} = "1" \, [Nm] \cdot \alpha_{12} \, [-] \quad (7.22)$$

▶ Das Beispiel zu den beiden Einflusszahlen α_{12} und α_{21} zeigt, dass zwar der **Zahlenwert identisch**, aber die **Einheit unterschiedlich** ist.

Der Zahlenwert der beiden Einflusszahlen α_{12}, α_{21} ist identisch, aber nicht die Einheit. Während α_{21} eine Verschiebung darstellt, ist α_{12} eine Verdrehung. Dies lässt sich auch gleichermaßen anhand der Belastung verdeutlichen. Da die Einheit der Arbeit das *Newtonmeter* [Nm] ist, muss sich bei der Verwendung einer Kraft [N] für die Weggröße *Meter* [m] ergeben. Beim Moment in [Nm] wird die Weggröße entsprechend *einheitenlos* [–] bzw. im *Bogenmaß* [rad] gezählt.

7.3 Erweiterung des Kraftgrößenverfahrens

Die Sätze von Betti und Maxwell eignen sich besonders bei der Berechnung von *statisch unbestimmten Tragwerken* mithilfe des *Kraftgrößenverfahrens* (KGV, siehe hierzu Kap. 4, S. 55 ff.). Diese Erweiterung des Kraftgrößenverfahrens wollen wir mit der entsprechenden Vorgehensweise an einem *1-fach* und einem *2-fach* statisch unbestimmten Tragwerk erläutern. Anschließend folgt die allgemeine Erweiterung für höhergradig unbestimmte Tragwerke.

7.3.1 *1-fach* statisch unbestimmtes Tragwerk

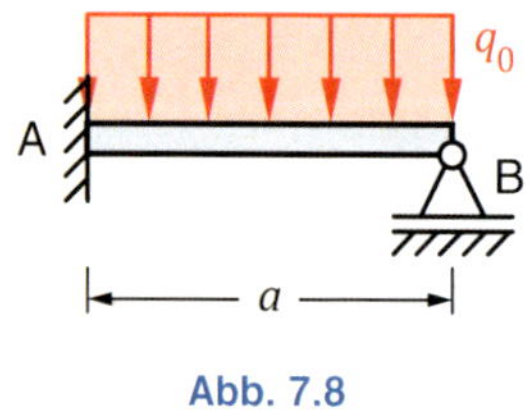

Abb. 7.8

Wir betrachten den nebenstehenden *1-fach* statisch unbestimmten Balken in ▸ Abb. 7.8, welche wir schon in Kapitel 4 (S. 57 ff.) eingehend behandelt haben. Daher ist auch die Aufteilung in ein statisch bestimmtes 0-System sowie in das mit der statisch Unbestimmten X belastete 1-System bekannt, siehe ▸ Abb. 7.9. Dabei wollen wir die zu Beginn dieses Kapitels vorgestellte Indizierung beibehalten. Die zu betrachtende Stelle des Tragwerkes ist hier das Lager *B*, welches unseren Punkt 1 darstellt (1. Index: Ort der Verschiebung). Beim 2. Index ist hier eine kleine Besonderheit vorhanden. Bei der Betrachtung des 0-Systems erfolgt die Verformung infolge der ursprünglichen Belastungen. Da es vorkommen kann, dass mehr als eine Belastung vorhanden ist (z. B. Kräfte und Momente), wollen wir die ursprüngliche Belastung mit dem Index "0" kenntlich machen. Somit ergibt im 0-System am Punkt 1 die Verschiebung w_{10} (Ort ist Punkt 1; Belastung durch die äußere

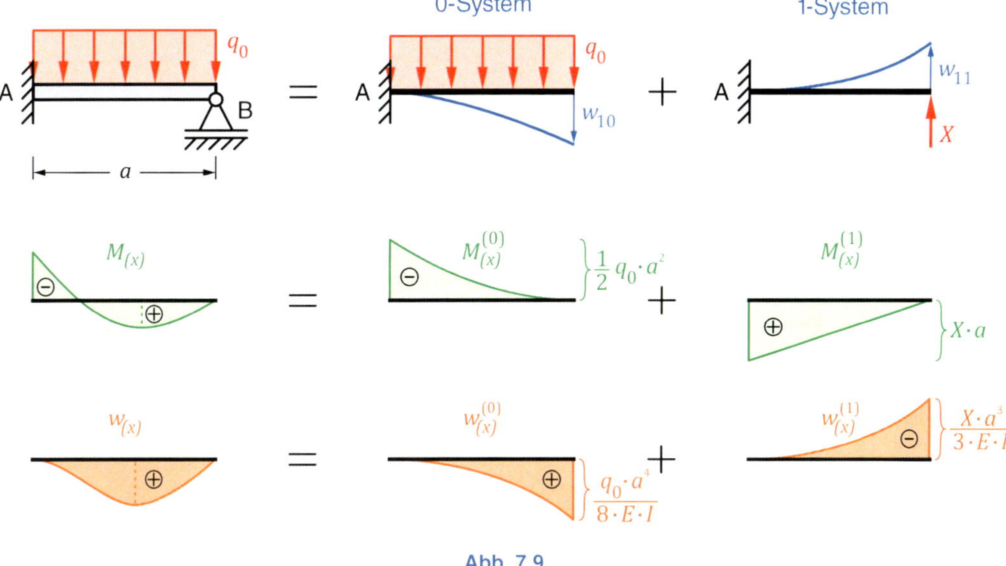

Abb. 7.9

Streckenlast q_0). Im 1-System erhalten wir dann die Verschiebung w_{11} (Ort ist Punkt 1; Belastung durch X am Punkt 1). Da wir dieses Beispiel schon behandelt haben, sind die Momenten- $M_{(x)}$ und Durchbiegungsverläufe $w_{(x)}$ ebenfalls in ▸ Abb. 7.9 dargestellt.

Anhand unserer Berechnungen erhalten wir im 0-System für die Verschiebung w_{10} das Ergebnis:

$$w_{10} = \frac{q_0 \cdot a^4}{8 \cdot E \cdot I} \tag{7.23}$$

Für die Verschiebung w_{11} im 1-System ergibt sich:

$$w_{11} = -\frac{X \cdot a^3}{3 \cdot E \cdot I} \tag{7.24}$$

Nun folgt die Erweiterung bzw. die Neuerung mithilfe der Sätze von Betti und Maxwell. Die im 1-System vorhandene statisch Unbestimmte X interpretieren wir nun als Einheitskraft der Größe "1", also als $X =$ "1". Damit ist es uns nun möglich, die Verschiebung w_{11} mittels der Einflusszahl α_{11} zu schreiben:

$$w_{11} = \alpha_{11} \cdot X \qquad \text{mit:} \quad \alpha_{11} = -\frac{a^3}{3 \cdot E \cdot I} \tag{7.25}$$

Die Einflusszahl α_{11} ist hier die Einheitsverschiebung am Punkt 1 infolge der Einheitskraft $X = 1$ am Punkt 1 (vgl. dazu Gleichung (7.15) auf S. 132).

7

Um die verletzte Verformungsbedingung im KGV wieder herzustellen, ergibt sich mittels der kinematischen Beziehung, dass die Verschiebungen am Punkt 1 in Summe verschwinden müssen:

$$w_B = w_{10} + w_{11} = 0 \tag{7.26}$$

Setzen wir darin Gleichung (7.25) ein, erhalten wir für die kinematische Beziehung:

$$w_B = w_{10} + \alpha_{11} \cdot X = 0 \tag{7.27}$$

und damit für die statisch Unbestimmte X:

statisch Unbestimmte für ein *1-fach* unbestimmtes Tragwerk

$$X = -\frac{w_{10}}{\alpha_{11}} = -\frac{q_0 \cdot a^4}{8 \cdot E \cdot I} \cdot \left(-\frac{3 \cdot E \cdot I}{a^3}\right) = \frac{3}{8} \cdot q_0 \cdot a \tag{7.28}$$

Die weitere Lösung ist Kapitel 4 (S. 55 ff.) zu entnehmen.

Mithilfe der Reziprozitätssätze können wir also die statisch Unbestimmte X berechnen. Dieses Vorgehen wollen wir nun weitergehend an einem *2-fach* statisch unbestimmten Tragwerk behandeln.

7.3.2 *2-fach* statisch unbestimmtes Tragwerk

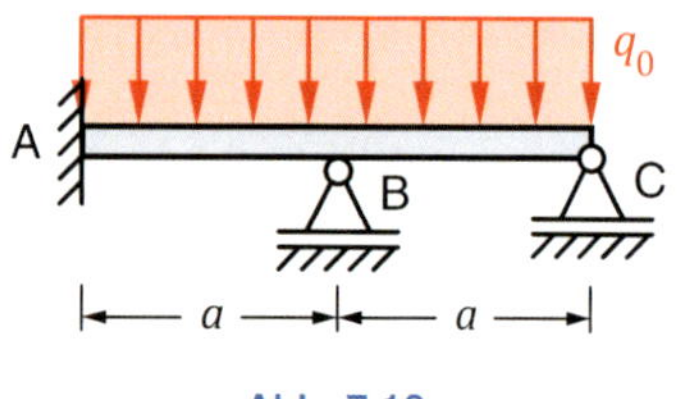

Abb. 7.10

Wir fügen an unserem ersten Beispiel ein weiteres gelenkiges Loslager hinzu und erhalten damit den in ▸ Abb. 7.10 dargestellten *2-fach* statisch unbestimmten Balken. Nun ist auch hier wieder die Vorgehensweise, dass wir ein statisch bestimmtes 0-System identifizieren und entsprechend der *2-fachen* Unbestimmtheit, zusätzlich das statisch bestimmte 1- und 2-System vorliegen haben.

0-System

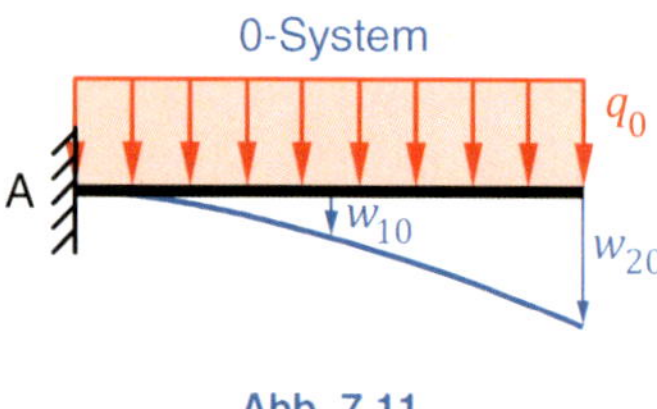

Abb. 7.11

Für das 0-System entfernen wir die beiden gelenkigen Loslager *B* und *C*, siehe ▸ Abb. 7.11. Die beiden Stellen der Lager *B* und *C* wollen wir mit den Punkten 1 und 2 bezeichnen. Dabei ist Punkt 1 am Lager *B* und Punkt 2 am Lager *C*. Infolge der am 0-System immer noch vorhandenen äußeren Belastung durch die Streckenlast q_0, ergibt sich die nebenstehend dargestellte blaue Biegelinie des Balkens. Damit einhergehend sind die beiden Durchbiegungen/Verschiebungen w_{10} am Punkt 1 und w_{20} am Punkt 2. (Wir wollen bei der Indizierung bleiben, dass der zweite Index "0" die ursprüngliche Belastung des Tragwerkes kennzeichnet.)

1-System

Das entsprechende 1-System wird nun ausschließlich mit der statisch Unbestimmten X_1 am Punkt 1 belastet. Alle anderen Belastungen werden entfernt. Entsprechend dieser einen Belastung durch X_1 ergibt sich die in nebenstehender ▸ Abb. 7.12 in blau dargestellte Biegelinie. An den beiden Punkten 1 und 2 sind die beiden Durchbiegungen/Verschiebungen w_{11} (Verschiebung am Punkt 1 infolge der Kraft am Punkt 1) und w_{21} (Verschiebung am Punkt 2 infolge der Kraft am Punkt 1) vorhanden.

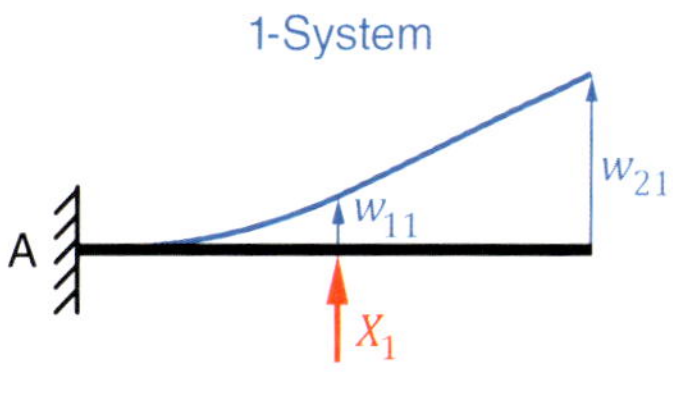

Abb. 7.12

2-System

Das 2-System ist analog zum 1-System. Auch hier werden wieder alle äußeren Belastungen entfernt und das System wird ausschließlich durch die statisch Unbestimmte X_2 am Punkt 2 belastet, siehe ▸ Abb. 7.13. Dementsprechend erhalten wir hier die beiden Durchbiegungen/Verschiebungen w_{12} und w_{22}.

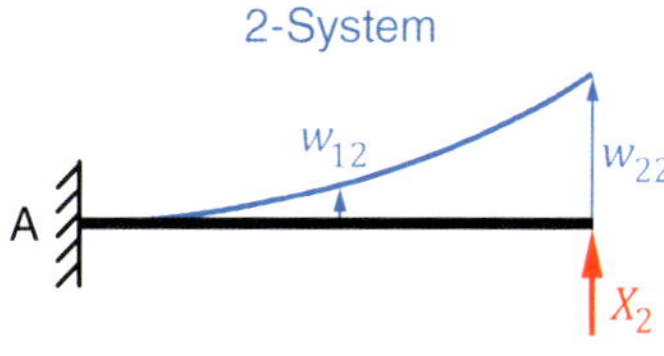

Abb. 7.13

Wir wollen uns nun mit den kinematischen Beziehungen beschäftigen. Durch das Entfernen der beiden Lager *B* und *C*, haben wir die Verformungsbedingungen unseres realen Ursprungssystems verletzt. Gehen wir analog zum ersten Beispiel des *1-fach* statisch unbestimmten Balkens vor, können wir auch in unserem *2-fach* statisch unbestimmten Balken die Verschiebungen an den Punkten 1 und 2 mithilfe der beiden statisch Unbestimmten X_1, X_2 ausdrücken, vgl. Gl. (7.25) bis (7.27). Für den Punkt 1 muss als kinematische Beziehung somit gelten, dass die Gesamtverschiebung w_B aus den Anteilen von w_{10} (Verschiebung durch q_0), w_{11} (Verschiebung durch X_1) und w_{12} (Fremdverschiebung durch X_2) verschwinden muss:

$$w_B = w_{10} + \alpha_{11} \cdot X_1 + \alpha_{12} \cdot X_2 = 0 \tag{7.29}$$

Analog dazu finden wir auch die kinematische Beziehung für den Punkt 2 zu:

$$w_C = w_{20} + \alpha_{21} \cdot X_1 + \alpha_{22} \cdot X_2 = 0 \tag{7.30}$$

Wenden wir hierauf den Satz von MAXWELL an, also die Gleichheit der Einflusszahlen $\alpha_{12} = \alpha_{21}$, erhalten wir als Ergebnis für unsere kinematischen Beziehungen:

$$\begin{aligned} w_B &= w_{10} + \alpha_{11} \cdot X_1 + \alpha_{12} \cdot X_2 = 0 \\ w_C &= w_{20} + \alpha_{12} \cdot X_1 + \alpha_{22} \cdot X_2 = 0 \end{aligned} \tag{7.31}$$

Diese beiden Gleichungen können wir im Grunde schon direkt nach den beiden statisch Unbestimmten auflösen und erhalten damit:

statisch Unbestimmte für ein *2-fach* unbestimmtes Tragwerk

$$X_1 = \frac{-w_{10} \cdot \alpha_{22} + w_{20} \cdot \alpha_{12}}{\alpha_{11} \cdot \alpha_{22} - \alpha_{12}^2}$$
$$X_2 = \frac{-w_{20} \cdot \alpha_{11} + w_{10} \cdot \alpha_{12}}{\alpha_{11} \cdot \alpha_{22} - \alpha_{12}^2} \quad (7.32)$$

Die darin enthaltenen Verschiebungen bzw. Einflusszahlen können wir, da wir ja nur statisch bestimmte Systeme vorliegen haben, auf die herkömmliche Weise mittels der Integrationsmethode (TM 2) berechnen. Da dies jedoch etwas aufwändig ist und wir je System viermal integrieren müssen, wollen wir uns einer anderen Möglichkeit bedienen. Wir wenden das *Prinzip der virtuellen Kräfte* (PdvK) an. Wie schon in Kapitel 6.5 auf S. 125 erwähnt, können wir die eigentlichen virtuellen Kräfte δF ja auch als Einheitskraft der Größe "1", also $\delta F = X =$ "1" verwenden (In diesem Fall kann das PdvK auch als *Arbeitssatz mit Einheitslasten* oder *Einheitslastverfahren* bezeichnet werden.). Mithilfe dieser Vorgehensweise lassen sich dann die noch unbekannten Verschiebungen/Einflusszahlen nach Gleichung (6.17) von S. 117 berechnen. Wobei wir für die Verschiebungen und Einflusszahlen Gleichheit voraussetzen können: $w = \alpha$, vgl. Gleichung (7.15) auf S. 132.

Zur Bestimmung der **Verschiebungen** bzw. **Einflusszahlen** kann das ***Prinzip der virtuellen Kräfte* (PdvK)** angewendet.

Wollen wir in unseren Systemen nur die Biegung berücksichtigen, benötigen wir als Schnittgröße lediglich das Biegemoment M und wir können unsere gesuchten Verschiebungen/Einflusszahlen nach folgender Gleichung bestimmen:

Verschiebungen/Einflusszahlen

$$w_{ik} = \alpha_{ik} = \int_0^l \frac{M_i \cdot M_k}{E \cdot I} \cdot dx \quad (7.33)$$

Die Biegemomentenverläufe lassen sich hierin recht einfach anhand der statisch bestimmten Systeme mittels der Gleichgewichtsmethode aus der TM 1 bestimmen.

Sollen noch weitere oder andere Schnittgrößen in die Berechnung einfließen, so müssen die entsprechenden Terme aus Gleichung (6.17) von S. 117 hinzugenommen werden.

Hinweis: Sollen anstelle von Verschiebungen und Kräften im System Verdrehungen und Momente verwendet werden, ergibt sich eine analoge Vorgehensweise mittels Gleichung (6.18) von S. 117.

7.3.3 Reduktionssatz

Nachdem wir nun an unserem *2-fach* statisch unbestimmten Tragwerk die Verschiebungen w_{10}, w_{20}, die Einflusszahlen α_{11}, α_{12}, α_{22} und damit die statisch Unbestimmten X_1, X_2 berechnen können, wollen wir nun noch einen Schritt weiter gehen und die Verformung an einem beliebigen Punkt berechnen. Wir behalten also unser Beispiel des *2-fach* statisch unbestimmten Tragwerkes bei und wollen für einen beliebigen Punkt *D* die Durchbiegung des Balkens bestimmen, siehe ▸ Abb. 7.14.

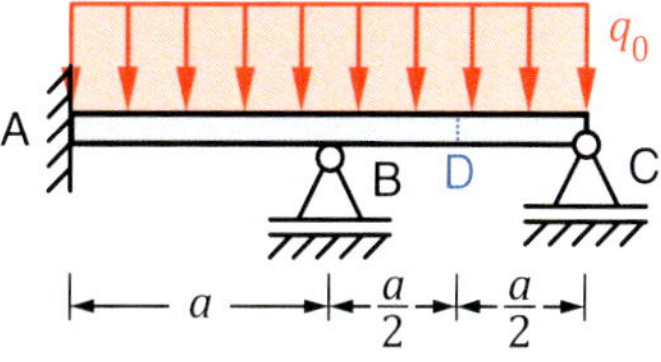

Abb. 7.14

Die eigentlichen Schritte zur Behandlung dieser Fragestellung ist in umseitiger ▸ Abb. 7.15 ausführlich dargestellt. Zuerst werden zwei Bindungen gelöst, um das statisch bestimmte 0-System zu erhalten. Das 0-System wird entsprechend mit der äußeren Belastung des Ursprungssystems belastet und damit der zugehörige Momentenverlauf M_0 bestimmt. Danach werden die beiden 1- und 2-Systeme ausschließlich mit den statisch Unbestimmten $X_1 = X_2 =$ "1" belastet und es ergeben sich die zugehörigen Momentenverläufe M_1, M_2. Wichtig ist hier, dass wir die Kenntnis der beiden statisch Unbestimmten X_1, X_2 zwar haben, aber die Momentenverläufe an dieser Stelle mit der Einheitskraft "1" bestimmt werden. Sind alle drei Momentenverläufe bekannt, werden die Verschiebungen und Einflusszahlen nach Gleichung (7.33) berechnet:

$$w_{10} = \int_0^a \frac{M_1 \cdot M_0}{E \cdot I} \cdot dx \qquad w_{20} = \int_0^{2a} \frac{M_2 \cdot M_0}{E \cdot I} \cdot dx$$

$$\alpha_{11} = \int_0^a \frac{M_1 \cdot M_1}{E \cdot I} \cdot dx \qquad \alpha_{12} = \int_0^a \frac{M_1 \cdot M_2}{E \cdot I} \cdot dx \qquad \alpha_{22} = \int_0^{2a} \frac{M_2 \cdot M_2}{E \cdot I} \cdot dx \tag{7.34}$$

Anschließend werden mithilfe dieser Ergebnisse die beiden statisch Unbestimmten X_1, X_2 nach Gleichung (7.32) ermittelt.

Danach folgt mittels Superposition der resultierende Momentenverlauf des Ursprungssystems M:

$$M = M_0 + X_1 \cdot M_1 + X_2 \cdot M_2 \tag{7.35}$$

Damit sind die Berechnungen zur Bestimmung des Momentenverlaufes abgeschlossen. Wenn uns nun die Durchbiegung an einem beliebigen Punkt (in unserem Beispiel Punkt *D*) interessiert, müssen wir nach dem Prinzip der virtuellen Kräfte (PdvK) wiederum alle äußeren Belastungen entfernen und am gesuchten Punkt in gesuchter Richtung eine virtuelle Kraft δF einfügen. Anschließend müssen wir die gerade beschriebenen Berechnungsschritte wiederholen, um auch in den virtuellen

A
B
D
C
q_0
a
$\frac{a}{2}$
$\frac{a}{2}$
δF
w_D
0-System
M_0
$2 \cdot q_0 \cdot a^2$
δ0-System
δM_0
$\frac{3}{2} \cdot \delta F \cdot a$
1-System
$X_1 = "1"$
M_1
$X_1 \cdot a$
δ1-System
$\delta X_1 = "1"$
δM_1
$\delta X_1 \cdot a$
2-System
$X_2 = "1"$
M_2
$X_2 \cdot 2a$
δ2-System
$\delta X_2 = "1"$
δM_2
$\delta X_2 \cdot 2a$
M
δM

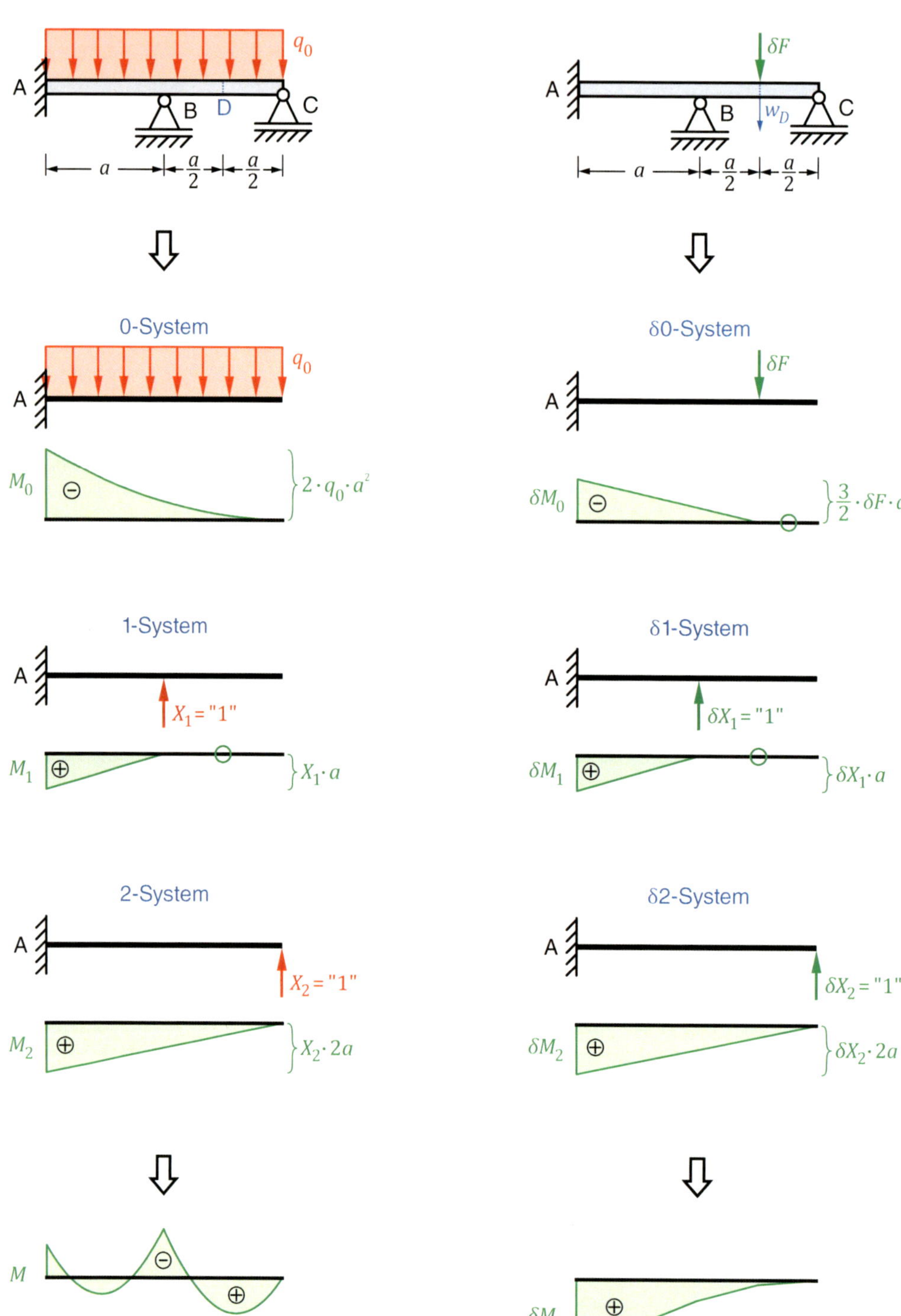

Abb. 7.15

δ0-, δ1- und δ2-Systemen die entsprechenden Momentenverläufe δM_0, δM_1, δM_2 zu erhalten. Damit ergibt sich der in ▶ Abb. 7.15 auf der rechten Seite dargestellte Berechnungsgang mit dem Ergebnis des superponierten virtuellen Momentenverlauf δM_0. Auch hierbei ist darauf zu achten, dass zur Bestimmung der Momentenverläufe δM_1, δM_2 als virtuelle statisch Unbestimmte eine Einheitskraft verwendet wird, also $\delta X_1 = \delta X_2 = "1"$. Danach folgt die Bestimmung der virtuellen Verschiebungen/Einflusszahlen nach Gleichung (7.33):

$$\delta w_{10} = \int_0^a \frac{\delta M_1 \cdot \delta M_0}{E \cdot I} \cdot dx \qquad \delta w_{20} = \int_0^{2a} \frac{\delta M_2 \cdot \delta M_0}{E \cdot I} \cdot dx$$
$$\delta \alpha_{11} = \int_0^a \frac{\delta M_1 \cdot \delta M_1}{E \cdot I} \cdot dx \qquad \delta \alpha_{12} = \int_0^a \frac{\delta M_1 \cdot \delta M_2}{E \cdot I} \cdot dx \qquad \delta \alpha_{22} = \int_0^{2a} \frac{\delta M_2 \cdot \delta M_2}{E \cdot I} \cdot dx \tag{7.36}$$

dann die virtuellen statisch Unbestimmten δX_1, δX_2 und abschließend durch Superposition der Momentenverlauf des Ursprungssystems δM infolge der virtuellen Kraft δF mit:

$$\delta M = \delta M_0 + \delta X_1 \cdot \delta M_1 + \delta X_2 \cdot \delta M_2 \tag{7.37}$$

Hier ist zu beachten, dass die beiden Momentenverläufe M_1 und δM_1, genauso wie die Momentenverläufe M_2 und δM_2, identisch sind, da ja alle vier Verläufe infolge der Einheitskraft $X_1 = X_2 - \delta X_1 = \delta X_2 = "1"$ ermittelt wurden. Jedoch ergeben sich aufgrund der unterschiedlichen Verschiebungen $w_{10} \neq \delta w_{10}$ und $w_{20} \neq \delta w_{20}$ unterschiedliche Ergebnisse der statisch Unbestimmten X_1, X_2 und δX_1, δX_2.

▶ Auch wenn die Momentenverläufe M_1 und δM_1 sowie M_2 und δM_2 identisch aussehen, da alle infolge der Einheitskraft "1" ermittelt wurden, sind jedoch nachfolgende Größen unterschiedlich:

- $w_{10} \neq \delta w_{10}$
- $w_{20} \neq \delta w_{20}$
- $X_1 \neq \delta X_1$
- $X_2 \neq \delta X_2$

Die eigentliche Berechnung der gesuchten Durchbiegung w_D am Punkt D kann dann mit dem PdvK und Gleichung (6.17) von S. 117 erfolgen, indem darin für $\delta F = "1"$ gesetzt wird:

$$w_D = \int_0^{2a} \frac{M \cdot \delta M}{E \cdot I} \cdot dx \tag{7.38}$$

Wie anhand dieser Ausführung leicht nachvollziehbar, sind recht viele Berechnungsschritte notwendig, um zum gewünschten Ergebnis zu gelangen. Daher wollen wir uns nun mit einer Reduzierung und damit Vereinfachung der Berechnungsschritte befassen.

Betrachten wir dazu die schon aufgestellte kinematische Beziehung an der Lagerstelle *B* nach Gleichung (7.31) von S. 137. In diese Gleichung setzen nun die Integralterme der Gleichungen (7.34) von S. 139 ein:

7

$$w_B = 0 = \int \frac{M_1 \cdot M_0}{E \cdot I} \cdot dx + X_1 \cdot \int \frac{M_1 \cdot M_1}{E \cdot I} \cdot dx + X_2 \cdot \int \frac{M_1 \cdot M_2}{E \cdot I} \cdot dx$$

Fassen wir die drei Integrale zusammen, ergibt sich der Momentenverlauf M des ursprünglichen Tragwerkes, vgl. Gleichung (7.35) auf S. 139:

$$w_B = 0 = \int \frac{M_1}{E \cdot I} \cdot (M_0 + X_1 \cdot M_1 + X_2 \cdot M_2) \cdot dx = \int \frac{M_1 \cdot M}{E \cdot I} \cdot dx$$

Aufgrund der kinematischen Beziehung muss das Integral zu null werden, da an der Lagerstelle ja keine Verschiebung vorhanden ist:

$$w_B = 0 = \int \frac{M_1 \cdot M}{E \cdot I} \cdot dx \tag{7.39}$$

Auf analoge Weise erhalten wir an der Lagerstelle C den Integralausdruck:

$$w_C = 0 = \int \frac{M_2 \cdot M}{E \cdot I} \cdot dx \tag{7.40}$$

Wenn dies am realen System so ist, können wir gleiches auch auf das virtuelle System übertragen. Mit analoger Vorgehensweise erhalten wir somit:

$$\delta w_B = 0 = \int \frac{\delta M_1 \cdot \delta M}{E \cdot I} \cdot dx \qquad \delta w_C = 0 = \int \frac{\delta M_2 \cdot \delta M}{E \cdot I} \cdot dx \tag{7.41}$$

Nun befassen wir uns mit Gleichung (7.38) von S. 141. Als erstes setzen wir darin den Ausdruck nach Gleichung (7.35) von S. 139 ein:

$$w_D = \int \frac{M \cdot \delta M}{E \cdot I} \cdot dx = \int \frac{\delta M}{E \cdot I} \cdot (M_0 + X_1 \cdot M_1 + X_2 \cdot M_2) \cdot dx$$

Den Klammerausdruck lösen wir entsprechend auf, indem wir das Integral in die Klammer ziehen. Wir erhalten drei Integralausdrücke, wobei nur das erste Integral auswertbar ist, da die beiden übrigen zu null werden:

$$w_D = \int \frac{\delta M \cdot M_0}{E \cdot I} \cdot dx + X_1 \cdot \underbrace{\int \frac{\delta M \cdot M_1}{E \cdot I} \cdot dx}_{=0} + X_2 \cdot \underbrace{\int \frac{\delta M \cdot M_2}{E \cdot I} \cdot dx}_{=0} \tag{7.42}$$

Die Erklärung ergibt sich aufgrund der Momentenverläufe von realem und virtuellem System, siehe ▸ Abb. 7.15. Da die Verläufe M_1 und δM_1 sowie M_2 und δM_2 identisch sind (alle wurden ja infolge der Einheitskraft "1" ermittelt), können wir in den Integralen (7.42) M_1 durch δM_1 sowie M_2 durch δM_2 austauschen. Nach (7.41) entsprechen diese beiden Integrale den kinematischen Beziehungen, welche zu null werden müssen.

Auf ein analoges Ergebnis kommen wir, wenn in Gleichung (7.38) von S. 141 der Ausdruck nach Gleichung (7.37) von S. 141 eingesetzt wird:

$$w_D = \int \frac{M \cdot \delta M_0}{E \cdot I} \cdot dx + X_1 \cdot \underbrace{\int \frac{M \cdot \delta M_1}{E \cdot I} \cdot dx}_{=0} + X_2 \cdot \underbrace{\int \frac{M \cdot \delta M_2}{E \cdot I} \cdot dx}_{=0} \tag{7.43}$$

Mit dieser Erkenntnis bleiben uns insgesamt drei Möglichkeiten, um die Durchbiegung w_D zu berechnen:

$$w_D = \int \frac{M \cdot \delta M}{E \cdot I} \cdot dx = \int \frac{\delta M \cdot M}{E \cdot I} \cdot dx = \int \frac{M \cdot \delta M_0}{E \cdot I} \cdot dx \quad (7.44)$$

Von diesen drei Integralen ist der letzte Ausdruck für die praktische Anwendung am vorteilhaftesten, da dieser den geringsten Aufwand erfordert. Die Momentenverläufe M_0, M_1, M_2 werden ohnehin benötigt, um den resultierenden Verlauf M zu bestimmen. Dagegen erfordert der resultierende Momentenverlauf δM einigen Aufwand, da zuvor δM_0, δM_1, δM_2 zu bestimmen sind. Somit braucht beim letzten Integralausdruck neben M lediglich noch δM_0 bestimmt zu werden, um die gewünschte Durchbiegung w_D berechnen zu können.

Dieser eben gezeigte Zusammenhang wird als *Reduktionssatz* bezeichnet. Ganz allgemein formuliert lautet der Reduktionssatz:

Reduktionssatz

Die Verschiebung f an einem beliebigen Punkt in einem statisch unbestimmten System ergibt sich durch Überlagerung der realen Schnittgrößenverläufe N, Q, M, T des unbestimmten Systems mit den virtuellen Schnittgrößenverläufen δN_0, δQ_0, δM_0, δT_0 infolge der Einheitskraft δF = "1" am statisch bestimmten 0-System:

$$f = \int_0^l \left(\frac{N \cdot \delta N_0}{E \cdot A} + \frac{M \cdot \delta M_0}{E \cdot I} + \frac{Q \cdot \delta Q_0}{\kappa \cdot G \cdot A} + \frac{T \cdot \delta T_0}{G \cdot I_t} \right) \cdot dx \quad (7.45)$$

Der Reduktionssatz gilt selbstverständlich auch zur Ermittlung einer Verdrehung ψ an einem beliebigen Punkt. Hier muss entsprechend dann an diesem Punkt ein Einheitsmoment δM = "1" aufgebracht werden.

7.3.4 Nachteile

Das KGV basiert auf dem Schnittprinzip und den Verformungsbedingungen. Dazu muss das ursprünglich statisch unbestimmte Tragwerk in ein statisch bestimmtes Tragwerk überführt werden. Dementsprechend ergibt sich eine bestimmte Anzahl an Hilfstragwerken. Für die Identifikation des statisch bestimmten Grundtragwerkes ist jedoch keine richtige Systematik bekannt. Vielmehr hängt das Aussehen des statisch bestimmten 0-Systems von der menschlichen Phantasie des Lesers ab. Somit ist eine modulare Berechnung von Tragwerken mit vorgefertigten Elementen nicht möglich und eine entsprechende allgemeingültige computergestützte Berechnung nicht zu realisieren. Aus diesem Grund eignet sich das Kraftgrößenverfahren auch nur für eine Handrechnung.

Ist eine computergestützte Berechnung gewünscht, sei an dieser Stelle auf das *Weggrößenverfahren* der einschlägigen Literatur hingewiesen.

7.3.5 Höhergradig statisch unbestimmte Tragwerke

Anhand dieser beiden Beispiele können wir direkt die Behandlung höhergradig statisch unbestimmter Tragwerke ableiten. Dann erhalten wir bei einem *n-fach* statisch unbestimmten Tragwerk folgendes Gleichungssystem der kinematischen Beziehungen:

$$\begin{aligned} w_{10} + \alpha_{11} \cdot X_1 + \alpha_{12} \cdot X_2 + \alpha_{13} \cdot X_3 + \dots + \alpha_{1n} \cdot X_n &= 0 \\ w_{20} + \alpha_{21} \cdot X_1 + \alpha_{22} \cdot X_2 + \alpha_{23} \cdot X_3 + \dots + \alpha_{2n} \cdot X_n &= 0 \\ &\vdots \\ w_{n0} + \alpha_{n1} \cdot X_1 + \alpha_{n2} \cdot X_2 + \alpha_{n3} \cdot X_3 + \dots + \alpha_{nn} \cdot X_n &= 0 \end{aligned} \tag{7.46}$$

Wird darin der Satz von MAXWELL berücksichtigt und dieses Gleichungssystem in Matrix-Schreibweise aufgeführt, folgt:

$$\begin{bmatrix} \alpha_{11} & \alpha_{12} & \dots & \alpha_{1n} \\ \alpha_{12} & \alpha_{22} & \dots & \alpha_{2n} \\ \vdots & \vdots & \ddots & \vdots \\ \alpha_{1n} & \alpha_{2n} & \dots & \alpha_{nn} \end{bmatrix} \cdot \begin{pmatrix} X_1 \\ X_2 \\ \vdots \\ X_n \end{pmatrix} = - \begin{pmatrix} w_{10} \\ w_{20} \\ \vdots \\ w_{n0} \end{pmatrix} \tag{7.47}$$

Die sich hier ergebende Matrix der Einflusszahlen ist aufgrund des Satzes von MAXWELL immer *symmetrisch*.

Die weiteren Schritte ergeben sich dann analog zu den zuvor gezeigten Beispielen.

Auch wenn dies auf den ersten Blick nach einer entsprechenden computergestützten Berechnung aussieht, so sind jedoch die davor durchzuführenden Schritte vom Anwender abhängig. Die eigentliche Berechnung beginnt schließlich mit dem statisch bestimmten 0-System. Alle sich daran anschließenden Berechnungsschritte können selbstverständlich computergestützt umgesetzt werden.

Vorgehensweise

- Abzählkriterium, um den Grad der statischen Unbestimmtheit zu prüfen: $x = r + v - k \cdot n$
- Identifizierung eines statisch bestimmten 0-Systems durch Lösen von x Bindungen.
- Die Anzahl der gelösten Bindungen entspricht der Anzahl der statisch Unbestimmten X_i. Für jede Unbestimmte X_i ist ein *i*-System zu erstellen.
- 0-System: Belastung infolge der *realen Belastung* und Berechnung der relevanten Schnittgrößenverläufe N, Q, M, T.
- *i*-Systeme: reale Belastungen entfernen und Tragwerk *nur* durch die Einheitsbelastung X_i = "1" belasten (dabei kann die Einheitsbelastung eine Kraft oder ein Moment sein). Damit die gleichen relevanten Schnittgrößenverläufe N_i, Q_i, M_i, T_i berechnen.
- Bestimmung der Verschiebungen/Einflusszahlen nach Gleichung (7.33) auf S. 138:

$$w_{ik} = \alpha_{ik} = \int_0^l \frac{M_i \cdot M_k}{E \cdot I} \cdot dx$$

- Aufstellen der kinematischen Beziehungen:

$$w_{10} + \alpha_{11} \cdot X_1 + \alpha_{12} \cdot X_2 + \alpha_{13} \cdot X_3 + \cdots + \alpha_{1n} \cdot X_n = 0$$
$$\vdots$$
$$w_{n0} + \alpha_{n1} \cdot X_1 + \alpha_{n2} \cdot X_2 + \alpha_{n3} \cdot X_3 + \cdots + \alpha_{nn} \cdot X_n = 0$$

- Gleichungssystem nach den statisch Unbestimmten X_i auflösen.
- Schnittgrößenverläufe aller Systeme zu den resultierenden Schnittgrößenverläufen des unbestimmten Tragwerkes überlagern:

$$N = N_0 + X_1 \cdot N_1 + X_2 \cdot N_2 + \cdots + X_n \cdot N_n$$

$$Q = Q_0 + X_1 \cdot Q_1 + X_2 \cdot Q_2 + \cdots + X_n \cdot Q_n$$

$$M = M_0 + X_1 \cdot M_1 + X_2 \cdot M_2 + \cdots + X_n \cdot M_n$$

$$T = T_0 + X_1 \cdot T_1 + X_2 \cdot T_2 + \cdots + X_n \cdot T_n$$

- δ0-System: Belastung infolge einer virtuellen Kraft δF = "1" (bzw. Moment δM = "1") am Punkt der gesuchten Verschiebung f (bzw. Verdrehung ψ) und Berechnung der gleichen relevanten virtuellen Schnittgrößenverläufe δN_0, δQ_0, δM_0, δT_0.
- Einsetzen in den *Reduktionssatz* (7.45) auf S. 143, um die gesuchte Verschiebung f (bzw. Verdrehung ψ) zu bestimmen:

$$f = \int_0^l \left(\frac{N \cdot \delta N_0}{E \cdot A} + \frac{M \cdot \delta M_0}{E \cdot I} + \frac{Q \cdot \delta Q_0}{\kappa \cdot G \cdot A} + \frac{T \cdot \delta T_0}{G \cdot I_t} \right) \cdot dx$$

Hinweis: Zur Auswertung der hier vorkommenden Integralterme kann für eine Handrechnung die Integraltafel ▸ Tab. 10-2 auf S. 185 ff. verwendet werden.

7

Beispiel 7.1

Ein masseloser Balken ($a = 1$ m, $E = 210.000$ MPa, $I = 4{,}2$ cm^4) wird durch eine konstante Streckenlast $q_0 = 3$ kN/m belastet.

Berechnen Sie die vertikale Durchbiegung am Punkt *D* infolge reiner Biegung.

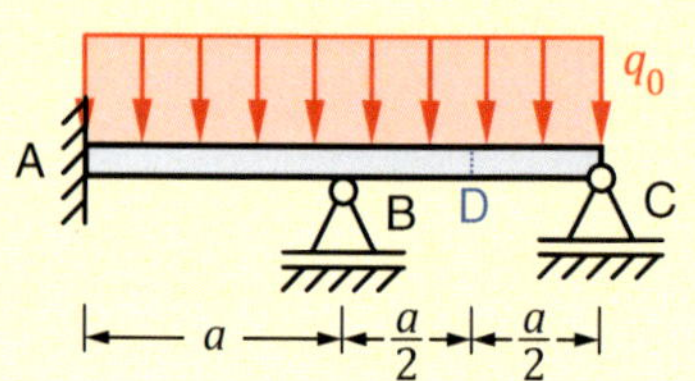

Lösung

Es handelt sich hier um einen *2-fach* statisch unbestimmten Balken. Somit müssen wir zwei Bindungen lösen, um daraus das statisch bestimmte 0-System zu bilden. Wir entfernen die beiden gelenkigen Loslager *B* und *C* und ersetzen diese durch die beiden statisch Unbestimmten X_1 und X_2. Zudem brauchen wir im weiteren Verlauf nur die Momentenverläufe, da wir ja nur die reine Biegung zu berücksichtigen haben.

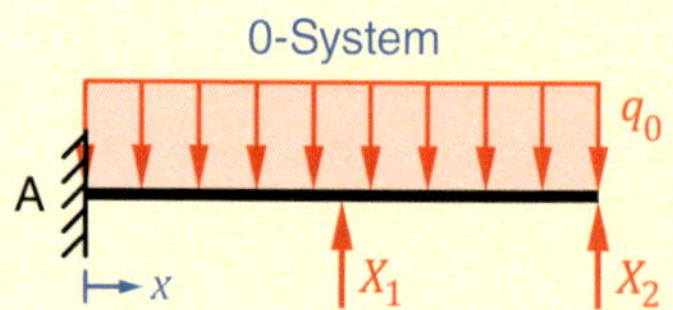

Dann bestimmen wir den Momentenverlauf M_0 infolge der realen Belastung durch die Streckenlast q_0:

$$M_0 = q_0 \cdot \left(-\frac{1}{2} \cdot x^2 + 2 \cdot a \cdot x - 2 \cdot a^2\right)$$

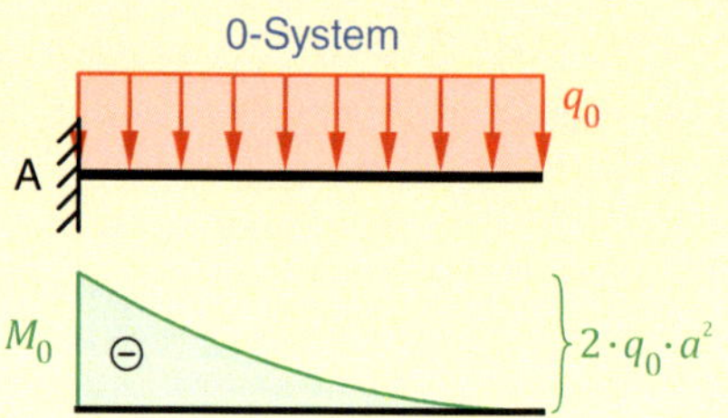

Als nächstes entfernen wir sämtliche Belastungen und fügen im jetzt vorliegenden 1-System lediglich eine Einheitskraft "1" an die Stelle des Lagers *B* an. Damit ergibt sich für den zugehörigen Momentenverlauf M_1:

$$M_1 = "1" \cdot (a - x)$$

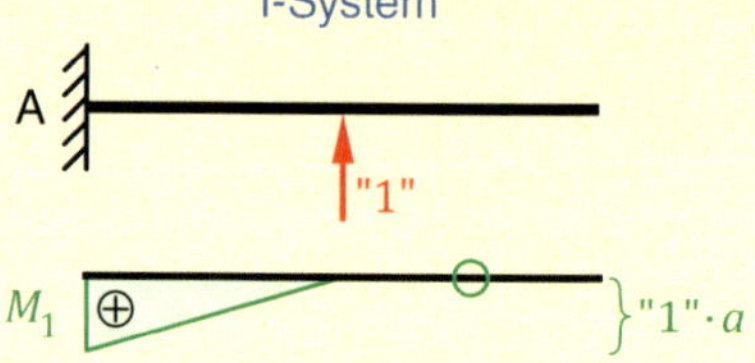

Analog dazu belasten wir das 2-System an der Lagerstelle C mit der Einheitskraft "1" und bestimmten den zugehörigen Momentenverlauf M_2:

$$M_2 = "1" \cdot (2 \cdot a - x)$$

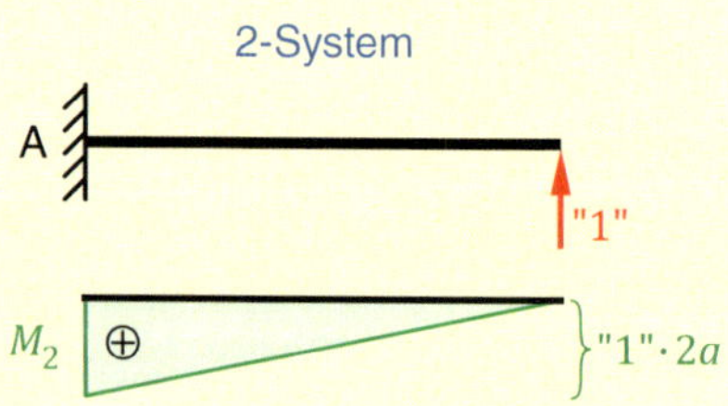

Mit den nun vorhandenen Momentenverläufen M_0, M_1, M_2 werden als nächstes nach Gleichung (7.33) auf S. 138 die entsprechenden Verschiebungen an den beiden Lagerstellen *B* (Punkt 1) und *C* (Punkt 2) sowie die zugehörigen Einflusszahlen bestimmt:

$$w_{10} = \int_0^a \frac{M_1 \cdot M_0}{E \cdot I} \cdot dx = -\frac{17}{24} \cdot \frac{q_0 \cdot a^4}{E \cdot I} \qquad w_{20} = \int_0^{2a} \frac{M_2 \cdot M_0}{E \cdot I} \cdot dx = -2 \cdot \frac{q_0 \cdot a^4}{E \cdot I}$$

$$\alpha_{11} = \int_0^a \frac{M_1 \cdot M_1}{E \cdot I} \cdot dx = \frac{1}{3} \cdot \frac{a^3}{E \cdot I} \qquad \alpha_{12} = \int_0^a \frac{M_1 \cdot M_2}{E \cdot I} \cdot dx = \frac{5}{6} \cdot \frac{a^3}{E \cdot I}$$

$$\alpha_{22} = \int_0^{2a} \frac{M_2 \cdot M_2}{E \cdot I} \cdot dx = \frac{8}{3} \cdot \frac{a^3}{E \cdot I}$$

Mithilfe der Einflusszahlen können wir die kinematischen Beziehungen für die beiden Lagerstellen *B* und *C* aufstellen und entsprechend nach den beiden darin vorkommenden statisch Unbestimmten X_1 und X_2 auflösen:

$$w_B = w_{10} + \alpha_{11} \cdot X_1 + \alpha_{12} \cdot X_2 = 0 \quad \rightarrow \quad X_1 = \frac{-w_{10} \cdot \alpha_{22} + w_{20} \cdot \alpha_{12}}{\alpha_{11} \cdot \alpha_{22} - \alpha_{12}^2} = \frac{8}{7} \cdot q_0 \cdot a$$

$$w_C = w_{20} + \alpha_{12} \cdot X_1 + \alpha_{22} \cdot X_2 = 0 \quad \rightarrow \quad X_2 = \frac{-w_{20} \cdot \alpha_{11} + w_{10} \cdot \alpha_{12}}{\alpha_{11} \cdot \alpha_{22} - \alpha_{12}^2} = \frac{11}{28} \cdot q_0 \cdot a$$

Den resultierenden Momentenverlauf M erhalten wir durch Superposition der Momentenverläufe M_0, M_1, M_2. Setzen wir alle Ergebnisse in die Gleichung ein und bilden die entsprechende mathematische Verlaufsfunktion, müssen wir darauf achten, dass der Momentenverlauf M_1 nur im Bereich $0 < x < a$ gilt und danach null ist. Somit erhalten wir zwei Funktionsverläufe für die beiden Bereiche $0 < x < a$ und $a < x < 2a$.

$$M = M_0 + X_1 \cdot M_1 + X_2 \cdot M_2$$

$$M_{(0<x<a)} = q_0 \cdot \left(-\frac{1}{2} \cdot x^2 + \frac{13}{28} \cdot a \cdot x - \frac{1}{14} \cdot a^2\right)$$

$$M_{(a<x<2a)} = q_0 \cdot \left(-\frac{1}{2} \cdot x^2 + \frac{45}{28} \cdot a \cdot x - \frac{17}{14} \cdot a^2\right)$$

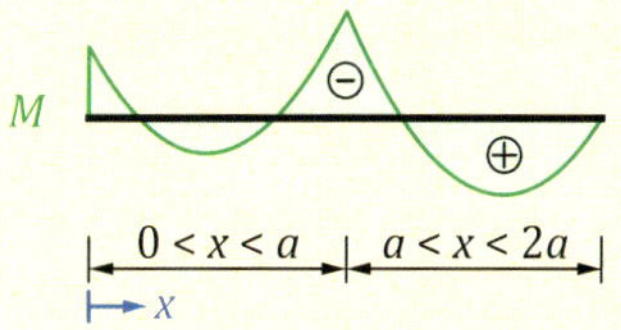

Da wir am Punkt *D* die vertikale Durchbiegung bestimmen wollen, müssen wir im virtuellen δ0-System alle Belastungen entfernen und eine virtuelle Einheitskraft "1" in Richtung der gesuchten Durchbiegung aufbringen. Der entsprechende Momentenverlauf δM_0 folgt damit zu:

$$\delta M_0 = "1" \cdot \left(x - \frac{3}{2} \cdot a\right)$$

Dies alles müssen wir nun in den Reduktionssatz nach Gleichung (7.45) auf S. 143 einsetzen. Auch hier ist wieder zu beachten, dass wir für den realen Momentenverlauf M zwei Funktionen für die beiden Bereiche $0 < x < a$ und $a < x < 2a$ vorliegen haben. Zudem ist der virtuelle Momentenverlauf δM_0 nur für den Bereich $0 < x < 3/2 \cdot a$ definiert und danach null. Somit sind auch hier wieder zwei Funktionen zu bilden und das Integral darüber zu berechnen. Wir bestimmen uns also die gesuchte Durchbiegung w_D durch zwei Berechnungen innerhalb der beiden Bereiche $0 < x < a$ und $a < x < 3/2 \cdot a$:

$$w_{D,(0<x<a)} = \int_0^a \frac{M \cdot \delta M_0}{E \cdot I} \cdot dx = \int_0^a \frac{q_0 \cdot \left(-\frac{1}{2} \cdot x^2 + \frac{13}{28} \cdot a \cdot x - \frac{1}{14} \cdot a^2\right) \cdot \left(x - \frac{3}{2} \cdot a\right)}{E \cdot I} \cdot dx$$

$$w_{D,(0<x<a)} = \frac{1}{336} \cdot \frac{q_0 \cdot a^4}{E \cdot I}$$

$$w_{D,(a<x<3/2 \cdot a)} = \int_a^{\frac{3}{2} \cdot a} \frac{M \cdot \delta M_0}{E \cdot I} \cdot dx = \int_a^{\frac{3}{2} \cdot a} \frac{q_0 \cdot \left(-\frac{1}{2} \cdot x^2 + \frac{45}{28} \cdot a \cdot x - \frac{17}{14} \cdot a^2\right) \cdot \left(x - \frac{3}{2} \cdot a\right)}{E \cdot I} \cdot dx$$

$$w_{D,(0<x<3/2 \cdot a)} = \frac{3}{896} \cdot \frac{q_0 \cdot a^4}{E \cdot I}$$

Diese beiden Anteile brauchen wir nur noch zu addieren und erhalten damit als Ergebnis:

$$w_D = w_{D,(0<x<a)} + w_{D,(a<x<3/2 \cdot a)} = \frac{17}{2688} \cdot \frac{q_0 \cdot a^4}{E \cdot I} \qquad \rightarrow \quad \underline{\underline{w_D = 2{,}15\, mm}}$$

Beispiel 7.2

Das nebenstehende masselose Tragwerk (a = 1 m, E = 210.000 MPa, I = 42 cm^4) wird durch eine Streckenlast q_0 = 200 N/m belastet.

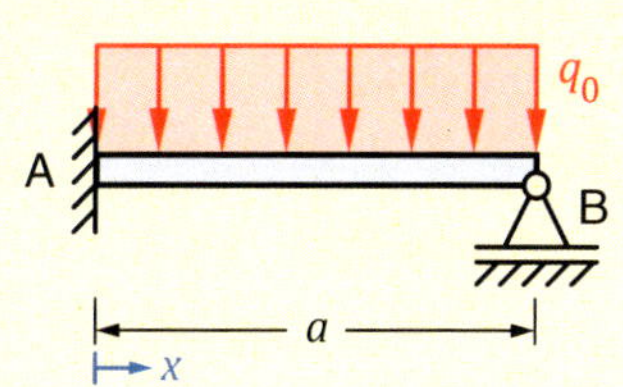

Berechnen Sie die vertikale Durchbiegung in der Balkenmitte infolge Biegung.

Lösung

Wir haben hier einen *1-fach* statisch unbestimmten Balken vorliegen. Als statisch bestimmtes 0-System wählen wir den klassischen Kragträger, also den Balken ohne das Lager *B*. Da wir nur die Durchbiegung in Balkenmitte bei $x = a/2$ infolge Biegung bestimmen müssen, benötigen wir auch nur die entsprechenden Momentenverläufe.

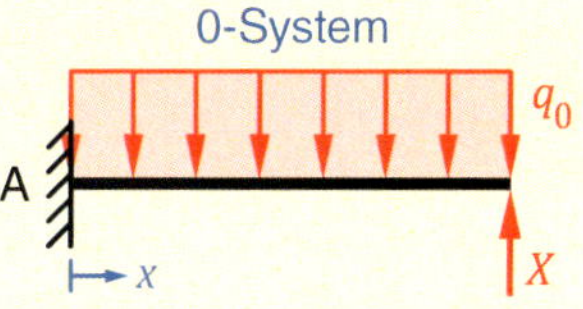

Für das 0-System, durch die reale Belastung erfährt, erhalten wir für den Momentenverlauf M_0:

$$M_0 = q_0 \cdot \left(-\frac{1}{2} \cdot x^2 + a \cdot x - \frac{1}{2} \cdot a^2\right)$$

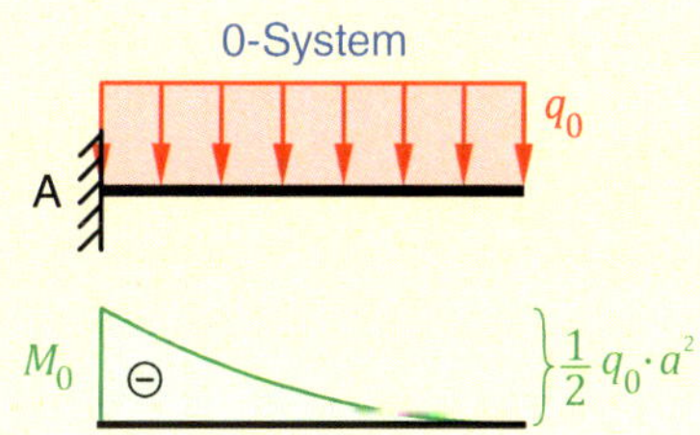

Als nächstes entfernen wir sämtliche Belastungen und fügen im jetzt vorliegenden 1-System die Einheitskraft "1" an die Stelle des Lagers *B* an. Damit ergibt sich für den zugehörigen Momentenverlauf M_1:

$$M_1 = "1" \cdot (a - x)$$

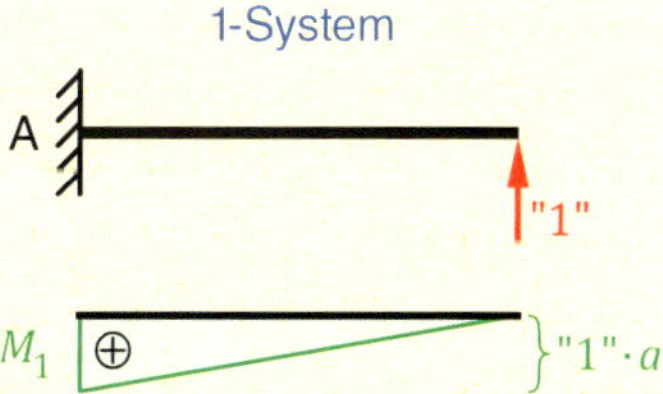

Mit den nun vorhandenen Momentenverläufen M_0, M_1 berechnen wir nach Gleichung (7.33) auf S. 138 die Verschiebung w_{10} und Einflusszahl α_{11}, um damit die statisch Unbestimmte X nach Gleichung (7.28) auf S. 136 zu erhalten:

$$w_{10} = \int_0^a \frac{M_1 \cdot M_0}{E \cdot I} \cdot dx = -\frac{1}{8} \cdot \frac{q_0 \cdot a^4}{E \cdot I} \qquad \alpha_{11} = \int_0^a \frac{M_1 \cdot M_1}{E \cdot I} \cdot dx = \frac{1}{3} \cdot \frac{a^3}{E \cdot I}$$

$$X = -\frac{w_{10}}{\alpha_{11}} = \frac{3}{8} \cdot q_0 \cdot a$$

7

Damit können wir den resultierenden Momentenverlauf M nach Gleichung (7.35) von S. 139 durch Superposition der Momentenverläufe M_0, M_1 und der statisch Unbestimmten X bilden:

$$M = M_0 + X \cdot M_1$$

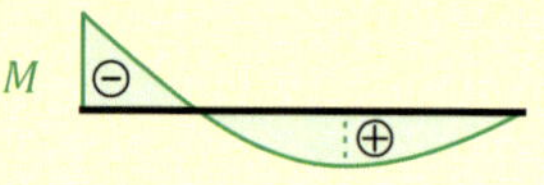

$$M = q_0 \cdot \left(-\frac{1}{2} \cdot x^2 + \frac{5}{8} \cdot a \cdot x - \frac{1}{8} \cdot a^2\right)$$

Nun müssen wir noch die gesuchte vertikale Durchbiegung $w_{(x=a/2)}$ in Balkenmitte bestimmen. Dazu entfernen wir im virtuellen δ0-System alle Belastungen und bringen eine virtuelle Einheitskraft "1" in Richtung der gesuchten Durchbiegung auf. Der entsprechende Momentenverlauf δM_0 folgt damit zu:

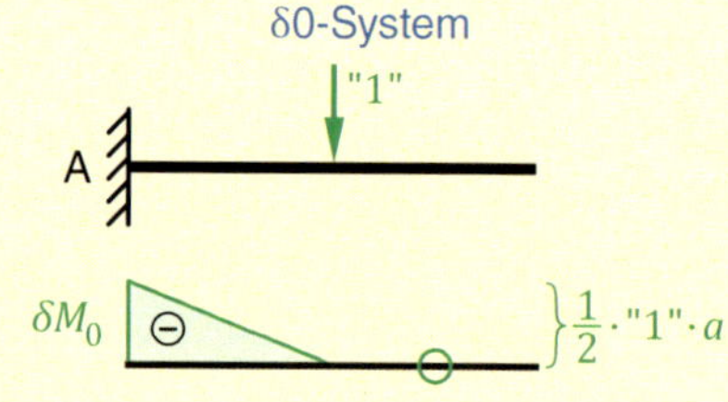

$$\delta M_0 = \text{"1"} \cdot \left(x - \frac{1}{2} \cdot a\right)$$

Dies alles setzen wir nun in den Reduktionssatz (7.45) auf S. 143 ein und erhalten damit die gesuchte vertikale Durchbiegung in Balkenmitte:

$$w_{(x=a/2)} = \int_0^{\frac{a}{2}} \frac{M \cdot \delta M_0}{E \cdot I} \cdot dx = \int_0^{a} \frac{q_0 \cdot \left(-\frac{1}{2} \cdot x^2 + \frac{5}{8} \cdot a \cdot x - \frac{1}{8} \cdot a^2\right) \cdot \left(x - \frac{1}{2} \cdot a\right)}{E \cdot I} \cdot dx$$

$$\underline{\underline{w_{(x=a/2)} = \frac{1}{192} \cdot \frac{q_0 \cdot a^4}{E \cdot I}}} = 0{,}012\ mm$$

Beispiel 7.3

Der nebenstehende masselose Rahmen (a = 1 m, E = 210.000 MPa, I = 15 cm^4) wird durch eine Kraft F = 350 N belastet.

Berechnen Sie die horizontale Verschiebung sowie den Verdrehwinkel am Kraftangriffspunkt infolge Biegung.

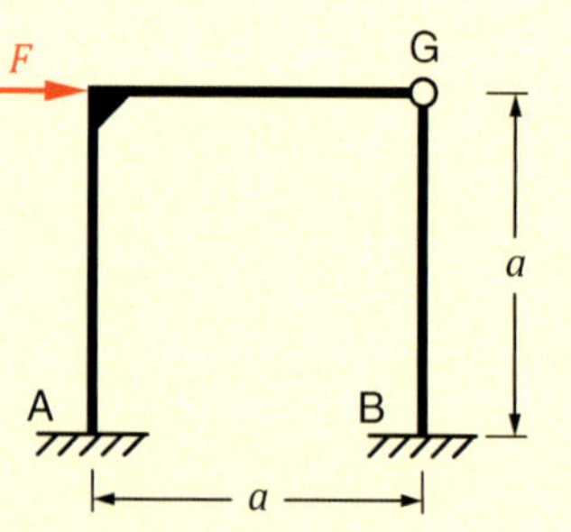

Lösung

Wir haben hier einen *2-fach* statisch unbestimmten Rahmen vorliegen. Um die statische Bestimmtheit herzustellen, ersetzen wir die Einspannung *B* durch ein gelenkiges Loslager in vertikaler Richtung. Damit verbunden ergeben sich zwei statisch Unbestimmte. Die Unbestimmte X_1 ist demnach eine Kraft und X_2 ein Moment. Bei der Bestimmung der Momentenverläufe wählen wir die Laufkoordinaten x_i wie nebenstehend dargestellt.

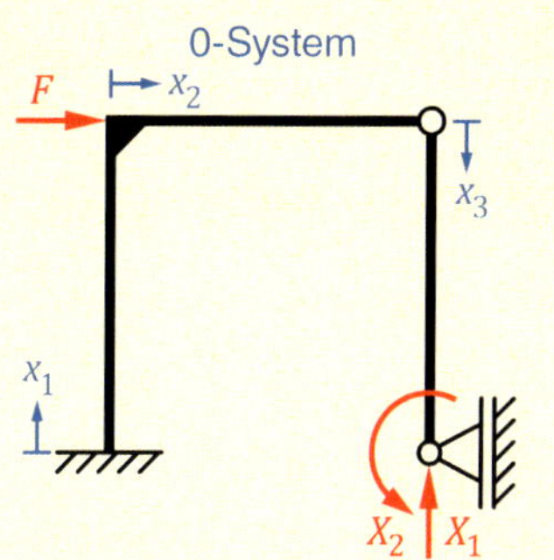

Als erstes bestimmen wir den Momentenverlauf M_0 infolge der realen Belastung durch die Kraft F:

$$M_{0(x_1)} = F \cdot (x - a)$$

$$M_{0(x_2)} = 0$$

$$M_{0(x_3)} = 0$$

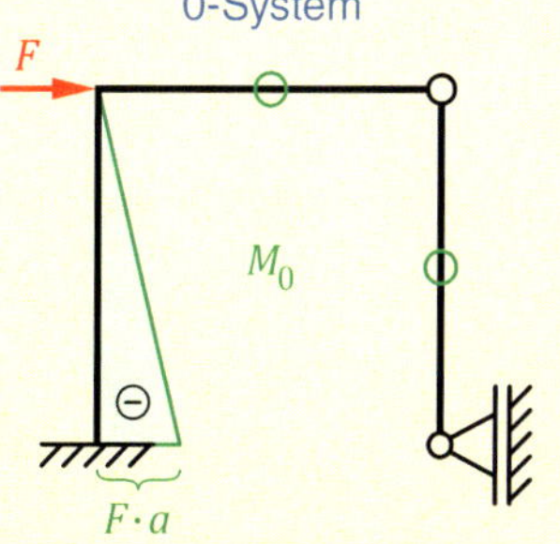

Nun entfernen wir sämtliche Belastungen und belasten das vorliegende 1-System lediglich mit einer Einheitskraft "1" an der Stelle der statisch Unbestimmten X_1. Der zugehörigen Momentenverlauf M_1 ist dann:

$$M_{1(x_1)} = "1" \cdot a$$

$$M_{1(x_2)} = "1" \cdot (a - x)$$

$$M_{1(x_2)} = "0$$

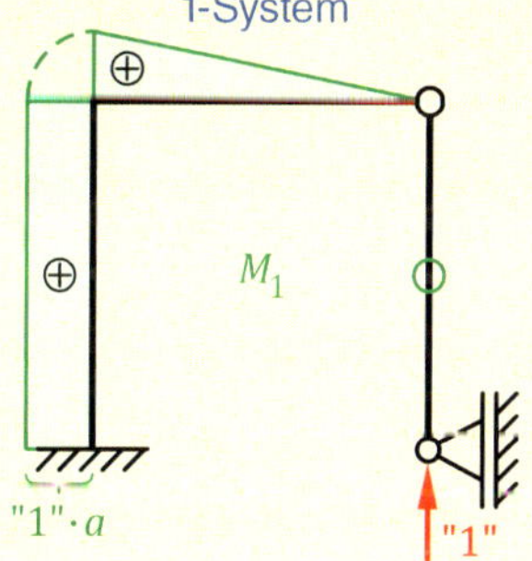

Analog dazu belasten wir das 2-System mit dem Einheitsmoment "1" und erhalten für den zugehörigen Momentenverlauf M_2:

$$M_{2(x_1)} = "1" \cdot \left(1 - \frac{x}{a}\right)$$

$$M_{2(x_2)} = 0$$

$$M_{2(x_3)} = "1" \cdot \frac{x}{a}$$

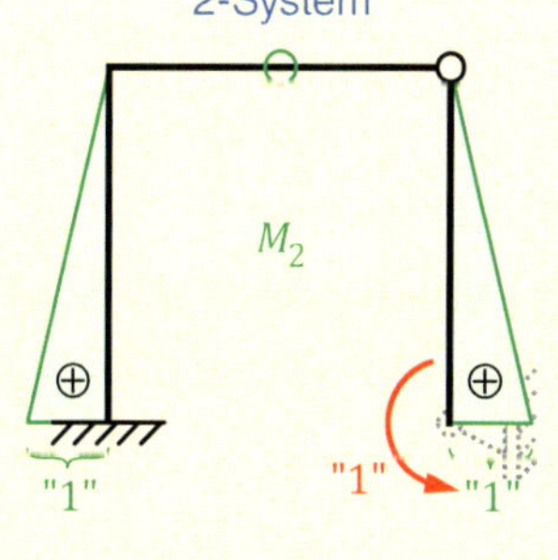

Mit den nun vorhandenen Momentenverläufen M_0, M_1, M_2 bestimmen wir nach Gleichung (7.33) auf S. 138 die entsprechenden Verschiebungen und Einflusszahlen. Da die Momentenverläufe recht einfach sind, verwenden wir für die Auswertung die Integraltafel ▸ Tab. 10-2 auf S. 185 ff. Zu beachten ist, dass wir die Integralterme über alle drei Bereiche x_1 bis x_3 bestimmen müssen. Als Ergebnisse erhalten wir dann:

$$w_{10} = \int \frac{M_1 \cdot M_0}{E \cdot I} \cdot dx = \frac{1}{E \cdot I} \cdot \frac{1}{2} \cdot a \cdot "1" \cdot a \cdot (-F \cdot a) \qquad = -\frac{1}{2} \cdot \frac{F \cdot a^3}{E \cdot I}$$

$$w_{20} = \int \frac{M_2 \cdot M_0}{E \cdot I} \cdot dx = \frac{1}{E \cdot I} \cdot \frac{1}{3} \cdot a \cdot "1" \cdot (-F \cdot a) \qquad = -\frac{1}{3} \cdot \frac{F \cdot a^2}{E \cdot I}$$

$$\alpha_{11} = \int \frac{M_1 \cdot M_1}{E \cdot I} \cdot dx = \frac{1}{E \cdot I} \cdot \left(a \cdot "1" \cdot a \cdot "1" \cdot a + \frac{1}{3} \cdot a \cdot "1" \cdot a \cdot "1" \cdot a\right) \qquad = \frac{4}{3} \cdot \frac{a^3}{E \cdot I}$$

$$\alpha_{12} = \int \frac{M_1 \cdot M_2}{E \cdot I} \cdot dx = \frac{1}{E \cdot I} \cdot \frac{1}{2} \cdot a \cdot "1" \cdot a \cdot "1" \qquad = \frac{1}{2} \cdot \frac{a^2}{E \cdot I}$$

$$\alpha_{22} = \int \frac{M_2 \cdot M_2}{E \cdot I} \cdot dx = \frac{1}{E \cdot I} \cdot \left(\frac{1}{3} \cdot a \cdot "1" \cdot "1" + \frac{1}{3} \cdot a \cdot "1" \cdot "1"\right) \qquad = \frac{2}{3} \cdot \frac{a}{E \cdot I}$$

Mithilfe der Verschiebungen und Einflusszahlen können wir die beiden kinematischen Beziehungen für die Lagerstelle *B* aufstellen und entsprechend nach den beiden darin enthaltenen statisch Unbestimmten X_1 und X_2 auflösen:

$$u_B = w_{10} + \alpha_{11} \cdot X_1 + \alpha_{12} \cdot X_2 = 0 \qquad \rightarrow \; X_1 = \frac{-w_{10} \cdot \alpha_{22} + w_{20} \cdot \alpha_{12}}{\alpha_{11} \cdot \alpha_{22} - \alpha_{12}^2} = \frac{6}{23} \cdot F$$

$$\psi_B = w_{20} + \alpha_{12} \cdot X_1 + \alpha_{22} \cdot X_2 = 0 \qquad \rightarrow \; X_2 = \frac{-w_{20} \cdot \alpha_{11} + w_{10} \cdot \alpha_{12}}{\alpha_{11} \cdot \alpha_{22} - \alpha_{12}^2} = \frac{7}{23} \cdot F \cdot a$$

Anhand der Einheiten der Ergebnisse ist auch ersichtlich, dass es sich bei der statisch Unbestimmten X_1 um eine Kraft und bei X_2 um ein Moment handelt.

Den resultierenden Momentenverlauf M erhalten wir nach Gleichung (7.35) von S. 139 durch Superposition der Momentenverläufe M_0, M_1, M_2 und der statisch Unbestimmten X_1, X_2. Auch hier müssen wir wieder die drei Bereich getrennt voneinander berechnen:

$$M_{(x_1)} = F \cdot \left(\frac{16}{23} \cdot x - \frac{10}{23} \cdot a\right)$$

$$M_{(x_2)} = \frac{6}{23} \cdot F \cdot (a - x)$$

$$M_{(x_3)} = \frac{7}{23} \cdot F \cdot x$$

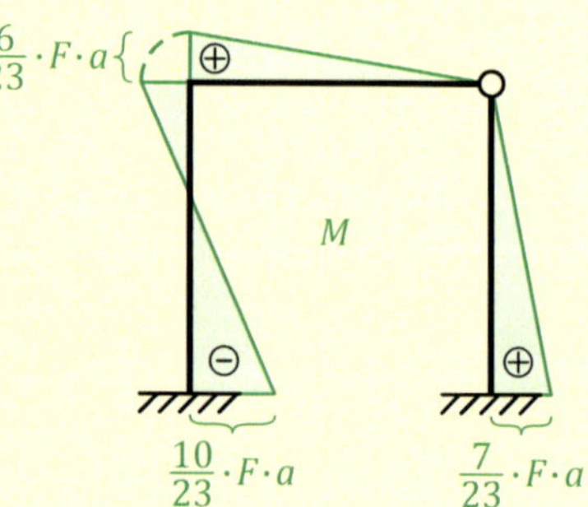

Nun müssen wir noch den Verdrehwinkel und horizontale Verschiebung am Kraftangriffspunkt der Kraft F berechnen. Wir wollen mit der Bestimmung des Verdrehwinkels beginnen.

Dazu entfernen wir sämtliche Belastungen des statisch bestimmten 0-Systems und fügen ein Einheitsmoment "1" an die Angriffsstelle der Kraft F an. Damit ergibt sich für den Momentenverlauf δM_{10}:

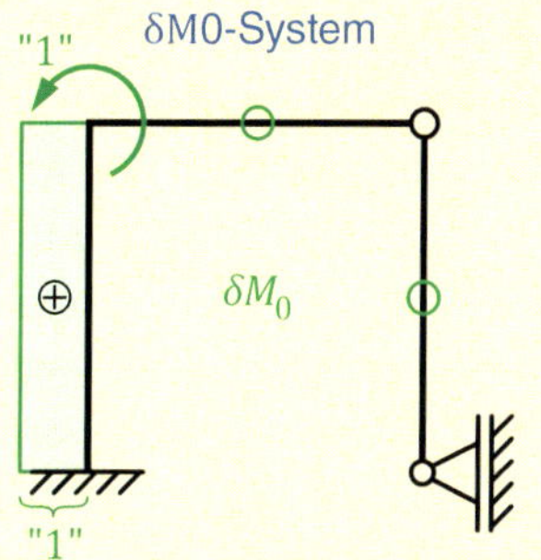

$$\delta M_{0(x_1)} = \text{"1"}$$

$$\delta M_{0(x_2)} = 0$$

$$\delta M_{0(x_3)} = 0$$

Mithilfe des Reduktionssatzes nach Gleichung (7.45) auf S. 143 können wir nun durch Superposition des realen Momentenverlaufes M mit dem virtuellen Momentenverlauf δM_0 den gesuchten Verdrehwinkel bestimmen:

$$\psi = \int_0^a \frac{M \cdot \delta M_0}{E \cdot I} \cdot dx = \frac{1}{E \cdot I} \cdot F \cdot \left(\frac{8}{23} \cdot a^2 - \frac{10}{23} \cdot a^2\right) \quad \rightarrow \quad \psi = -\frac{2}{23} \cdot \frac{F \cdot a^2}{E \cdot I} = -0{,}0014$$

Um die gesuchte Verschiebung zu bestimmen, gehen wir analog vor. Wir belasten das 0-System mit einer Einheitskraft "1" in Richtung der gesuchten Verschiebung und bestimmten den zugehörigen Momentenverlauf δFM_0:

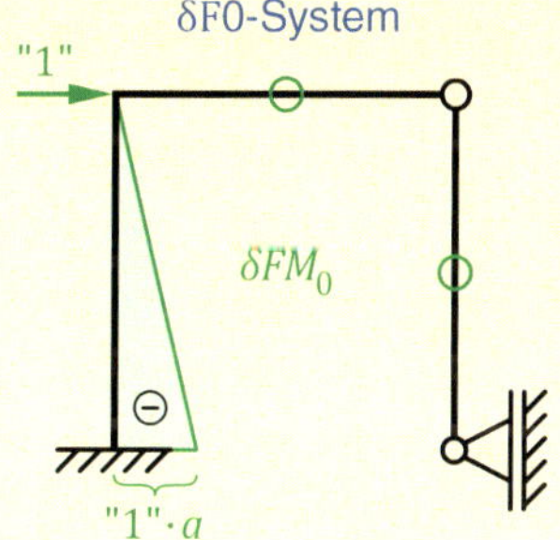

$$\delta FM_{0(x_1)} = \text{"1"} \cdot (x - a)$$

$$\delta FM_{0(x_2)} = 0$$

$$\delta FM_{0(x_3)} = 0$$

Auch hier erhalten wir mit dem Reduktionssatz nach Gleichung (7.45) und durch Superposition des realen Momentenverlaufes M mit dem virtuellen Momentenverlauf δFM_0 die gesuchte Verschiebung an der Kraftangriffsstelle in horizontaler Richtung:

$$f = \int \frac{M \cdot \delta FM_0}{E \cdot I} \cdot dx = \int_0^a \frac{F \cdot \left(\frac{16}{23} \cdot x - \frac{10}{23} \cdot a\right) \cdot (x - a)}{E \cdot I} \cdot dx$$

$$f = \frac{7}{69} \cdot \frac{F \cdot a^3}{E \cdot I} = 0{,}0016\, mm$$

In Kürze

Satz von Betti

In einem linear-elastischen Körper ist die Fremdarbeit, die eine Kraft F_i bei der nachfolgenden Belastung durch die Kraft F_k leistet, gleich der Fremdarbeit, die die Kraft F_k bei der nachfolgenden Belastung durch die Kraft F_i leistet.

$$W_{ik} = W_{ki}$$

- Der Satz von Betti gilt für statisch bestimmte und statisch unbestimmte Tragwerke sowie für alle Belastungsarten.
- Der Satz von Betti beinhaltet das *Prinzip der virtuellen Verrückungen* (PdvV) sowie das *Prinzip der virtuellen Kräfte* (PdvK).

Satz von Maxwell

In einem linear-elastischen Körper entspricht die Verschiebung α_{ik} am Punkt i infolge der in k angreifenden Einheitskraft $F_k = 1$ der Verschiebung α_{ki} am Punkt k infolge der am Punkt i angreifenden Einheitskraft $F_i = 1$.

$$\alpha_{ik} = \alpha_{ki}$$

- Die Einflusszahl α_{ki} ist die Einheitsverschiebung bzw. Einheitsverdrehung am Punkt *k* infolge einer Einheitskraft $F_i = 1$ bzw. eines Einheitsmomentes $M_i = 1$ am Punkt *i*.

Reduktionssatz

Die Verschiebung f an einem beliebigen Punkt in einem statisch unbestimmten System ergibt sich durch Überlagerung der realen Schnittgrößenverläufe N, Q, M, T des unbestimmten Systems mit den virtuellen Schnittgrößenverläufen δN_0, δQ_0, δM_0, δT_0 infolge der Einheitskraft $\delta F = "1"$ am statisch bestimmten 0-System:

$$f = \int_0^l \left(\frac{N \cdot \delta N_0}{E \cdot A} + \frac{M \cdot \delta M_0}{E \cdot I} + \frac{Q \cdot \delta Q_0}{\kappa \cdot G \cdot A} + \frac{T \cdot \delta T_0}{G \cdot I_t}\right) \cdot dx$$

Die Sätze von Betti und Maxwell lassen sich auf beliebige elastische Tragwerke/Systeme verallgemeinern und gelten für statisch bestimmte als auch statisch unbestimmte Tragwerke sowie für beliebige Belastungen. Folgende Erweiterung ist damit möglich:

$$F_i \cdot f_{ik} = F_k \cdot f_{ki}$$
$$F_i \cdot f_{ik} = M_k \cdot \psi_{ki}$$
$$M_i \cdot \psi_{ik} = M_k \cdot \psi_{ki}$$

Bei Voraussetzen von linear-elastischem Materialverhalten ($W = W^* = \Pi = \Pi^*$) beinhaltet der Satz von Betti das PdvV:

$$\delta W_{ik} = \delta \Pi_{ik} = F_i \cdot \delta f_{ik}$$

sowie das PdvK:

$$\delta W_{ik} = \delta \Pi_{ik} = \delta F_i \cdot f_{ik}$$

Statisch Unbestimmte

Die Berechnung der statisch Unbestimmten X erfolgt mithilfe der Verschiebungen und Einflusszahlen.

1-fach statisch unbestimmte Tragwerke:

$$X = -\frac{w_{10}}{\alpha_{11}}$$

2-fach statisch unbestimmte Tragwerke:

$$X_1 = \frac{-w_{10} \cdot \alpha_{22} + w_{20} \cdot \alpha_{12}}{\alpha_{11} \cdot \alpha_{22} - \alpha_{12}^2}$$

$$X_2 = \frac{-w_{20} \cdot \alpha_{11} + w_{10} \cdot \alpha_{12}}{\alpha_{11} \cdot \alpha_{22} - \alpha_{12}^2}$$

Verschiebungen/Einflusszahlen

$$w_{ik} = \alpha_{ik} = \int_0^l \frac{M_i \cdot M_k}{E \cdot I} \cdot dx$$

8 Sätze von CASTIGLIANO, MENABREA und ENGESSER

C. Spura, *Energiemethoden der Technischen Mechanik*,
https://doi.org/10.1007/978-3-658-29574-5_8

Die Sätze von CASTIGLIANO, MENABREA und ENGESSER stellen, ebenso wie die Reziprozitätssätze von BETTI und MAXWELL, eine Erweiterung des Arbeitssatzes dar. Mithilfe dieser Sätze lassen sich Verschiebungen bzw. Verdrehungen oder Kräfte bzw. Momente in linear-elastischen Systemen bestimmen. Dabei müssen die angreifende Kraft und die gesuchte Verschiebung nicht an der gleichen Stelle sein, wie es beim eigentlichen Arbeitssatz der Fall ist. Dabei gelten die Sätze von CASTIGLIANO für statisch bestimmte und der Satz von MENABREA für statisch unbestimmte Tragwerke. Die Sätze von ENGESSER sind eine Verallgemeinerung der Sätze von CASTIGLIANO und MENABREA für nicht-linear elastisches Materialverhalten. Große Bedeutung haben die Sätze von CASTIGLIANO, MENABREA und ENGESSER in der Baustatik.

▶ Modellannahmen

In diesem Kapitel gelten die folgenden Modellannahmen:

- alle äußeren Belastungen sind quasi-statisch $(dF/dt \approx 0)$
- alle Verformungen und die verursachenden Kräfte sind linear zueinander: $F \sim f$
- isotropes linear-elastisches Materialverhalten nach dem HOOKE'schen Gesetz
- alle Verformungen sind klein gegenüber den sonstigen Abmessungen
- es gilt die *Theorie 1. Ordnung* (die Gleichgewichtsbedingungen werden am *unverformten* System für *kleine Verformungen* aufgestellt)

Dies sind die gleichen Modellannahmen, welche wir auch für die Reziprozitätssätze in Kapitel 7 angewendet haben. Zudem behalten wir auch die Indizierung zur Zuordnung der Verschiebung f zu der verursachenden Kraft F nach Kapitel 7 bei:

Indizierung

- Index: Ort der Verschiebung
- Index: Ort der verursachenden Kraft

Wie auch schon zuvor bei den *Reziprozitätssätzen* oder dem *Prinzip der virtuellen Kräfte*, sind die Sätze von CASTIGLIANO, MENABREA und ENGESSER eine Erweiterung des Arbeitssatzes. Mithilfe dieser Erweiterung lassen sich die Nachteile des Arbeitssatzes aus Kapitel 3.4.5 von S. 45 eliminieren.

Zudem müssen wir bei unserer Betrachtung zwischen verschiebungsgeregelten und kraftgeregelten Systemen unterscheiden, siehe hierzu Kapitel 3.5 auf S. 46.

8.1 Sätze von CASTIGLIANO

Für die Herleitung betrachten wir ein beliebiges Tragwerk mit beliebigen äußeren Belastungen. Als Beispiel dient hier der zweifach gelagerte Balken in nebenstehender ▸ Abb. 8.1 mit der Belastung durch die Kräfte F_i und F_k. Da wir die äußeren Kräfte F_i, F_k kennen und die zugehörigen Verformungen bestimmen wollen, handelt es sich um ein kraftgeregeltes System. Dementsprechend bewirken die äußeren Kräfte am Tragwerk die komplementäre Arbeit W^*:

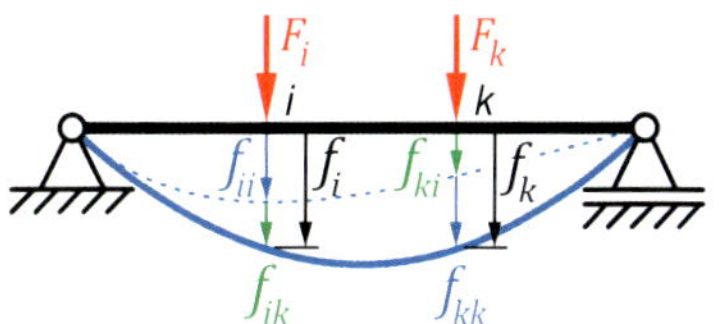

Abb. 8.1

$$W^* = \frac{1}{2} \cdot F_i \cdot f_{ii} + \frac{1}{2} \cdot F_k \cdot f_{kk} + \frac{1}{2} \cdot F_i \cdot f_{ik} + \frac{1}{2} \cdot F_k \cdot f_{ki} \tag{8.1}$$

In diese Gleichung werden wir die Verschiebungen f durch die *MAXWELL'sche Verschiebungseinflusszahl* α nach Gleichung (7.15) von S. 132 ersetzen. Damit erhalten wir:

$$W^* = \frac{1}{2} \cdot F_i \cdot \alpha_{ii} \cdot F_i + \frac{1}{2} \cdot F_k \cdot \alpha_{kk} \cdot F_k + \frac{1}{2} \cdot F_i \cdot \alpha_{ik} \cdot F_k + \frac{1}{2} \cdot F_k \cdot \alpha_{ki} \cdot F_i \tag{8.2}$$

Die beiden letzten Terme in dieser Gleichung sind infolge des Satzes von BETTI nach Gleichung (7.8) von S. 131 identisch, weshalb wir diese beiden Terme zu einem Term addieren könnten. Wir wenden diesen Schritt hier jedoch nicht an, aber behalten den Zusammenhang im Hinterkopf.

Als nächstes fassen wir die Gleichung zusammen und erhalten für die komplementäre Arbeit W^*:

$$W^* = \frac{1}{2} \cdot \sum_{i=1}^{n} \sum_{k=1}^{n} F_i \cdot \alpha_{ik} \cdot F_k \tag{8.3}$$

Nun leiten wir die komplementäre Arbeit W^* partiell nach einer der beiden Kräfte ab. Wir nehmen als Beispiel die Kraft F_i und erhalten damit:

$$\frac{\partial W^*}{\partial F_i} = \frac{1}{2} \cdot \sum_{i=1}^{n} \sum_{k=1}^{n} \alpha_{ik} \cdot \left(F_i \cdot \frac{\partial F_k}{\partial F_i} + \frac{\partial F_i}{\partial F_i} \cdot F_k \right) = \sum_{k=1}^{n} \alpha_{ik} \cdot F_k = \sum_{k=1}^{n} f_{ik} = f_i \tag{8.4}$$

Der Faktor $1/2$ fällt aufgrund des Zusammenhanges vom Satz von BETTI bzw. MAXWELL heraus, da $\alpha_{ik} = \alpha_{ki}$ ist. Zudem ergibt sich nach ▸ Abb. 8.1 für die ganz rechte Summe über alle Verschiebungen, dass dies die resultierende Verschiebung f_i am Kraftangriffspunkt von F_i ist:

$$\sum_{k=1}^{n} f_{ik} = f_{11} + f_{12} = f_1 \tag{8.5}$$

8

Da normalerweise als äußere Belastungen mehr als nur zwei Kräfte und oft sogar verschiedene Belastungen (Momente, Streckenlasten usw.) an einem Tragwerk wirken, ist es mitunter ratsamer anstelle der komplementären Arbeit W^* die innere komplementäre Formänderungsenergie Π^* zu verwenden. Schließlich resultiert die komplementäre Formänderungsenergie Π^* auf den Schnittgrößen und darin sind alle äußeren Belastungen enthalten. Um nun den gleichen Zusammenhang zu erhalten, ersetzen wir einfach mithilfe des komplementären Arbeitssatzes nach Gleichung (3.53) von S. 50 die komplementäre Arbeit W^* durch die komplementäre Formänderungsenergie Π^*. Um die Richtigkeit dieses Zusammenhanges zu verdeutlichen, wollen wir dies an zwei Beispielen zeigen.

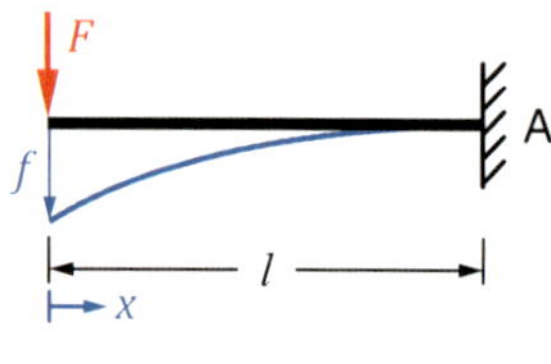

Abb. 8.2

Betrachten wir dazu den Kragträger in ▸ Abb. 8.2. Aufgrund der Belastung durch die Kraft F verschiebt sich der Kraftangriffspunkt um die Verschiebung f. Die im Inneren des Kragträgers infolge der Biegung vorhandene komplementäre Formänderungsenergie Π^* ist dann:

$$\Pi^* = \int \frac{1}{2} \cdot \frac{M_y^2}{E \cdot I_y} \cdot dx = \int_0^l \frac{1}{2} \cdot \frac{(-F \cdot x)^2}{E \cdot I_y} \cdot dx = \frac{1}{6} \cdot \frac{F^2 \cdot l^3}{E \cdot I_y}$$

Leiten wir dies nun partiell nach der angreifenden Kraft F ab, erhalten wir die Verschiebung f:

$$\frac{\partial \Pi^*}{\partial F} = \frac{1}{3} \cdot \frac{F \cdot l^3}{E \cdot I_y} = f \tag{8.6}$$

Ein Vergleich mit der Formelsammlung ▸ Tab. 10-3 auf S. 186 f. zeigt das identische Ergebnis. Zudem haben wir dieses Ergebnis für die Verschiebung f auch in Gleichung (3.28) auf S. 44 gefunden. Kurze Anmerkung: auf S. 44 sind wir von der Formänderungsenergie Π ausgegangen, da wir die komplementäre Formänderungsenergie Π^* erst danach eingeführt und definiert haben.

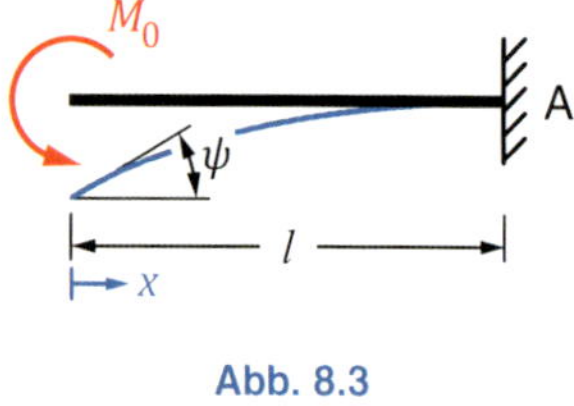

Abb. 8.3

Betrachten wir nun den gleichen Kragträger, aber mit geänderter Belastung in ▸ Abb. 8.3. Hier greift ein äußeres Moment M_0 an und es kommt an der Momentenangriffsstelle zu einer Verdrehung ψ. Die damit verbundene komplementäre Formänderungsenergie Π^* des Biegemoments beträgt:

$$\Pi^* = \int \frac{1}{2} \cdot \frac{M_y^2}{E \cdot I_y} \cdot dx = \int_0^l \frac{1}{2} \cdot \frac{(-M_0)^2}{E \cdot I_y} \cdot dx = \frac{1}{2} \cdot \frac{M_0^2 \cdot l}{E \cdot I_y}$$

Leiten wir diese Gleichung ebenfalls partiell nach dem angreifenden Moment M_0 ab, erhalten wir die Verdrehung ψ:

$$\frac{\partial \Pi^*}{\partial M_0} = \frac{M_0 \cdot l}{E \cdot I_y} = \psi \tag{8.7}$$

Auch hier zeigt ein Vergleich mit der Formelsammlung ▸ Tab. 10-3 auf S. 186 f. bzw. mit Gleichung (3.30) auf S. 44 das identische Ergebnis.

In diesen beiden Beispielen haben wir die Schnittgröße des Biegemoments M_y verwendet, um damit die komplementäre Formänderungsenergie Π^* zu berechnen. Die vorhandene Schnittgröße haben wir basierend auf der jeweils wirkenden äußeren angreifenden Kraft F bzw. des angreifenden Moments M_0 ausgedrückt. Mit der Integration über die Balkenlänge folgt dann die komplementäre Formänderungsenergie Π^*. Anschließend wird Π^* partiell nach der angreifenden Kraft F, um die Verschiebung f, bzw. nach dem Moment M_0, um die Verdrehung ψ zu bestimmen, abgeleitet. Je nach vorliegender Funktionsgleichung für die Schnittgröße kann es jedoch etwas mühsam sein, diese Funktion zu quadrieren, zu integrieren und anschließend partiell abzuleiten. Einfacher wird die Handhabung, wenn wir mithilfe der *Kettenregel* die Integration und Differentiation vertauschen. Führen wir dies am Beispiel von Gleichung (8.6) einmal durch, erhalten wir:

Die Verwendung von **Schnittgrößen** ist vorteilhaft, da darin alle **Auswirkungen der äußeren Belastungen** auf ein Tragwerk vorhanden sind.

$$f = \frac{\partial \Pi^*}{\partial F_i} = \frac{\partial}{\partial F_i} \cdot \left(\int_0^l \frac{1}{2} \cdot \frac{M_y^2}{E \cdot I_y} \cdot dx \right) = \int_0^l \frac{1}{2} \cdot \frac{\partial}{\partial F_i} \cdot \left(\frac{M_y^2}{E \cdot I_y} \right) \cdot dx = \int_0^l \frac{M_y}{E \cdot I_y} \cdot \frac{\partial M_y}{\partial F_i} \cdot dx \tag{8.8}$$

Hieran wird deutlich erkennbar, dass es für die praktische Berechnung wesentlich einfacher ist, wenn wir nur den letzten Term dieser Gleichung auswerten müssen anstatt die Integration über die quadrierten Schnittgrößen durchzuführen.

Ein weiterer Vorteil ist hierbei, dass die Verlaufsfunktionen der Schnittgrößen in der Regel mathematisch recht einfache und häufig vorkommende Funktionen sind. Dadurch können wir zur Bestimmung des Produktes von M_y mit ∂M_y die schon bekannte Integraltafel ▸ Tab. 10-2 auf S. 185 verwenden.

Gleiches gilt natürlich analog auch bei einem Moment M_i und der zugehörigen Verdrehung ψ. Die komplementäre Formänderungsenergie Π^* wird dann entsprechend nach dem Moment M_i abgeleitet und als Ergebnis folgt die damit die gesuchte Verdrehung ψ.

Da sich diese Vorgehensweise auf alle Schnittgrößen übertragen lässt, können wir Gleichung (8.8) auch verallgemeinern und erhalten damit den *ersten Satz von Castigliano*[38]:

Erster Satz von Castigliano

Die partielle Ableitung der gesamten komplementären Formänderungsenergie Π^* eines linear-elastischen, isothermen Körpers nach der Kraftgröße (Kraft bzw. Moment) liefert die zugehörige Verformungsgröße (Verschiebung bzw. Verdrehung) in Richtung der Kraftgröße:

$$f_i = \frac{\partial \Pi^*}{\partial F_i} \qquad \psi_i = \frac{\partial \Pi^*}{\partial M_i} \tag{8.9}$$

Da Kraft und Verschiebung sowie Moment und Verdrehung zueinander proportional sind, können wir die Kraft- und Verformungsgrößen auch gegeneinander vertauschen. Wir erhalten dann den *zweiten Satz von Castigliano*:

Zweiter Satz von Castigliano

Die partielle Ableitung der gesamten komplementären Formänderungsenergie Π^* nach der Verformungsgröße (Verschiebung bzw. Verdrehung) liefert die zugehörige Kraftgröße (Kraft bzw. Moment) in Richtung der Verformungsgröße:

$$F_i = \frac{\partial \Pi^*}{\partial f_i} \qquad M_i = \frac{\partial \Pi^*}{\partial \psi_i} \tag{8.10}$$

► Die **Sätze von Castigliano** gelten nur für **statisch bestimmte Tragwerke**.

Wichtig ist hierbei, dass der erste Satz (8.9) ausschließlich für *linear-elastisches* Materialverhalten und der zweite Satz (8.10) für *beliebiges* Materialverhalten gilt. Des Weiteren gelten beide Sätze nur für *statisch bestimmte* Tragwerke.

Die Berechnung der komplementären Formänderungsenergie mittels Schnittgrößen haben wir in Kapitel 3.4.2 auf S. 40 ff. behandelt (siehe auch ▸ Tab. 3-2 und Gleichung (3.22) auf S. 42). Auch hier sei nochmals angemerkt, dass es sich nach Kapitel 3.5 auf S. 46 ff. um die komplementäre Formänderungsenergie Π^* handelt.

Wenden wir den ersten Satz von Castigliano nach Gleichung (8.9) auf ein einteiliges Tragwerk an und berücksichtigen dabei alle Schnittgrößen (N, Q, M, T), erhalten wir:

$$f_i = \frac{\partial \Pi^*}{\partial F_i} = \int_0^l \left(\frac{N}{E \cdot A} \cdot \frac{\partial N}{\partial F_i} + \frac{M_y}{E \cdot I_y} \cdot \frac{\partial M_y}{\partial F_i} + \frac{M_z}{E \cdot I_z} \cdot \frac{\partial M_z}{\partial F_i} + \frac{Q_z}{\kappa \cdot G \cdot A} \cdot \frac{\partial Q_z}{\partial F_i} + \frac{Q_y}{\kappa \cdot G \cdot A} \cdot \frac{\partial Q_y}{\partial F_i} + \frac{T}{G \cdot I_t} \cdot \frac{\partial T}{\partial F_i} \right) \cdot dx \tag{8.11}$$

[38] Carlo Alberto Pio Castigliano (1847–1884), ital. Ingenieur, Mathematiker, Physiker

Für eine bessere Übersichtlichkeit ist der Normalkraftverlauf N in rot, die Querkraftverläufe Q_z, Q_y in blau, die Biegemomentenverläufe M_y, M_z in grün und der Torsionsmomentverlauf T in lila geschrieben. In der Regel kommen aber nicht alle Schnittgrößen in einem Tragwerk vor. Dementsprechend können wir die Terme der nicht vorhandenen Schnittgrößen gleich Null setzen und die Gleichung verkürzt sich.

▶ Bei Tragwerken mit **mehreren Bereichen** muss die **komplementäre Formänderungsenergie Π^* über alle Bereiche aufsummiert** werden.

Ist ein mehrteiliges Tragwerk bzw. sind mehrere Bereiche vorhanden, muss die komplementäre Formänderungsenergie Π^* entsprechend über alle Bereiche aufsummiert werden. Wenn wir als Beispiel ein Tragwerk mit drei Bereichen haben und wir nur das Biegemoment M_y und die Querkraft Q_z berücksichtigen müssen, erhalten wir nach dem ersten Satz von CASTIGLIANO folgenden Ausdruck für die Verschiebung f:

$$f = \frac{\partial \Pi^*}{\partial F} = \sum_{i=1}^{3} \left[\int_0^l \left(\frac{M_{yi}}{E \cdot I_y} \cdot \frac{\partial M_{yi}}{\partial F} + \frac{Q_{yi}}{\kappa \cdot G \cdot A} \cdot \frac{\partial Q_{yi}}{\partial F} \right) \cdot dx \right]$$

Schon ist die Gleichung wieder recht überschaubar. Analog können wir für die Verdrehung ψ vorgehen. Es muss dann lediglich anstelle der Kraft F, partiell nach einem Moment M abgeleitet werden:

$$\psi = \frac{\partial \Pi^*}{\partial M} = \sum_{i=1}^{3} \left[\int_0^l \left(\frac{M_{yi}}{E \cdot I_y} \cdot \frac{\partial M_{yi}}{\partial M} + \frac{Q_{yi}}{\kappa \cdot G \cdot A} \cdot \frac{\partial Q_{yi}}{\partial M} \right) \cdot dx \right]$$

8

8.2 Erweiterung der Sätze von CASTIGLIANO

Bisher haben wir nur Verformungen f bestimmt, wenn an der zu betrachteten Stelle auch eine Kraft F vorhanden ist. Daher stellt sich nun die Frage, ob wir auch eine Verformung f an einer beliebigen Stelle berechnen können, wenn an dieser Stelle weder eine Kraft noch ein Moment angreift? Die Antwort dazu: ja, dies ist möglich, bedarf aber einer kleinen Hilfe. Beim Satz von CASTIGLIANO wird die partielle Ableitung nach der an der betrachteten Stelle vorhandenen Kraftgröße gebildet. Ist nun aber keine Kraftgröße vorhanden, müssen wir an der Stelle der gesuchten Verformung f eine Hilfskraft $\overline{F}$ (bzw. ein Hilfsmoment $\overline{M}$) einfügen, welche wir nach Bildung der partiellen Ableitung wieder zu Null setzen. Wir können die Hilfskraft $\overline{F}$ auch als eine virtuelle Kraft δF betrachten, so wie wir es in Kapitel 6 beim *Prinzip der virtuellen Kräfte* gemacht haben. Ob die Bezeichnung der Hilfskraft dabei mit einem Querstrich, dem Buchstaben δ oder wie auch immer gekennzeichnet wird, sei an dieser Stelle dem Leser überlassen. Um eine Abgrenzung zwischen den Sätzen von CASTIGLIANO und dem Prinzip der virtuellen Kräfte zu erhalten, verwenden wir im weiteren Verlauf dieses Kapitels ausschließlich den Querstrich zur Kennzeichnung von Hilfskräften ($\overline{F}$, $\overline{M}$).

Wenn wir also die Verschiebung f an einer beliebigen Stelle ohne Kraftangriff bestimmen wollen, fügen wir an diese Stelle eine Hilfskraft $\overline{F}$ an und gehen auf gewohnte Weise vor. Wir bestimmen die Schnittgrößen und leiten diese partiell nach der Hilfskraft $\overline{F}$ ab. Anschließend eliminieren wir die Hilfskraft $\overline{F}$ in den Schnittgrößenverläufen (N, Q_z, Q_y, M_y, M_z). Danach berechnen wir die gesuchte Verschiebung f mit dem Satz von Castigliano und dem darin enthaltenen Produkt von Schnittgröße (ohne die Hilfskraft $\overline{F}$) und der partiellen Ableitung. Mit dieser Erweiterung sieht der erste Satz von CASTIGLIANO wie folgt aus:

Erster Satz von CASTIGLIANO mit Hilfskraft bzw. -moment

$$f_i = \left.\frac{\partial \Pi^*}{\partial \overline{F}_i}\right|_{\overline{F}_i=0} \qquad \psi_i = \left.\frac{\partial \Pi^*}{\partial \overline{M}_i}\right|_{\overline{M}_i=0} \tag{8.12}$$

Durch diesen Trick können wir mit dem ersten Satz von CASTIGLIANO die Verformungen an allen Stellen in unseren Tragwerken berechnen, unabhängig davon ob eine Kraft bzw. ein Moment an der zu betrachteten Stelle vorhanden ist oder nicht. Auch hier können die Kraft- und Verformungsgrößen miteinander vertauscht werden, vgl. Gleichung (8.10).

Vorgehensweise

- Bereiche definieren.
- Wenn erforderlich eine Hilfskraft $\overline{F}$ bzw. ein Hilfsmoment $\overline{M}$ an der zu berechnenden Stelle einfügen.
- Für jeden Bereich die erforderlichen Schnittgrößen bestimmen.
- Bildung der partiellen Ableitungen der Schnittgrößen.
- Die Hilfskraft $\overline{F}$ bzw. das Hilfsmoment $\overline{M}$ in den Schnittgrößen zu Null setzen.
- Aufstellen des Satzes von CASTIGLIANO:
  - nach Gleichung (8.9) bzw. (8.11) zur Berechnung einer Verschiebungsgröße f bzw. ψ infolge einer äußeren angreifenden Kraftgröße.
  - nach Gleichung (8.10) zur Berechnung einer Kraftgröße F bzw. M.
  - nach Gleichung (8.12) zur Berechnung einer Verschiebungsgröße f bzw. ψ infolge einer Hilfskraft $\overline{F}$ bzw. eines Hilfsmoments $\overline{M}$.

Beispiel 8.1

Ein masseloser Kragträger ($l = 1$ m, $b = 45$ mm, $h = 65$ mm, $\kappa = 5/6$, $E = 210.000$ N/mm², $\nu = 0{,}3$) wird durch eine Kraft $F = 750$ N belastet.

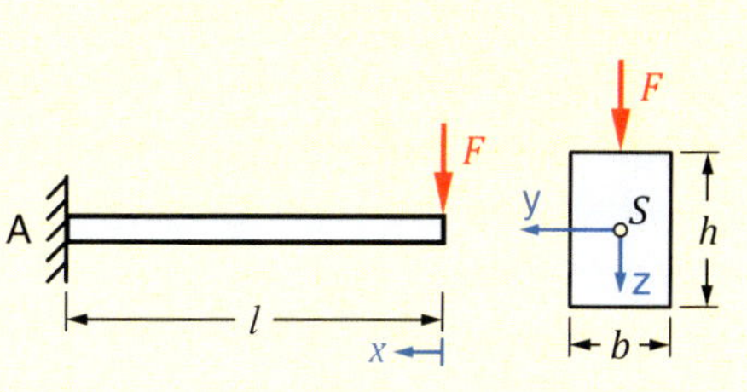

a) Berechnen Sie die Verschiebung f an der Kraftangriffsstelle infolge Biegung und Schub.
b) Berechnen Sie die Verdrehung ψ an der Kraftangriffsstelle infolge Biegung.

Lösung

Aufgrund der am Ende des Kragträgers angreifenden Kraft F, haben wir nur einen Bereich für den Kragträger. Somit können wir direkt zur Bestimmung der Schnittgrößen übergehen.

Für die Schnittgrößen Querkraft $Q_{(x)}$ und Biegemoment $M_{(x)}$ infolge der angreifenden Kraft F erhalten wir die nebenstehenden Diagramme sowie die zugehörigen Verlaufsfunktionen:

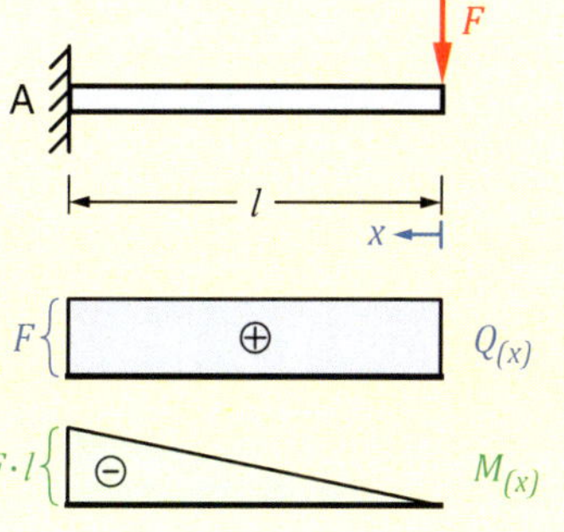

$$Q_{(x)} = F \qquad M_{(x)} = -F \cdot x$$

Dazu bilden wir nun die partiellen Ableitungen nach der angreifenden Kraft F:

$$\frac{\partial Q_{(x)}}{\partial F} = 1 \qquad \frac{\partial M_{(x)}}{\partial F} = -x$$

Die weiteren für die Berechnung notwendigen Größen sind:

$$A = b \cdot h = 2.925\, mm^2 \qquad G = \frac{E}{2 \cdot (1 + \nu)} = 80.769{,}2\, \frac{N}{mm^2} \qquad I_y = \frac{b \cdot h^3}{12} = 1.029.843{,}8\, mm^4$$

Dies alles setzen wir in den Satz von Castigliano nach Gleichung (8.9) bzw. (8.11) ein und führen die Integration über die Balkenlänge l aus:

$$f_F = \frac{\partial \Pi}{\partial F} = \int_0^l \left(\frac{M_y}{E \cdot I_y} \cdot \frac{\partial M_y}{\partial F_i} + \frac{Q_z}{\kappa \cdot G \cdot A} \cdot \frac{\partial Q_z}{\partial F_i} \right) \cdot dx = \int_0^l \left(-\frac{F \cdot x}{E \cdot I_y} \cdot (-x) + \frac{F}{\kappa \cdot G \cdot A} \cdot (1) \right) \cdot dx$$

$$\underline{\underline{f_F}} = \frac{1}{3} \cdot \frac{F \cdot l^3}{E \cdot I_y} + \frac{F \cdot l}{\kappa \cdot G \cdot A} = 1{,}156\, mm + 0{,}0038\, mm = \underline{\underline{1{,}16\, mm}}$$

Die Anteile der Biegung sind hier in grün und die Anteile der Querkraft in blau gekennzeichnet. Auch hier erhalten wir für die Verformung f infolge Biegung das Ergebnis aus der Formelsammlung ▸ Tab. 10-3 (S. 186 f.). Des Weiteren zeigt sich, dass der Anteil der Biegung ($f = 1{,}156$ mm) an der Gesamtverformung 99,7% und der Anteil des Schubs ($f = 0{,}0038$ mm) lediglich 0,33% beträgt. Da es sich um einen langen schlanken Balken handelt, hätten wir den Schub bei dieser Berechnung auch vernachlässigen können.

b) Für die Berechnung der Verdrehnung ψ muss an der Kraftangriffsstelle ein Moment vorhanden sein. Da jedoch kein äußeres Moment an dieser Stelle angreift, müssen wir ein Hilfsmoment $\overline{M}$ einführen. Ansonsten können wir die Verdrehnung ψ an der Kraftangriffsstelle nicht berechnen.

Alle für die Berechnung notwendigen Größen (A, G, I_y) bleiben erhalten, wodurch wir diese nicht mehr berechnen müssen. Zudem bleibt trotz des Hinzufügens des Hilfsmoments $\overline{M}$ unser Bereich über der gesamten Balkenlänge erhalten. Eine neue Bereichseinteilung muss nicht vorgenommen werden. Wir können also wieder direkt mit der Bestimmung der Schnittgrößen beginnen.

Da wir nun das Hilfsmoment $\overline{M}$ eingefügt haben, kommt dieses bei unseren Schnittgrößen hinzu. Dementsprechend erhalten wir für die Querkraft $Q_{(x)}$ und das Biegemoment $M_{(x)}$ die nebenstehenden Diagramme sowie die zugehörigen Verlaufsfunktionen:

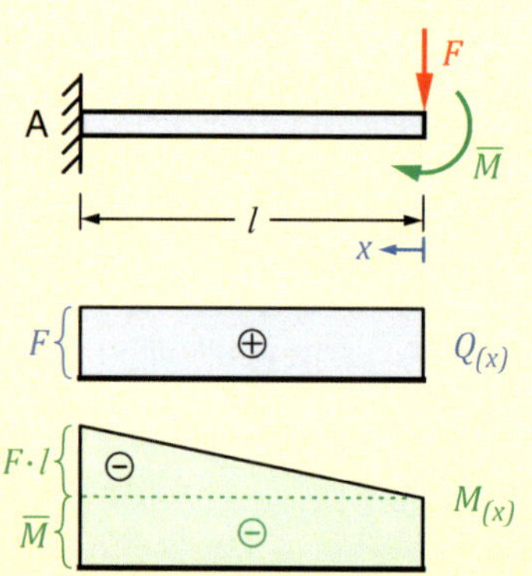

$$Q_{(x)} = F \qquad M_{(x)} = -F \cdot x - \overline{M}$$

Dazu bilden wir beim Biegemoment $M_{(x)}$ die partielle Ableitung nach dem Hilfsmoment $\overline{M}$, weil wir ja nur die Verdrehnung ψ infolge Biegung berechnen wollen:

$$\frac{\partial M_{(x)}}{\partial \overline{M}} = -1$$

Das Hilfsmoment $\overline{M}$ setzen wir beim Biegemoment $M_{(x)}$ zu Null und erhalten:

$$M_{(x)} = -F \cdot x$$

Diese Ergebnisse setzen wir nun in den Satz von CASTIGLIANO nach Gleichung (8.12) ein und führen die Integration über die Balkenlänge l aus:

$$\underline{\underline{\psi_i}} = \frac{\partial \Pi}{\partial \overline{M}}\bigg|_{\overline{M}=0} = \int_0^l \frac{M_{(x)}}{E \cdot I_y} \cdot \frac{\partial M_{(x)}}{\partial \overline{M}} \cdot dx = \int_0^l -\frac{F \cdot x}{E \cdot I_y} \cdot (-1) \cdot dx = \frac{1}{2} \cdot \frac{F \cdot l^2}{E \cdot I_y} = 0{,}00173 = \underline{\underline{0{,}099^\circ}}$$

Auch hier zeigt der Vergleich mit der Formelsammlung ▸ Tab. 10-3 (S. 186 f.) das gleiche Ergebnis. Bei der Berechnung des Zahlenwertes dürfen wir die Umrechnung von [rad] in [°] nicht vergessen.

Beispiel 8.2

Ein masseloser Kragträger (a = 1 m, b = 65 mm, h = 80 mm, κ = 5/6, E = 210.000 N/mm², ν = 0,3) wird durch eine konstante Streckenlast q_0 = 600 N/m belastet.

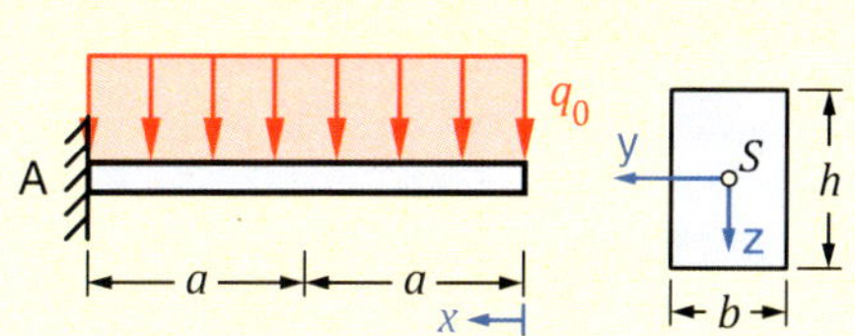

a) Berechnen Sie die Verschiebung $f_{(x=0)}$ an der Stelle x = 0 infolge Biegung.
b) Berechnen Sie die Verschiebung $f_{(x=a)}$ an der Stelle $x = a$ infolge Biegung.

Lösung

a) Um die Verschiebung f an der Stelle x = 0 zu berechnen, benötigen wir an dieser Stelle eine Kraft. Da aber keine Kraft vorhanden ist, müssen wir uns der Hilfskraft $\overline{F}$ bedienen und diese an die zu berechnende Stelle anfügen. Nach dem Anfügen der Hilfskraft $\overline{F}$ sind alle Schnitt- und Verformungsgrößen über dem gesamten Balken ($0 \le x \le 2a$) stetig. Somit benötigen wir keine Bereichseinteilung und es folgt direkt die Bestimmung der Schnittgrößen. Wir erhalten für die beiden Verlaufsfunktionen der Querkraft $Q_{(x)}$ und des Biegemoments $M_{(x)}$ die folgenden Gleichungen und die nebenstehenden Diagramme:

$$Q_{(x)} = -q_0 \cdot x - \overline{F} \qquad M_{(x)} = -\frac{1}{2} \cdot q_0 \cdot x^2 - \overline{F} \cdot x$$

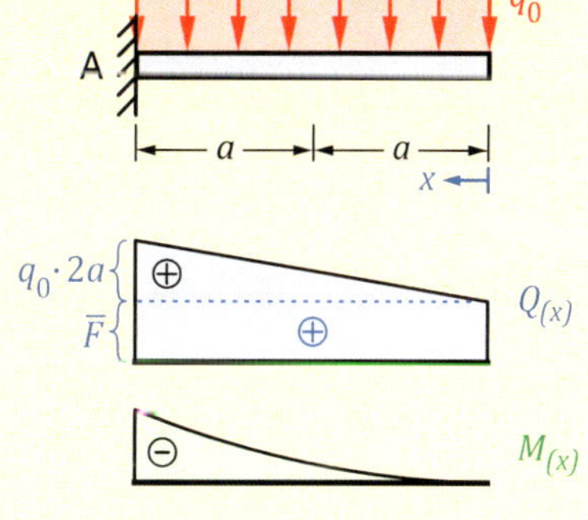

Wir müssen lediglich die Verschiebung f infolge Biegung berechnen. Daher brauchen wir auch nur das Biegemoment $M_{(x)}$ partiell nach der Hilfskraft $\overline{F}$ abzuleiten:

$$\frac{\partial M_{(x)}}{\partial \overline{F}} = -x$$

Dann setzen wir die Hilfskraft $\overline{F}$ in der Funktion des Biegemoments $M_{(x)}$ wieder zu Null und erhalten:

$$M_{(x)} = -\frac{1}{2} \cdot q_0 \cdot x^2$$

Nach Bestimmung der notwendigen Größen (A, G, I_y) setzen wir alles in den Satz von CASTIGLIANO nach Gleichung (8.12) ein, integrieren über die gesamte Balkenlänge von $2a$ und erhalten damit die gesuchte Verschiebung:

$$\underline{\underline{f_{(x=0)}}} = \left.\frac{\partial \Pi}{\partial \overline{F}}\right|_{\overline{F}=0} = \int_0^{2a} \frac{M_{(x)}}{E \cdot I_y} \cdot \frac{\partial M_{(x)}}{\partial \overline{F}} \cdot dx = \int_0^{2a} -\frac{1}{2} \cdot \frac{q_0 \cdot x^2}{E \cdot I_y} \cdot (-x) \cdot dx = \frac{1}{8} \cdot \frac{q_0 \cdot (2a)^4}{E \cdot I_y} = \underline{\underline{2{,}06\ mm}}$$

b) Auch hier müssen wir uns wieder der Hilfskraft $\overline{F}$ bedienen, da an der Stelle $(x = a)$ der zu berechnenden Verschiebung f keine Kraft vorhanden ist. Dadurch ergibt sich, dass wir unseren Balken in zwei Bereiche $(0 \leq x_1 \leq a,\ 0 \leq x_2 \leq a)$ aufteilen müssen. Durch die Hilfskraft $\overline{F}$ bekommen wir im Querkraftverlauf $Q_{(x)}$ einen Sprung und damit eine Unstetigkeit in der Funktion.

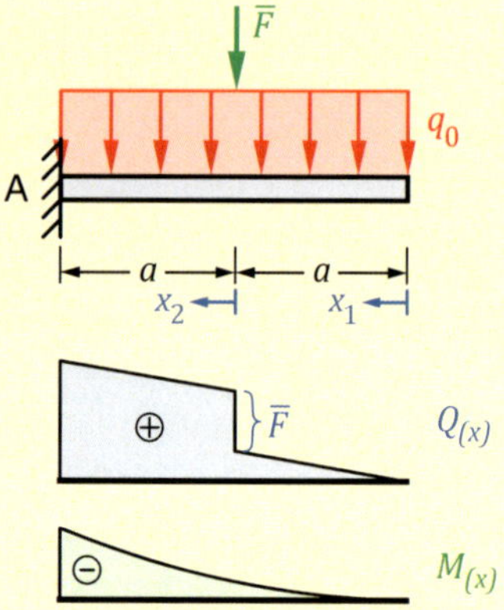

Für beide Bereiche sind nun die Schnittgrößenverläufe aufzustellen. Wir erhalten für die Funktionen und die Diagramme folgendes:

$$Q_{(x_1)} = -q_0 \cdot x_1 \qquad Q_{(x_2)} = q_0 \cdot (-x_1 - a) - \overline{F}$$

$$M_{(x_1)} = -\frac{1}{2} \cdot q_0 \cdot x_1^2 \qquad M_{(x_2)} = q_0 \cdot \left(-\frac{1}{2} \cdot x_2^2 - a \cdot x_2 - \frac{1}{2} \cdot a^2\right) - \overline{F} \cdot x_2$$

Auch hier brauchen wir lediglich die partielle Ableitung des Biegemoments $M_{(x)}$ nach der Hilfskraft $\overline{F}$ zu bilden, da wir nur die Verschiebung f infolge Biegung suchen:

$$\frac{\partial M_{(x_1)}}{\partial \overline{F}} = 0 \qquad \frac{\partial M_{(x_2)}}{\partial \overline{F}} = -x$$

Wie wir sehen, ist die Ableitung des Biegemoments $M_{(x)}$ im ersten Bereich Null. Daher brauchen wir diesen Bereich nicht weiter zu betrachten. Für uns ist jetzt nur noch das Biegemoment $M_{(x)}$ und dessen partielle Ableitung des zweiten Bereichs von Interesse. Deswegen setzen wir die Hilfskraft $\overline{F}$ in der Funktion des Biegemoments $M_{(x)}$ im zweiten Bereich zu Null und erhalten:

$$M_{(x_2)}\big|_{\overline{F}=0} = q_0 \cdot \left(-\frac{1}{2} \cdot x_2^2 - a \cdot x_2 - \frac{1}{2} \cdot a^2\right)$$

Wir setzen wieder alles in den Satz von CASTIGLIANO nach Gleichung (8.12) ein und integrieren über den zweiten Bereich, um die gesuchte Verschiebung $f_{(x=a)}$ zu erhalten:

$$f_{(x=a)} = \frac{\partial \Pi}{\partial \overline{F}}\bigg|_{\overline{F}=0} = \int_0^a \frac{M_{(x_2)}}{E \cdot I_y} \cdot \frac{\partial M_{(x_2)}}{\partial \overline{F}} \cdot dx = \int_0^a \frac{q_0}{E \cdot I_y} \cdot \left(-\frac{1}{2} \cdot x_2^2 - a \cdot x_2 - \frac{1}{2} \cdot a^2\right) \cdot (-x) \cdot dx$$

$$\underline{\underline{f_{(x=a)}}} = \frac{q_0}{E \cdot I_y} \cdot \left(\frac{1}{8} \cdot x_2^4 + \frac{1}{3} \cdot a \cdot x_2^3 + \frac{1}{4} \cdot a^2 \cdot x^2\right)\bigg|_0^a = \frac{17}{24} \cdot \frac{q_0}{E \cdot I_y} = \underline{\underline{0{,}73\,mm}}$$

Vergleichen wir dieses Ergebnis mit der Formelsammlung ▸ Tab. 10-3 (S. 186 f.) und setzen in der dort angegeben Funktion für die Länge $l = 2a$ und für das dortige $x = a$ ein, erhalten wir das gleiche Ergebnis.

8.3 Satz von MENABREA

Wir haben gesehen, dass die Sätze von CASTIGLIANO auf der durch die Schnittgrößen zu berechnenden komplementären Formänderungsenergie basieren. Damit ist auch klar, dass die Sätze von CASTIGLIANO nur auf statisch bestimmte Tragwerke angewendet werden können. Andernfalls wäre es nicht möglich, die Schnittgrößen zu berechnen. Deshalb wollen wir nun unsere Betrachtungen auf statisch unbestimmte Tragwerke erweitern und verwenden für diese Erweiterung das *Kraftgrößenverfahren*, siehe Kapitel 4. Dazu betrachten wir den *1-fach* statisch unbestimmten Balken in nebenstehender ▸ Abb. 8.4. Hier haben wir eine Lagerreaktion zu viel für unsere Gleichgewichtsbedingungen. Wir müssen also *eine* Lagerreaktion entfernen, um ein statisch bestimmtes Tragwerk zu erhalten. Welche Lagerreaktion wir dabei entfernen ist völlig egal. In unserem Beispiel wollen wir dies mit dem Lager *A* durchführen. Wir entfernen also die Lagerreaktion des Lagers *A* und ersetzen diese durch die statisch Unbestimmte X, siehe ▸ Abb. 8.5. Um das nun statisch bestimmte Tragwerk zu berechnen, benötigen wir eine zusätzliche kinematische Beziehung, um die entfernte Lagerbindung wieder herzustellen. Als kinematische Beziehung muss also gelten, dass die Verschiebung an der Stelle der statisch Unbestimmten X gleich Null ist: $f_{(x=0)} = 0$. Schließlich ist durch das Lager *A* in ▸ Abb. 8.4 ja keine Verschiebung an dieser Stelle möglich. Wenden wir die bisherigen Überlegungen des Satzes von CASTIGLIANO zur komplementären Formänderungsenergie Π^* auf diesen Sachverhalt an, folgt damit der sogenannte *Satz von MENABREA*[39]:

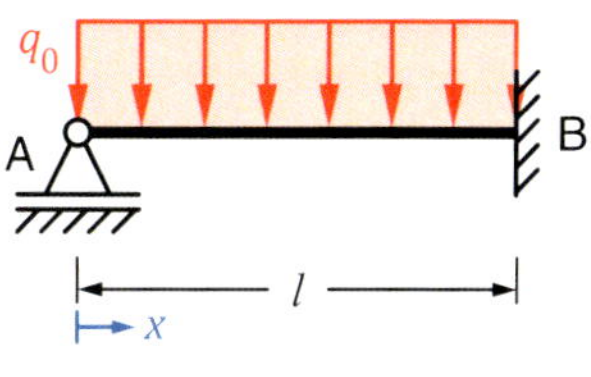

Abb. 8.4

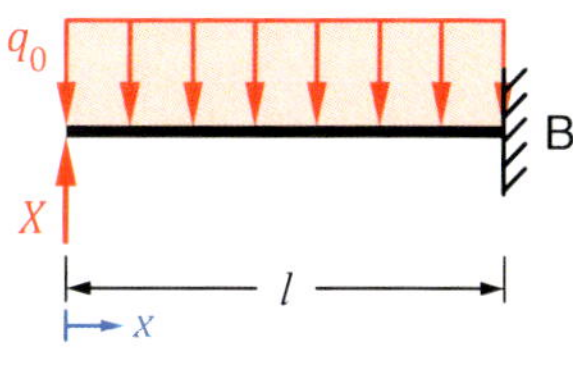

Abb. 8.5

Satz von MENABREA
(Dritter Satz von CASTIGLIANO)[40]

Die partielle Ableitung der gesamten komplementären Formänderungsenergie Π^* eines linear-elastischen, isothermen Körpers nach der statisch Unbestimmten X ist Null:

$$\frac{\partial \Pi^*}{\partial X_i} = 0 \tag{8.13}$$

Hinweis: Als statisch Unbestimmte X dürfen nur Kräfte oder Momente eingefügt werden, die nicht mithilfe der statischen Gleichgewichtsbedingungen berechnet werden können. In der Regel sind dies Lagerreaktionen. Aber ganz allgemein können es auch innere Kräfte oder innere Momente sein.

[39] Federico Luigi Conte di MENABREA (1809–1896), ital. Wissenschaftler, General, Politiker

[40] CASTIGLIANO formulierte in seiner Diplomarbeit 1873 den gleichen Satz mit anderer Herleitung. Da MENABREA diesen Satz jedoch 1858 aufstellte, wird er entsprechend MENABREA und nicht CASTIGLIANO zugeschrieben.

Schreiben wir den Satz von MENABREA ausführlich auf, erhalten wir in Analogie zu Gleichung (8.11) folgende Form:

$$\frac{\partial \Pi}{\partial X_i} = \int_0^l \left(\frac{N}{E \cdot A} \cdot \frac{\partial N}{\partial X_i} + \frac{M_y}{E \cdot I_y} \cdot \frac{\partial M_y}{\partial X_i} + \frac{M_z}{E \cdot I_z} \cdot \frac{\partial M_z}{\partial X_i} + \frac{Q_z}{\kappa \cdot G \cdot A} \cdot \frac{\partial Q_z}{\partial X_i} + \frac{Q_y}{\kappa \cdot G \cdot A} \cdot \frac{\partial Q_y}{\partial X_i} + \frac{M_t}{G \cdot I_t} \cdot \frac{\partial M_t}{\partial X_i} \right) \cdot dx = 0 \tag{8.14}$$

Hierin sind die Terme der verschiedenen Schnittgrößen wieder farblich hervorgehoben. Sobald eine dieser Größen für die Berechnung der statisch Unbestimmten X nicht berücksichtigt werden soll oder nicht vorhanden ist, können wir diese jeweilige Schnittgröße zu Null setzen und den entsprechenden Term vernachlässigen. Gleiches ergibt sich natürlich auch dann, wenn die statisch Unbestimmte X ein Moment ist.

Anmerkung: Der Satz von MENABREA kann auch als Sonderfall des ersten Satzes von CASTIGLIANO angesehen werden.

Vorgehensweise

- Überprüfen der statischen Bestimmtheit.
- Tragwerk freischneiden und die Gleichgewichtsbedingungen aufstellen.
- Identifizierung der überzähligen Lagerreaktion(en), welche nicht mithilfe der statischen Gleichgewichtsbedingungen berechnet werden kann (können).
- Ersetzen der überzähligen Lagerreaktion(en) durch die statisch Unbestimmte(n) X_i. Damit wird aus dem statisch unbestimmten ein statisch bestimmtes Tragwerk.
- Bereiche definieren.
- Für jeden Bereich die erforderlichen Schnittgrößen bestimmen.
- Bildung der partiellen Ableitungen der Schnittgrößen.
- Aufstellen des Satzes von MENABREA nach Gleichung (8.13) bzw. (8.14).
- Berechnung der überzähligen Lagerreaktion(en).

Hinweis: Nach Vorliegen der statisch Unbestimmten X_i können zur Berechnung von Kraft- oder Verformungsgrößen die Sätze von CASTIGLIANO angeschlossen werden. Da in den Schnittgrößen die statisch Unbestimmten X_i enthalten sind, können die benötigten Ableitungen für die Sätze von CASTIGLIANO auch schon im Vorfeld ausgeführt werden.

Beispiel 8.3

Ein schubstarrer und masseloser Balken (a = 1 m, b = 65 mm, h = 80 mm, κ = 5/6, E = 210.000 N/mm^2, ν = 0,3) wird durch eine konstante Streckenlast q_0 = 200 N/m belastet.

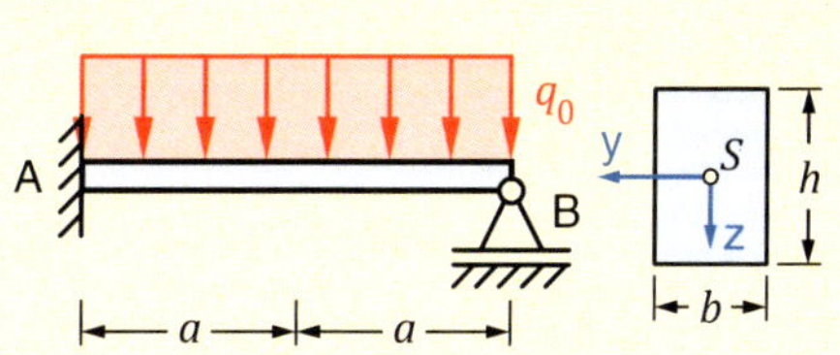

a) Berechnen Sie die Lagerreaktion B des Lagers B infolge Biegung.
b) Berechnen Sie das Lagermoment M_A des Lagers A infolge Biegung.

Lösung

Als erstes sollte uns klar sein, dass es sich um einen statisch unbestimmten Balken handelt. Erstellen wir hierzu das Freikörperbild, erhalten wir vier Lagerreaktionen. Die horizontale Lagerreaktion A_H können wir hier direkt vernachlässigen. Da es keine äußeren Kräfte in horizontaler Richtung gibt, ist die Lagerreaktion A_H daher Null. Zur Bestimmung der anderen Lagerreaktionen können wir die bekannten Gleichgewichtsbedingungen aufstellen und nach den Lagerreaktionen auflösen:

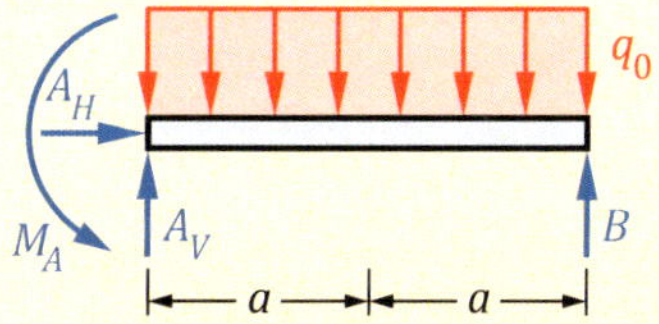

$$\uparrow: \quad 0 = A_V + B - q_0 \cdot 2a \quad \rightarrow \quad A_V = q_0 \cdot 2a - B = q_0 \cdot a + \frac{M_A}{2a}$$

$$\circlearrowleft A: \quad 0 = M_A + B \cdot 2a - q_0 \cdot 2a^2 \quad \rightarrow \quad B = q_0 \cdot a - \frac{M_A}{2a} \quad \rightarrow \quad M_A = q_0 \cdot 2a^2 - B \cdot 2a$$

Aufgrund der statischen Unbestimmtheit sind hier die beiden Lagerreaktionen B und M_A voneinander abhängig.

a) Um die Lagerreaktion B zu berechnen, ersetzen wir B durch die statisch Unbestimmte X_B und ermitteln mithilfe der Gleichgewichtsmethode die Verlaufsfunktion des Biegemoments M:

$$M = X_B \cdot x - \frac{1}{2} \cdot q_0 \cdot x^2 \tag{1}$$

Nun leiten wir dies partiell nach der statisch Unbestimmten X_B ab und erhalten:

$$\frac{\partial M}{\partial X_B} = x \tag{2}$$

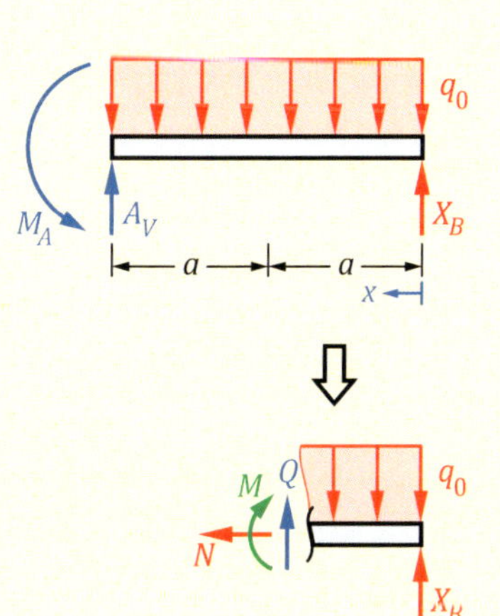

8

Diese beiden Gleichungen setzen wir in den Satz von MENABREA nach Gleichung (8.13) ein:

$$\frac{\partial \Pi}{\partial X_B} = 0 = \int_0^{2a} \frac{M}{E \cdot I_y} \cdot \frac{\partial M}{\partial X_B} \cdot dx = \frac{1}{E \cdot I_y} \cdot \int_0^{2a} \left(X_B \cdot x - \frac{1}{2} \cdot q_0 \cdot x^2 \right) \cdot (x) \cdot dx$$

$$\frac{\partial \Pi}{\partial X_B} = 0 = \frac{1}{E \cdot I_y} \cdot \int_0^{2a} \left(X_B \cdot x^2 - \frac{1}{2} \cdot q_0 \cdot x^3 \right) \cdot dx = \frac{1}{E \cdot I_y} \cdot \left(\frac{1}{3} \cdot X_B \cdot x^3 - \frac{1}{8} \cdot q_0 \cdot x^4 \right) \Big|_0^{2a}$$

$$\frac{\partial \Pi}{\partial X_B} = 0 = \frac{1}{E \cdot I_y} \cdot \left(\frac{8}{3} \cdot X_B \cdot a^3 - \frac{16}{8} \cdot q_0 \cdot a^4 \right)$$

Darin muss der Klammerausdruck zu Null werden, damit die gesamte Gleichung Null wird. Somit setzen wir die Klammer gleich Null und können nach der gesuchten Lagerreaktion X_B auflösen:

$$0 = \frac{8}{3} \cdot X_B \cdot a^3 - \frac{16}{8} \cdot q_0 \cdot a^4 \qquad \rightarrow \quad \underline{\underline{X_B = \frac{3}{4} \cdot q_0 \cdot a = 150\ N}}$$

b) Das gesuchte Lagermoment M_A könnten wir mit dem Ergebnis aus a) berechnen. Hierzu müssten wir nur in den Gleichgewichtsbedingungen für $B = X_B$ einsetzen und hätten direkt das Ergebnis. Wir wollen darauf jedoch verzichten und die Bestimmung des Lagermoments M_A ebenfalls mithilfe des Satzes von MENABREA lösen, um die Vorgehensweise dieser Methode zu verdeutlichen.

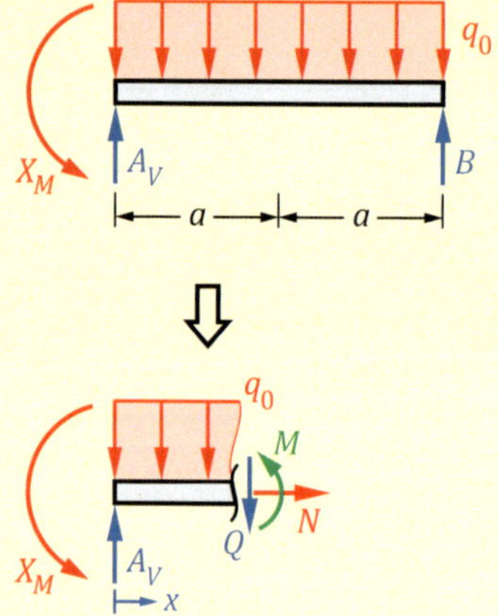

Also ersetzen wir nun in unserem Freikörperbild das gesuchte Lagermoment M_A durch die statisch Unbestimmte X_M. Für die Verlaufsfunktion des Biegemoments M erhalten wir dann:

$$M = -X_M + A_V \cdot x - \frac{1}{2} \cdot q_0 \cdot x^2 \qquad (3)$$

Darin setzen wir für die Lagerreaktion A_V das Ergebnis aus den Gleichgewichtsbedingungen ein und ersetzen weiter das dort enthaltene Lagermoment M_A durch unsere statisch Unbestimmte X_M:

$$M = -X_M + q_0 \cdot a \cdot x + \frac{X_M}{2a} \cdot x - \frac{1}{2} \cdot q_0 \cdot x^2 = q_0 \cdot \left(a \cdot x - \frac{1}{2} \cdot x^2 \right) + X_M \cdot \left(\frac{x}{2a} - 1 \right) \qquad (4)$$

Dies leiten wir partiell nach der statisch Unbestimmten X_M ab und erhalten:

$$\frac{\partial M}{\partial X_M} = -1 + \frac{x}{2a} \qquad (5)$$

Die Gleichungen (4) und (5) setzen wir in den Satz von MENABREA nach Gleichung (8.13) ein:

$$\frac{\partial \Pi}{\partial X_M} = 0 = \int_0^{2a} \frac{M}{E \cdot I_y} \cdot \frac{\partial M}{\partial X_M} \cdot dx = \frac{1}{E \cdot I_y} \cdot \int_0^{2a} \left[q_0 \cdot \left(a \cdot x - \frac{1}{2} \cdot x^2 \right) + X_M \cdot \left(\frac{x}{2a} - 1 \right) \right] \cdot \left(-1 + \frac{x}{2a} \right) \cdot dx$$

$$\frac{\partial \Pi}{\partial X_B} = 0 = \frac{1}{E \cdot I_y} \cdot \left(\frac{2}{3} \cdot X_M \cdot a - \frac{1}{3} \cdot q_0 \cdot a^3 \right)$$

Hier muss wieder der Klammerausdruck zu Null werden, damit die gesamte Gleichung Null wird. Damit erhalten wir für das gesuchte Lagermoment X_M:

$$0 = \frac{2}{3} \cdot X_M \cdot a - \frac{1}{3} \cdot q_0 \cdot a^3 \qquad \rightarrow \quad \underline{\underline{X_M = \frac{1}{2} \cdot q_0 \cdot a^2 = 100\ Nm}}$$

Hinweis: Bei der Berechnung eines statisch unbestimmten Tragwerks müssen die überzähligen Lagerreaktionen nicht zwangsweise als statisch Unbestimmte X_i umbenannt werden. In allen Gleichungen hätte auch die Lagerreaktion B anstelle von X_M und das Lagermoment M_A anstelle von X_M stehen können. Es ist manchmal jedoch deutlicher, die Variable zu kennzeichnen, welche berechnet werden soll. Zudem schützt es vor einer Verwechslung von anderen Variablen im Laufe einer etwas ausführlicheren Berechnung einer Ingenieuraufgabe.

8

Beispiel 8.4

Ein masseloser Rahmen mit kreisförmigem Querschnitt ($a = 1$ m, $d = 35$ mm, $E = 210.000$ N/mm², $\nu = 0{,}3$) wird durch eine konstante Streckenlast $q_0 = 150$ N/m belastet.

Bestimmen Sie die horizontale Verschiebung der Rahmenecke *C*.

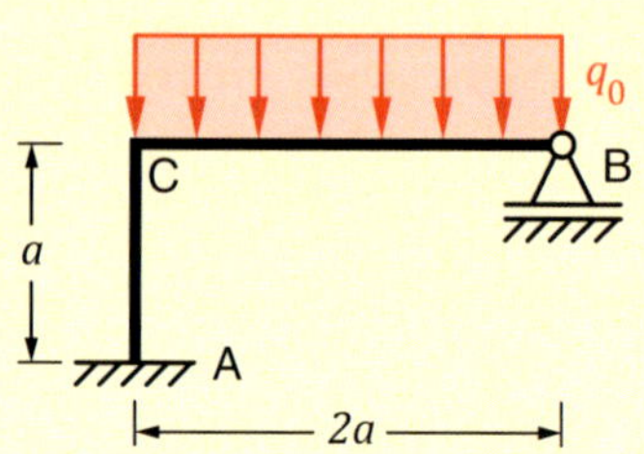

Lösung

Wir haben hier einen *1-fach* statisch unbestimmten Balken vorliegen. Daher müssen wir zuerst die überzähligen Lagerreaktionen bestimmen. Dazu zeichnen wir das entsprechende Freikörperbild und teilen dann den Rahmen in zwei Bereiche ein. Hieran stellen wir nun die Gleichgewichtsbedingungen auf:

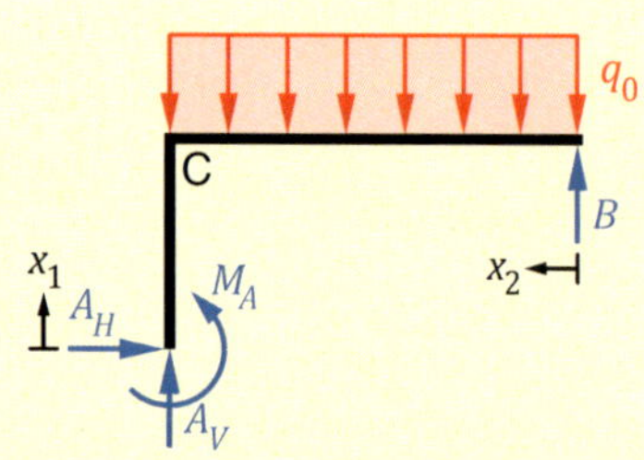

$$\rightarrow: \quad 0 = A_H \qquad \rightarrow \quad A_H = 0$$

$$\uparrow: \quad 0 = A_V + B - q_0 \cdot 2a \qquad \rightarrow \quad A_V = q_0 \cdot 2a - B$$

$$\circlearrowleft A: \quad 0 = M_A + B \cdot 2a - q_0 \cdot 2a^2 \qquad \rightarrow \quad M_A = q_0 \cdot 2a^2 - B \cdot 2a$$

Wir wollen hier nun die Lagerreaktion B als statisch Unbestimmte annehmen. Zudem wollen wir an diesem Beispiel einmal verdeutlichen, dass wir nicht zwingend die Lagerreaktion B in X_B umbenennen müssen.

Als nächstes stellen wir für die beiden Bereiche als Schnittgröße das Biegemoment M auf. Wir brauchen hier nur das Biegemoment M zu berücksichtigen, da alle anderen Schnittgrößen von der Größenordnung her wesentlich kleiner sind und daher vernachlässigt werden können.

Für die beiden Bereiche erhalten wir dann für das Biegemoment M die beiden folgenden Funktionen und das zugehörige Diagramm:

$$M_{(x_1)} = -M_A - A_H \cdot x = B \cdot 2a - q_0 \cdot 2a^2$$

$$M_{(x_2)} = B \cdot x - \frac{1}{2} \cdot q_0 \cdot x^2$$

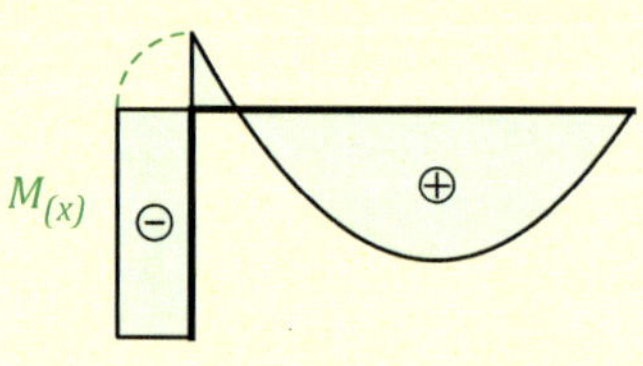

Jetzt leiten wir beide Funktionen partiell nach der Lagerreaktion B ab:

$$\frac{\partial M_{(x_1)}}{\partial B} = 2a \qquad \frac{\partial M_{(x_2)}}{\partial B} = x$$

Dies setzen wir in den Satz von Menabrea nach Gleichung (8.13) ein und erhalten daraus:

$$\frac{\partial \Pi}{\partial B} = 0 = \int_0^a \left(\frac{M_{(x_1)}}{E \cdot I_y} \cdot \frac{\partial M_{(x_1)}}{\partial B} + \frac{M_{(x_2)}}{E \cdot I_y} \cdot \frac{\partial M_{(x_2)}}{\partial B} \right) \cdot dx$$

$$\frac{\partial \Pi}{\partial B} = \frac{1}{E \cdot I_y} \cdot \int_0^a \left[(B \cdot 2a - q_0 \cdot 2a^2) \cdot (2a) + \left(B \cdot x - \frac{1}{2} \cdot q_0 \cdot x^2 \right) \cdot (x) \right] \cdot dx$$

$$\frac{\partial \Pi}{\partial B} = 0 = \frac{1}{E \cdot I_y} \cdot \int_0^a \left(B \cdot 4a^2 - q_0 \cdot 4a^3 + B \cdot x^2 - \frac{1}{2} \cdot q_0 \cdot x^3 \right) \cdot dx$$

$$\frac{\partial \Pi}{\partial B} = 0 = \frac{1}{E \cdot I_y} \cdot \left(B \cdot 4a^2 \cdot x - q_0 \cdot 4a^3 \cdot x + \frac{1}{3} \cdot B \cdot x^3 - \frac{1}{8} \cdot q_0 \cdot x^4 \right) \Big|_0^a$$

$$\frac{\partial \Pi}{\partial B} = 0 = \frac{1}{E \cdot I_y} \cdot \left(\frac{13}{3} \cdot B \cdot a^3 - \frac{33}{8} \cdot q_0 \cdot a^4 \right) \Big|_0^a$$

Damit diese Gleichung zu Null wird, muss der gesamte Klammerausdruck Null werden:

$$\rightarrow \quad 0 = \frac{13}{3} \cdot B \cdot a^3 - \frac{33}{8} \cdot q_0 \cdot a^4 \qquad \rightarrow \quad B = \frac{99}{104} \cdot q_0 \cdot a = 142{,}8\,N$$

Mit diesem Ergebnis erhalten wir für die übrigen Lagerreaktionen:

$$A_V = \frac{109}{104} \cdot q_0 \cdot a = 157{,}2\,N \qquad M_A = \frac{5}{52} \cdot q_0 \cdot a^2 = 14{,}4\,Nm \qquad A_H = 0$$

Nun müssen wir zur Berechnung der horizontalen Verschiebung f_C der Rahmenecke C eine Hilfskraft $\overline{F}$ an der Rahmenecke einfügen. Dementsprechend verändern sich die Lagerreaktionen und wir erhalten mithilfe der Gleichgewichtsbedingungen die folgenden Ergebnisse:

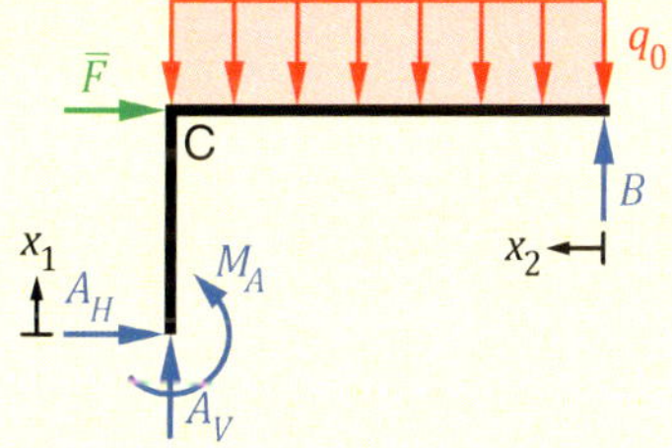

$$\rightarrow: \quad 0 = A_H + \overline{F} \qquad \rightarrow \quad A_H = -\overline{F}$$

$$\uparrow: \quad 0 = A_V + B - q_0 \cdot 2a \qquad \rightarrow \quad A_V = q_0 \cdot 2a - B$$

$$\circlearrowleft A: \quad 0 = M_A + B \cdot 2a - q_0 \cdot 2a^2 - \overline{F} \cdot a \qquad \rightarrow \quad M_A = q_0 \cdot 2a^2 - B \cdot 2a + \overline{F} \cdot a$$

Damit verbunden ergeben sich die Biegemomentenverläufe und partiellen Ableitungen zu:

$$M_{(x_1)} = -\frac{1}{5} \cdot q_0 \cdot a^2 - \overline{F} \cdot a + \overline{F} \cdot x_1 \qquad \frac{\partial M_{(x_1)}}{\partial \overline{F}} = -a + x_1$$

$$M_{(x_2)} = \frac{9}{10} \cdot q_0 \cdot a \cdot x_2 - \frac{1}{2} \cdot q_0 \cdot x_2^2 \qquad \frac{\partial M_{(x_1)}}{\partial \overline{F}} = 0$$

Aufgrund des kreisförmigen Balkenquerschnitts, erhalten wir für das Flächenträgheitsmoment I_y:

$$I_y = \frac{\pi}{4} \cdot \left(\frac{d}{2}\right)^4 = 73.661{,}8\, mm^4$$

Die Hilfskraft $\overline{F}$ setzen wir in unseren Gleichungen zu Null. Danach fügen wir alles in den Satz von CASTIGLIANO nach Gleichung (8.12) ein und erhalten für die gesuchte Verschiebung f_C:

$$f_C = \frac{\partial \Pi}{\partial \overline{F}} = \int_0^a \left(\frac{M_{(x_1)}}{E \cdot I_y} \cdot \frac{\partial M_{(x_1)}}{\partial \overline{F}} + \frac{M_{(x_2)}}{E \cdot I_y} \cdot \frac{\partial M_{(x_2)}}{\partial \overline{F}}\right) \cdot dx = \int_0^a \left(\frac{M_{(x_1)}}{E \cdot I_y} \cdot \frac{\partial M_{(x_1)}}{\partial \overline{F}} + 0\right) \cdot dx$$

$$f_C = \frac{1}{E \cdot I_y} \cdot \int_0^a \left(-\frac{1}{5} \cdot q_0 \cdot a^2\right) \cdot (-a + x) \cdot dx = \frac{1}{E \cdot I_y} \cdot \int_0^a \left(\frac{1}{5} \cdot q_0 \cdot a^3 - \frac{1}{5} \cdot q_0 \cdot a^2 \cdot x\right) \cdot dx$$

$$f_C = \frac{1}{E \cdot I_y} \cdot \left(\frac{1}{5} \cdot q_0 \cdot a^3 \cdot x - \frac{1}{10} \cdot q_0 \cdot a^2 \cdot x^2\right)\Big|_0^a = \frac{1}{E \cdot I_y} \cdot \left(\frac{1}{5} \cdot q_0 \cdot a^4 - \frac{1}{10} \cdot q_0 \cdot a^4\right)$$

$$\underline{\underline{f_C}} = \frac{1}{10} \cdot \frac{q_0 \cdot a^4}{E \cdot I_y} = \underline{\underline{0{,}97\, mm}}$$

Hinweis: Anhand dieser Beispielaufgabe wird deutlich, dass die Umbenennung der überzähligen Lagerreaktion in X_i nicht zwingend erforderlich ist. Aufgrund der wenigen und vor allem eindeutigen Bezeichnungen der Kraftgrößen brauchen wir hier keine Umbenennung durchführen. Des Weiteren zeigt diese Beispielaufgabe, dass mithilfe des Satzes von MENABREA zuerst die überzähligen Lagerreaktionen berechnet werden. Mit Kenntnis aller Lagerreaktionen können diese als äußere eingeprägte Kräfte im Freikörperbild behandelt werden. Somit ist die anschließende Berechnung mithilfe des Satzes von CASTIGLIANO problemlos möglich.

8.4 Sätze von ENGESSER

Bevor wir die Sätze von ENGESSER[41] behandeln, sind zunächst ein paar Vorbemerkungen notwendig. Im Jahr 1889, also recht lange nach der Publikation der Sätze von CASTIGLIANO und MENABREA, bewies ENGESSER, dass es neben der Formänderungsenergie Π auch eine komplementäre Formänderungsenergie Π^* existiert. Da der erste Satz von CASTIGLIANO nach Gleichung (8.9) nur für linear-elastisches Materialverhalten gilt, ist es unerheblich, ob hierfür die Formänderungsenergie Π oder die komplementäre Formänderungsenergie Π^* verwendet wird. Schließlich gilt bei linear-elastischem Materialverhalten, dass $\Pi = \Pi^*$ ist. Somit gilt für den ersten Satz von CASTIGLIANO:

$$f_i = \frac{\partial \Pi^*}{\partial F_i} = \frac{\partial \Pi}{\partial F_i} \qquad \psi_i = \frac{\partial \Pi^*}{\partial M_i} = \frac{\partial \Pi}{\partial M_i} \qquad (8.15)$$

Erster Satz von CASTIGLIANO

Da wir uns in den meisten Fällen auf linear-elastisches Materialverhalten beschränken, da damit verbunden das HOOKE'sche Gesetz angewendet werden kann und dies für die gängigsten Werkstoffe zutrifft, wird in der Literatur sehr oft für die Sätze von CASTIGLIANO die Formänderungsenergie Π verwendet. Soll jedoch nichtlinear-elastisches Materialverhalten berücksichtigt werden, muss zwingend die komplementäre Formänderungsenergie Π^* benutzt werden. Diese Erkenntnis wurde erstmals von ENGESSER aufgezeigt. Daher lautet der *erste Satz von ENGESSER*:

$$f_i = \frac{\partial \Pi^*}{\partial F_i} \qquad \psi_i = \frac{\partial \Pi^*}{\partial M_i} \qquad (8.16)$$

Erster Satz von ENGESSER

Da wir schon direkt zwischen Π und Π^* unterschieden haben, sind die beiden ersten Sätze von CASTIGLIANO und ENGESSER identisch.

Das Gleiche gilt auch für den Satz von MENABREA. In der eigentlichen Form gilt der Satz von MENABREA nur für linear-elastisches Materialverhalten. Damit ist es auch hier unerheblich, ob Π oder Π^* verwendet wird. Soll jedoch nichtlinear-elastisches Materialverhalten berücksichtigt werden, ist zwingend Π^* zu benutzen. Dies ist der *zweite Satz von ENGESSER*:

$$\frac{\partial \Pi^*}{\partial X_i} = 0 \qquad (8.17)$$

Zweiter Satz von ENGESSER

[41] Friedrich ENGESSER (1848–1931), dt. Bauingenieur, Professor für Statik, Brückenbau und Eisenbahnwesen

Es sei hier nochmal ausdrücklich auf das Kapitel 3.5.2 auf S. 48 ff. und die Bestimmung von Π und Π^* hingewiesen. Bei Handrechnungen ist die komplementäre Formänderungsenergie Π^* wesentlich besser geeignet, da die darin enthaltenen Schnittgrößen recht einfach zu ermitteln sind. Umgekehrt, bei der Formänderungsenergie Π ist es recht aufwändig, die darin enthaltenen Verzerrungsgrößen zu ermitteln. Dies lässt sich computergestützt wesentlich besser lösen als bei Handrechnungen. Wir wollen dies anhand zweier Gleichungen verdeutlichen. Die Bestimmung der komplementären Formänderungsenergie Π^* erfolgt mithilfe der Schnittgrößen:

$$\Pi^* = \int \frac{1}{2} \cdot \frac{N^2}{E \cdot A} \cdot dx + \int \frac{1}{2} \cdot \frac{M^2}{E \cdot I_y} \cdot dx + \int \frac{1}{2} \cdot \frac{Q^2}{\kappa \cdot G \cdot A} \cdot dx + \int \frac{1}{2} \cdot \frac{T^2}{G \cdot I_t} \cdot dx \tag{8.18}$$

Wohingegen die Formänderungsenergie Π mithilfe der Verformungen zu bestimmen ist:

$$\Pi = \int \frac{1}{2} \cdot E \cdot A \cdot u'^2 \cdot dx + \int \frac{1}{2} \cdot E \cdot I \cdot w''^2 \cdot dx + \int \frac{1}{2} \cdot \kappa \cdot G \cdot A \cdot w_S'^2 \cdot dx + \int \frac{1}{2} \cdot G \cdot I_t \cdot \vartheta'^2 \cdot dx \tag{8.19}$$

Bei diesem Vergleich ist unschwer zu erkennen, dass bei einer Handrechnung, die Handhabung der Schnittgrößen wesentlich einfacher ist als die Ableitungen der Verformungen.

In Kürze

Erster Satz von CASTIGLIANO
Die partielle Ableitung der gesamten komplementären Formänderungsenergie Π^* eines linear-elastischen, isothermen[42] *Körpers nach der Kraftgröße (Kraft bzw. Moment) liefert die zugehörige Verformungsgröße (Verschiebung bzw. Verdrehung) in Richtung der Kraftgröße.*

$$f_i = \frac{\partial \Pi^*}{\partial F_i} \qquad \psi_i = \frac{\partial \Pi^*}{\partial M_i}$$

- Der erste Satz von CASTIGLIANO gilt ausschließlich für *linear-elastisches* Materialverhalten und für statisch bestimmte Tragwerke.

Zweiter Satz von CASTIGLIANO
Die partielle Ableitung der gesamten komplementären Formänderungsenergie Π^* nach der Verformungsgröße (Verschiebung bzw. Verdrehung) liefert die zugehörige Kraftgröße (Kraft bzw. Moment) in Richtung der Verformungsgröße.

$$F_i = \frac{\partial \Pi^*}{\partial f_i} \qquad M_i = \frac{\partial \Pi^*}{\partial \psi_i}$$

- Der zweite Satz von CASTIGLIANO gilt für *beliebiges* Materialverhalten und für statisch bestimmte Tragwerke.

Erster Satz von CASTIGLIANO mit Hilfskraft

$$f_i = \left.\frac{\partial \Pi^*}{\partial \overline{F}_i}\right|_{\overline{F}_i=0} \qquad \psi_i = \left.\frac{\partial \Pi^*}{\partial \overline{M}_i}\right|_{\overline{M}_i=0}$$

- Dieser Satz gilt ausschließlich für *linear-elastisches* Materialverhalten und für statisch unbestimmte Tragwerke.

Satz von MENABREA
(Dritter Satz von CASTIGLIANO)
Die partielle Ableitung der gesamten komplementären Formänderungsenergie Π^* eines linear-elastischen, isothermen Körpers nach der statisch Unbestimmten X ist Null.

$$\frac{\partial \Pi^*}{\partial X_i} = 0$$

- Der Satz von MENABREA gilt für *linear-elastisches* Materialverhalten und dient zur Berechnung statisch unbestimmter Tragwerke.
- Der Satz von MENABREA kann auch als Sonderfall des ersten Satzes von CASTIGLIANO angesehen werden

Die Sätze von ENGESSER

- In der hier dargestellten Form sind die Sätze von ENGESSER mit dem ersten Satz von CASTIGLIANO und dem Satz von MENABREA identisch.
- Grund dafür ist die Unterscheidung zwischen der Formänderungsenergie Π und der komplementären Formänderungsenergie Π^*.
- Bei Verwendung der Formänderungsenergie Π gilt der erste Satz von CASTIGLIANO ausschließlich für linear-elastisches Materialverhalten.
- Wird jedoch die komplementäre Formänderungsenergie Π^* verwendet, gilt der Satz auch für beliebiges Materialverhalten. In dieser Form ist es dann der erste Satz von ENGESSER.
- Analoges gilt für den zweiten Satz von ENGESSER und dem Satz von MENABREA.

[42] *isotherm* (isos: *griech.* ἴσος: gleich; therme: *griech.* ζέστη: Wärme): gleiche (unveränderte) Temperatur

9 Aufgaben zu den Kapiteln 4, 6, 7 und 8

C. Spura, *Energiemethoden der Technischen Mechanik*,
https://doi.org/10.1007/978-3-658-29574-5_9

Aufgabe 9.1

Ein masseloser abgewinkelter Balken (a = 300 mm, E = 210.000 N/mm², ν = 0,3, I_y = 450.000 mm⁴) wird durch eine Kraft F = 3 kN belastet.

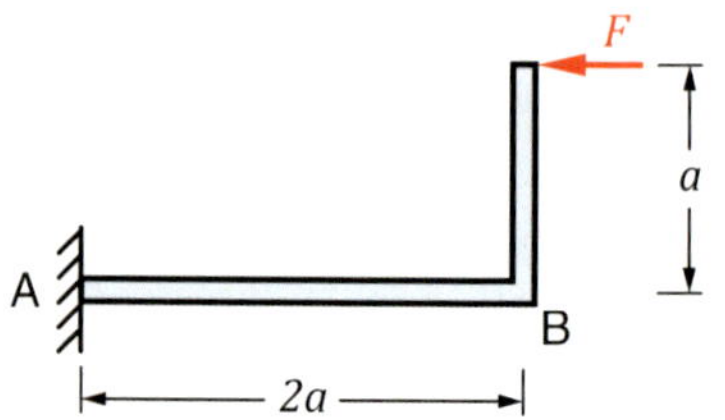

a) Bestimmen Sie die horizontale Verschiebung an der Kraftangriffsstelle infolge Biegung.
b) Bestimmen Sie die vertikale Verschiebung der unbelasteten Rahmenecke *B*.

Aufgabe 9.2

Ein masseloser Rahmen (a = 50 cm, E = 70.000 N/mm², ν = 0,34, I_y = 133 cm⁴) wird durch eine konstante Streckenlast q_0 = 1,5 kN/m belastet.

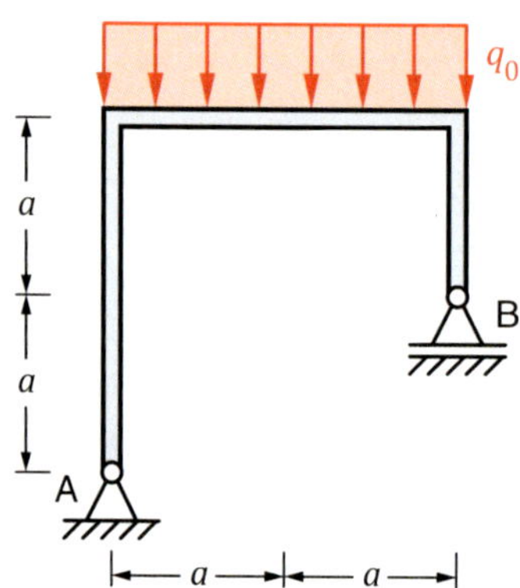

Bestimmen Sie die Lagerreaktionen und die horizontale Verschiebung am Lager *B*.

Aufgabe 9.3

Ein masseloser Aluminiumbalken (a =7 dm, E = 70 kN/mm², ν = 0,34, I_y = 720.000 mm⁴) wird mit einer konstanten Streckenlast q_0 = 400 N/m belastet.

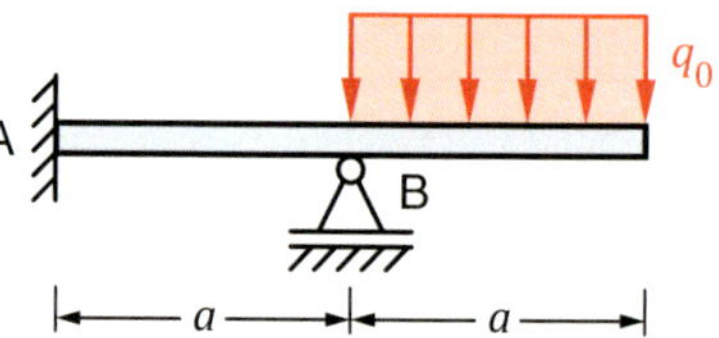

Bestimmen Sie die Lagerreaktionen.

Aufgabe 9.4

Ein masseloser Rahmen (a = 40 cm, E = 210 kN/mm², ν = 0,3, I_y = 35 cm⁴) wird durch eine Kraft F = 5 kN belastet.

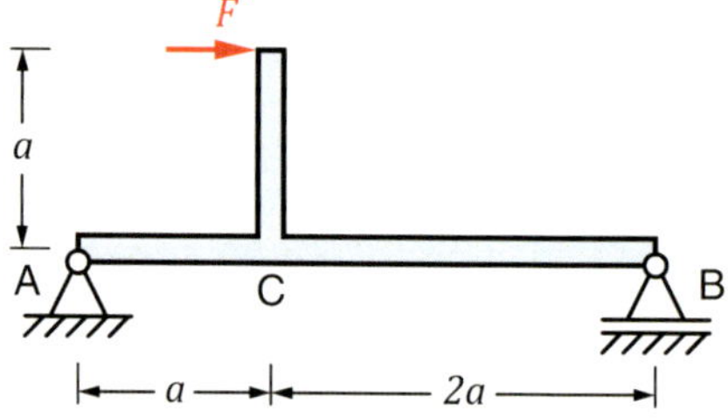

Bestimmen Sie die horizontale Verschiebung an der Kraftangriffsstelle sowie die vertikale Verschiebung am Punkt *C*.

Aufgabe 9.5

Ein masseloser Balken ($a = 130$ cm, $b = 8$ dm, $E = 210.000$ N/mm², $\nu = 0{,}3$, $I_y = 56$ cm⁴) wird durch eine Kraft $F = 5$ kN belastet.

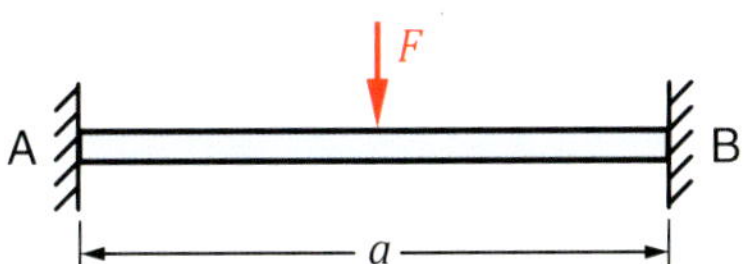

Bestimmen Sie die vertikale Verschiebung an der Kraftangriffsstelle.

Aufgabe 9.6

Ein masseloser Bogen ($r = 1500$ mm, $d = 12{,}5$ cm, $E = 210.000$ N/mm², $\nu = 0{,}3$) wird durch eine konstante Streckenlast $q_0 = 450$ N/m belastet.

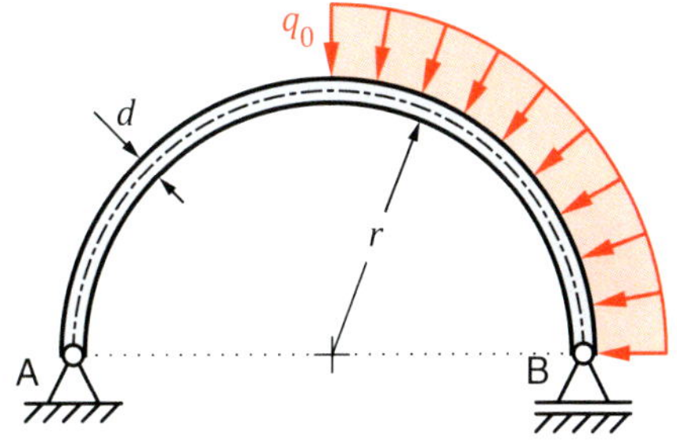

Bestimmen Sie die horizontale Verschiebung des gelenkigen Loslagers *B*.

Aufgabe 9.7

Ein masseloser Rahmen ($a = 1$ m, $E = 210.000$ N/mm², $\nu = 0{,}3$, $I_y = 750$ cm⁴) wird durch eine konstante Streckenlast $q_0 = 170$ N/m belastet.

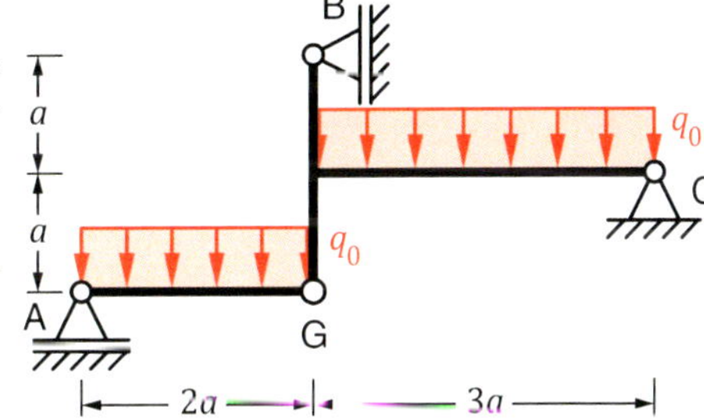

Bestimmen Sie die vertikale Verschiebung des Drehgelenkes *G* infolge Biegung.

9

Lösungen

Aufgabe 9.1	$f_F = 2$ mm	$f_B = 1{,}7$ mm
Aufgabe 9.2	$A_H = 0$ $A_V = 750$ N $B = 750$ N	$f_B = 1$ mm
Aufgabe 9.3	$A_H = 0$ $A_V = -210$ N $M_A = -49$ Nm $B = 490$ N	
Aufgabe 9.4	$f_F = 2{,}9$ mm	$f_C = 0{,}97$ mm
Aufgabe 9.5	$f_F = 1{,}72$ mm	
Aufgabe 9.6	$f_B = 1{,}9$ mm	
Aufgabe 9.7	$f_G = 3{,}6$ mm	

10 Formelsammlungen

C. Spura, *Energiemethoden der Technischen Mechanik*,
https://doi.org/10.1007/978-3-658-29574-5_10

Tab. 10-1 Rand- und Übergangsbedingungen

Symbol	Statische Randbedingungen		Geometrische Randbedingungen	
	$Q = 0$	$M = 0$	$(w' \neq 0)$	$(w \neq 0)$
	$(Q \neq 0)$	$M = 0$	$(w' \neq 0)$	$w = 0$
	$(Q \neq 0)$	$M = 0$	$(w' \neq 0)$	$w = 0$
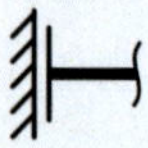	$Q = 0$	$(M \neq 0)$	$w' = 0$	$(w \neq 0)$
	$(Q \neq 0)$	$(M \neq 0)$	$w' = 0$	$w = 0$
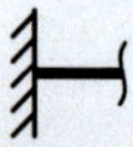	$(Q \neq 0)$	$(M \neq 0)$	$w' = 0$	$w = 0$
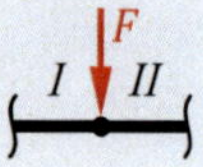 F, I, II	$Q^I - F = Q^{II}$ Sprung	$M^I = M^{II}$ Knick	$w'_I = w'_{II}$	$w_I = w_{II}$
 M, I, II	$Q^I = Q^{II}$	$M^I - M = M^{II}$ Sprung	$w'_I = w'_{II}$	$w_I = w_{II}$
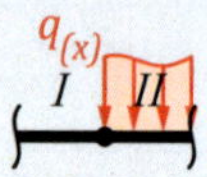 $q_{(x)}$, I, II	$Q^I = Q^{II}$ Knick	$M^I = M^{II}$	$w'_I = w'_{II}$	$w_I = w_{II}$
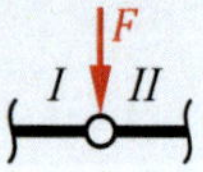 F, I, II	$Q^I - F = Q^{II}$ Sprung	$M^I = M^{II}$	$(w'_I \neq w'_{II})$	$w_I = w_{II}$
 M, I, II	$Q^I = Q^{II}$	$M^I - M = M^{II} = 0$	$(w'_I \neq w'_{II})$	$w_I = w_{II}$
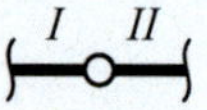 I, II	$Q^I = Q^{II}$	$M^I = M^{II} = 0$	$(w'_I \neq w'_{II})$	$w_I = w_{II}$
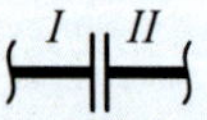 I, II	$Q^I = Q^{II} = 0$	$M^I = M^{II}$	$w'_I = w'_{II}$	$(w_I \neq w_{II})$
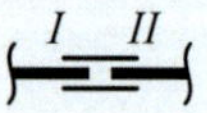 I, II	$Q^I = Q^{II}$	$M^I = M^{II}$	$w'_I = w'_{II}$	$w_I = w_{II}$

Tab. 10-2 Integraltafel (Koppeltafel) zur Bestimmung von $\int_0^l M \cdot M \cdot dx$

	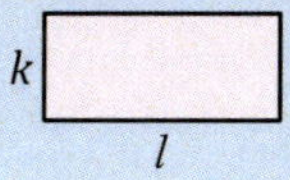 Rechteck k, l	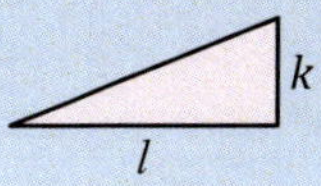 Dreieck, k rechts, l	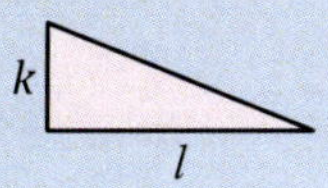 Dreieck, k links, l	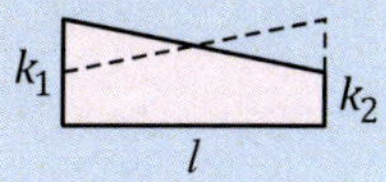 Trapez k_1, k_2, l
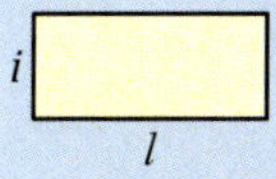 Rechteck i, l	$l \cdot i \cdot k$	$\frac{1}{2} \cdot l \cdot i \cdot k$	$\frac{1}{2} \cdot l \cdot i \cdot k$	$\frac{1}{2} \cdot l \cdot i \cdot (k_1 + k_2)$
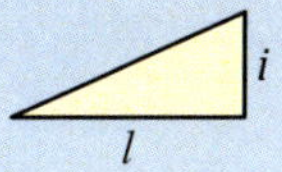 Dreieck i rechts, l	$\frac{1}{2} \cdot l \cdot i \cdot k$	$\frac{1}{3} \cdot l \cdot i \cdot k$	$\frac{1}{6} \cdot l \cdot i \cdot k$	$\frac{1}{6} \cdot l \cdot i \cdot (k_1 + 2 \cdot k_2)$
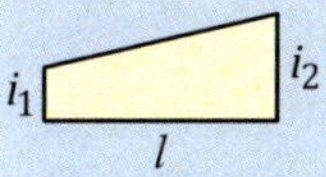 Trapez i_1, i_2, l	$\frac{1}{2} \cdot l \cdot k \cdot (i_1 + i_2)$	$\frac{1}{6} \cdot l \cdot k \cdot (i_1 + 2 \cdot i_2)$	$\frac{1}{6} \cdot l \cdot k \cdot (2 \cdot i_1 + i_2)$	$\frac{1}{6} \cdot l \cdot (2 \cdot i_1 \cdot k_1 + 2 \cdot i_2 \cdot k_2 + i_1 \cdot k_2 + i_2 \cdot k_1)$
quadratisch 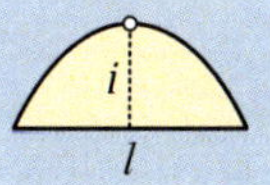 (Scheitel in der Mitte) i, l	$\frac{2}{3} \cdot l \cdot i \cdot k$	$\frac{1}{3} \cdot l \cdot i \cdot k$	$\frac{1}{3} \cdot l \cdot i \cdot k$	$\frac{1}{3} \cdot l \cdot i \cdot (k_1 + k_2)$
quadratisch 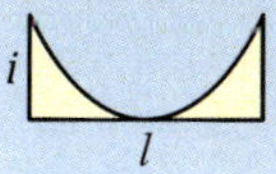 (Scheitel in der Mitte, nach unten) i, l	$\frac{1}{3} \cdot l \cdot i \cdot k$	$\frac{1}{6} \cdot l \cdot i \cdot k$	$\frac{1}{6} \cdot l \cdot i \cdot k$	$\frac{1}{6} \cdot l \cdot i \cdot (k_1 + k_2)$
quadratisch 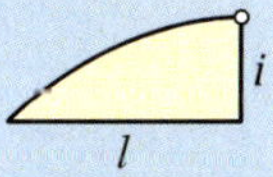 (Scheitel rechts) i, l	$\frac{2}{3} \cdot l \cdot i \cdot k$	$\frac{5}{12} \cdot l \cdot i \cdot k$	$\frac{1}{4} \cdot l \cdot i \cdot k$	$\frac{1}{12} \cdot l \cdot i \cdot (3 \cdot k_1 + 5 \cdot k_2)$
quadratisch 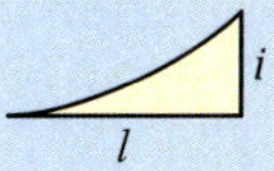 (Scheitel links) i, l	$\frac{1}{3} \cdot l \cdot i \cdot k$	$\frac{1}{4} \cdot l \cdot i \cdot k$	$\frac{1}{12} \cdot l \cdot i \cdot k$	$\frac{1}{12} \cdot l \cdot i \cdot (k_1 + 3 \cdot k_2)$
kubisch 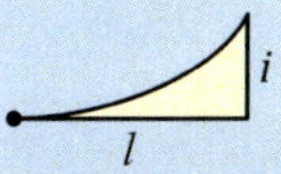 (Nullstelle links) i, l	$\frac{1}{4} \cdot l \cdot i \cdot k$	$\frac{1}{5} \cdot l \cdot i \cdot k$	$\frac{1}{20} \cdot l \cdot i \cdot k$	$\frac{1}{20} \cdot l \cdot i \cdot (k_1 + 4 \cdot k_2)$
kubisch 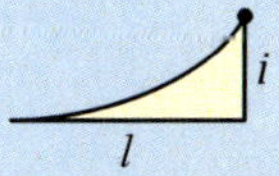 (Nullstelle rechts) i, l	$\frac{3}{8} \cdot l \cdot i \cdot k$	$\frac{11}{40} \cdot l \cdot i \cdot k$	$\frac{1}{10} \cdot l \cdot i \cdot k$	$\frac{1}{40} \cdot l \cdot i \cdot (4 \cdot k_1 + 11 \cdot k_2)$

° Scheitelpunkt der quadratischen Parabel • Nullstelle der zugehörigen Dreiecksstreckenlast

Tab. 10-3 Formelsammlung Biegelinien und Neigungen statisch bestimmter Tragwerke

Lastfall	Grundgleichung der Biegelinie
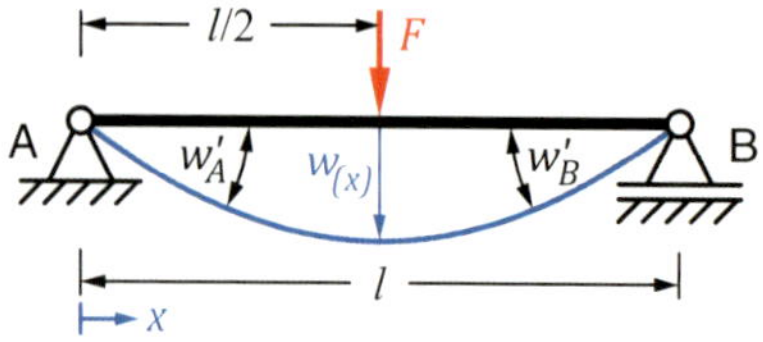	$0 \leq x \leq \frac{l}{2}$ $w_{(x)} = \frac{F}{48 \cdot EI} \cdot (3 \cdot l^2 \cdot x - 4 \cdot x^3)$
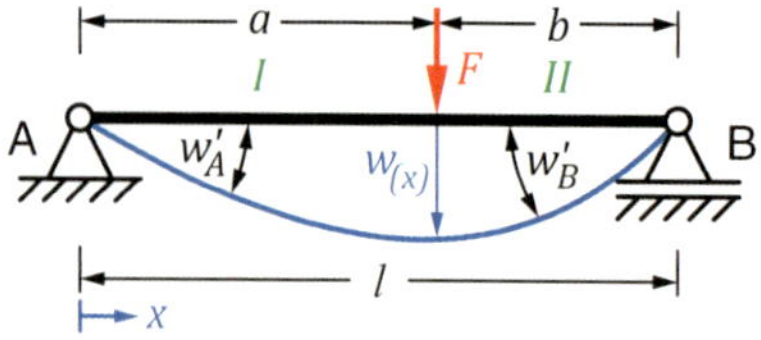	$0 \leq x \leq a$ $w_{(x)} = \frac{F}{6 \cdot EI} \cdot \left(a \cdot b \cdot x + \frac{a \cdot b^2}{l} \cdot x - \frac{b}{l} \cdot x^3\right)$ $a \leq x \leq l$ $w_{(x)} = \frac{F \cdot a^2 \cdot b}{6 \cdot EI} \cdot \left[\left(1 + \frac{l}{a}\right) \cdot \frac{l - x}{l} - \frac{(1 - x)^3}{a \cdot b \cdot l}\right]$
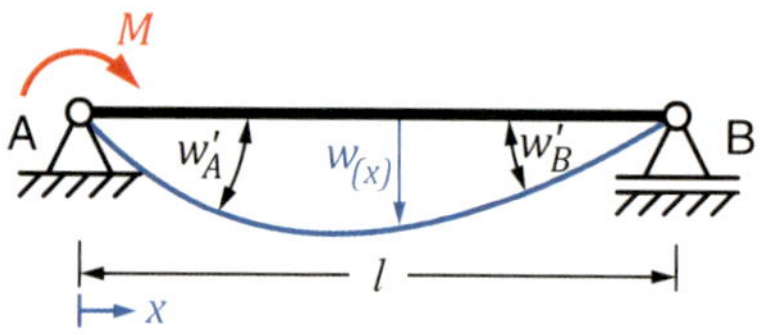	$w_{(x)} = \frac{M}{6 \cdot EI} \cdot \left(\frac{x^3}{l} - 3 \cdot x^2 + 2 \cdot l \cdot x\right)$
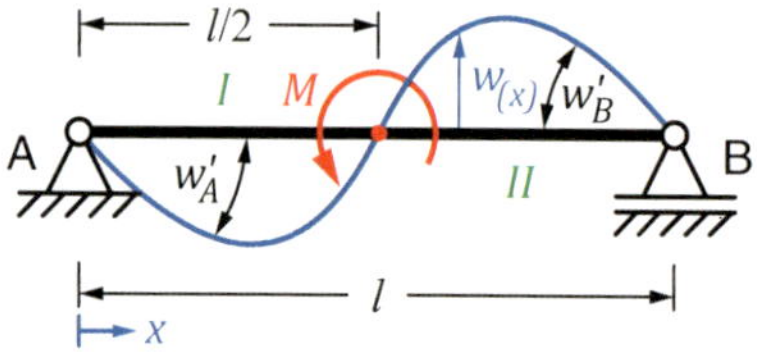	$0 \leq x \leq l/2$ $w_{(x)} = \frac{M}{24 \cdot EI} \cdot \left(l \cdot x - 4 \cdot \frac{x^3}{l}\right)$ $l/2 \leq x \leq l$ $w_{(x)} = \frac{M}{24 \cdot EI} \cdot \left(3 \cdot l^2 - 11 \cdot x \cdot l + 12 \cdot x^2 - 4 \cdot \frac{x^3}{l}\right)$
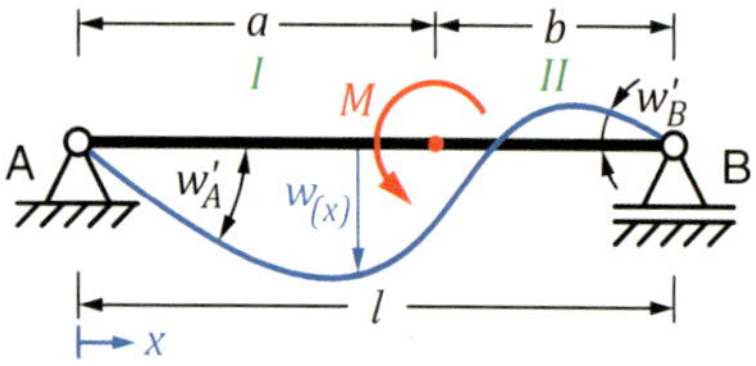	$0 \leq x \leq a$ $w_{(x)} = \frac{M}{6 \cdot EI} \cdot \left(6 \cdot a \cdot x - 2 \cdot l \cdot x - \frac{3 \cdot a^2 \cdot x}{l} - \frac{x^3}{l}\right)$ $a \leq x \leq l$ $w_{(x)} = \frac{M}{6 \cdot EI} \cdot \left(1 - \frac{x}{l}\right) \cdot (x^2 - 2 \cdot l \cdot x + 3 \cdot a^2)$

max. Durchbiegung	Neigung
$w_{max\left(x=\frac{l}{2}\right)} = \frac{F \cdot l^3}{48 \cdot EI}$	$w'_A = w'_B = \frac{F \cdot l^2}{16 \cdot EI}$
$a > b$: $x_{max} = \sqrt{(l^2 - b^2)/3}$ $w_{max} = \frac{F \cdot b \cdot \sqrt{(l^2 - b^2)^3}}{9 \cdot \sqrt{3} \cdot EI \cdot l}$ $a < b$: $x_{max} = l - \sqrt{(l^2 - a^2)/3}$ $w_{max} = \frac{F \cdot a \cdot \sqrt{(l^2 - a^2)^3}}{9 \cdot \sqrt{3} \cdot EI \cdot l}$	$w'_A = \frac{F \cdot a \cdot b \cdot (l + b)}{6 \cdot EI \cdot l}$ $w'_B = \frac{F \cdot a \cdot b \cdot (l + a)}{6 \cdot EI \cdot l}$
$x_{max} = l - \frac{l}{\sqrt{3}}$ $w_{max} = \frac{M \cdot l^2}{9 \cdot \sqrt{3} \cdot EI}$	$w'_A = \frac{M \cdot l}{3 \cdot EI}$ $w'_B = \frac{M \cdot l}{6 \cdot EI}$
$x^{I}_{max} = \frac{l}{2 \cdot \sqrt{3}}$ $x^{II}_{max} = \left(l - \frac{l}{2 \cdot \sqrt{3}}\right)$ $w^{I}_{max} = w^{II}_{max} = \frac{M \cdot l^2}{72 \cdot \sqrt{3} \cdot EI}$	$w'_A = w'_B = \frac{M \cdot l}{24 \cdot EI}$
$a > b$: $x_{max} = \frac{\sqrt{18 \cdot a \cdot l - 6 \cdot l^2 - 9 \cdot a^2}}{3}$ $w_{max} = \frac{M \cdot \sqrt{3}}{27 \cdot EI \cdot l} \cdot (6 \cdot a \cdot l - 3 \cdot a^2 - 2 \cdot l^2)^{3/2}$ $a < b$: $x_{max} = l - \frac{\sqrt{3 \cdot l^2 - 9 \cdot a^2}}{3}$ $w_{max} = \frac{M \cdot \sqrt{3}}{27 \cdot EI \cdot l} \cdot (l^2 - 3 \cdot a^2)^{3/2}$	$w'_A = \frac{M}{6 \cdot EI} \cdot \left(\frac{3 \cdot a^2}{l} - 6 \cdot a + 2 \cdot l\right)$ $w'_B = \frac{M}{6 \cdot EI} \cdot \left(\frac{3 \cdot a^2}{l} - l\right)$

Lastfall	Grundgleichung der Biegelinie
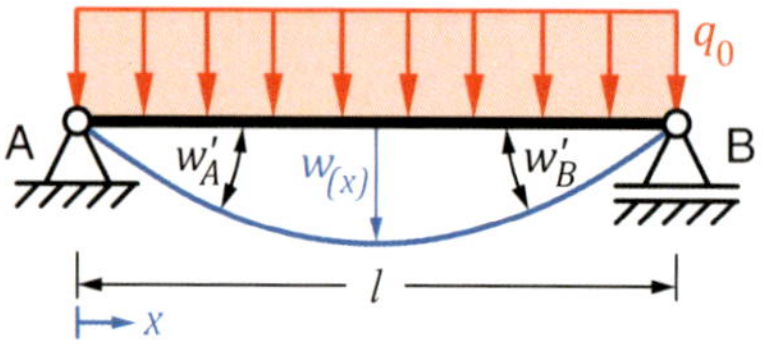 q_0 A B w'_A $w_{(x)}$ w'_B l x	$w_{(x)} = \frac{q_0}{24 \cdot EI} \cdot (x^4 - 2 \cdot l \cdot x^3 + l^3 \cdot x)$
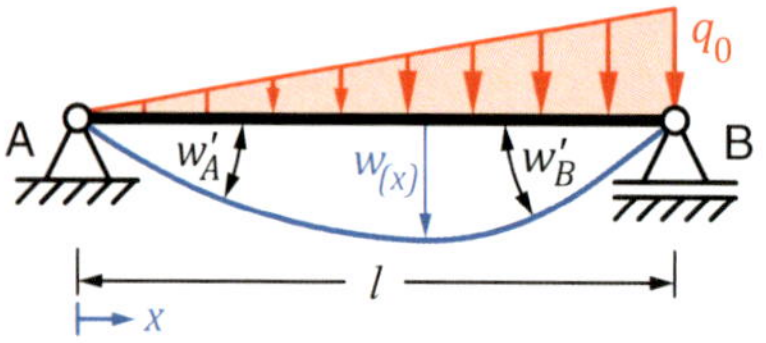 q_0 A B w'_A $w_{(x)}$ w'_B l x	$w_{(x)} = \frac{q_0}{360 \cdot EI} \cdot \left(3 \cdot \frac{x^5}{l} - 10 \cdot l \cdot x^3 + 7 \cdot l^3 \cdot x\right)$
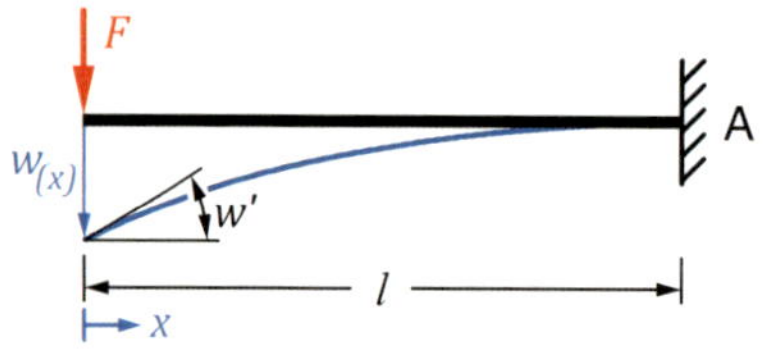 F A $w_{(x)}$ w' l x	$w_{(x)} = \frac{F}{6 \cdot EI} \cdot (x^3 - 3 \cdot l^2 \cdot x + 2 \cdot l^3)$
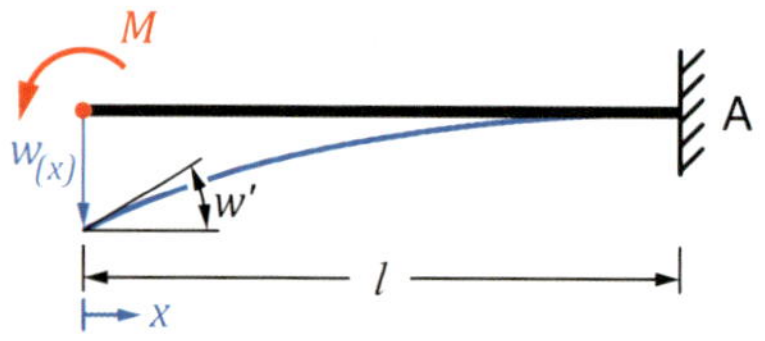 M A $w_{(x)}$ w' l x	$w_{(x)} = \frac{M}{2 \cdot EI} \cdot (x^2 - 2 \cdot l \cdot x + l^2)$
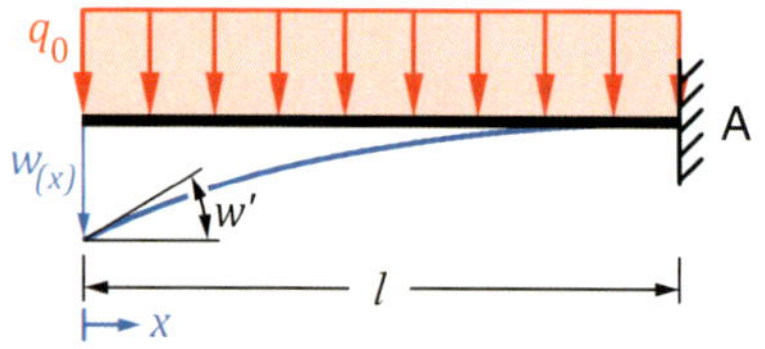 q_0 A $w_{(x)}$ w' l x	$w_{(x)} = \frac{q_0}{24 \cdot EI} \cdot (x^4 - 4 \cdot l^3 \cdot x + 3 \cdot l^4)$

max. Durchbiegung	Neigung
$w_{max\left(x=\frac{l}{2}\right)} = \frac{5}{384} \cdot \frac{q_0 \cdot l^4}{EI}$	$w'_A = w'_B = \frac{q_0 \cdot l^3}{24 \cdot EI}$
$x_{max} = 0{,}519 \cdot l$ $w_{max} = \frac{q_0 \cdot l^4}{153{,}3 \cdot EI}$	$w'_A = \frac{7}{360} \cdot \frac{q_0 \cdot l^3}{EI}$ $w'_B = \frac{8}{360} \cdot \frac{q_0 \cdot l^3}{EI}$
$w_{max} = \frac{F \cdot l^3}{3 \cdot EI}$	$w'_{(x=0)} = \frac{F \cdot l^2}{2 \cdot EI}$
$w_{max} = \frac{M \cdot l^2}{2 \cdot EI}$	$w'_{(x=0)} = \frac{M \cdot l}{EI}$
$w_{max} = \frac{q_0 \cdot l^4}{8 \cdot EI}$	$w'_{(x=0)} = \frac{q_0 \cdot l^3}{6 \cdot EI}$

10

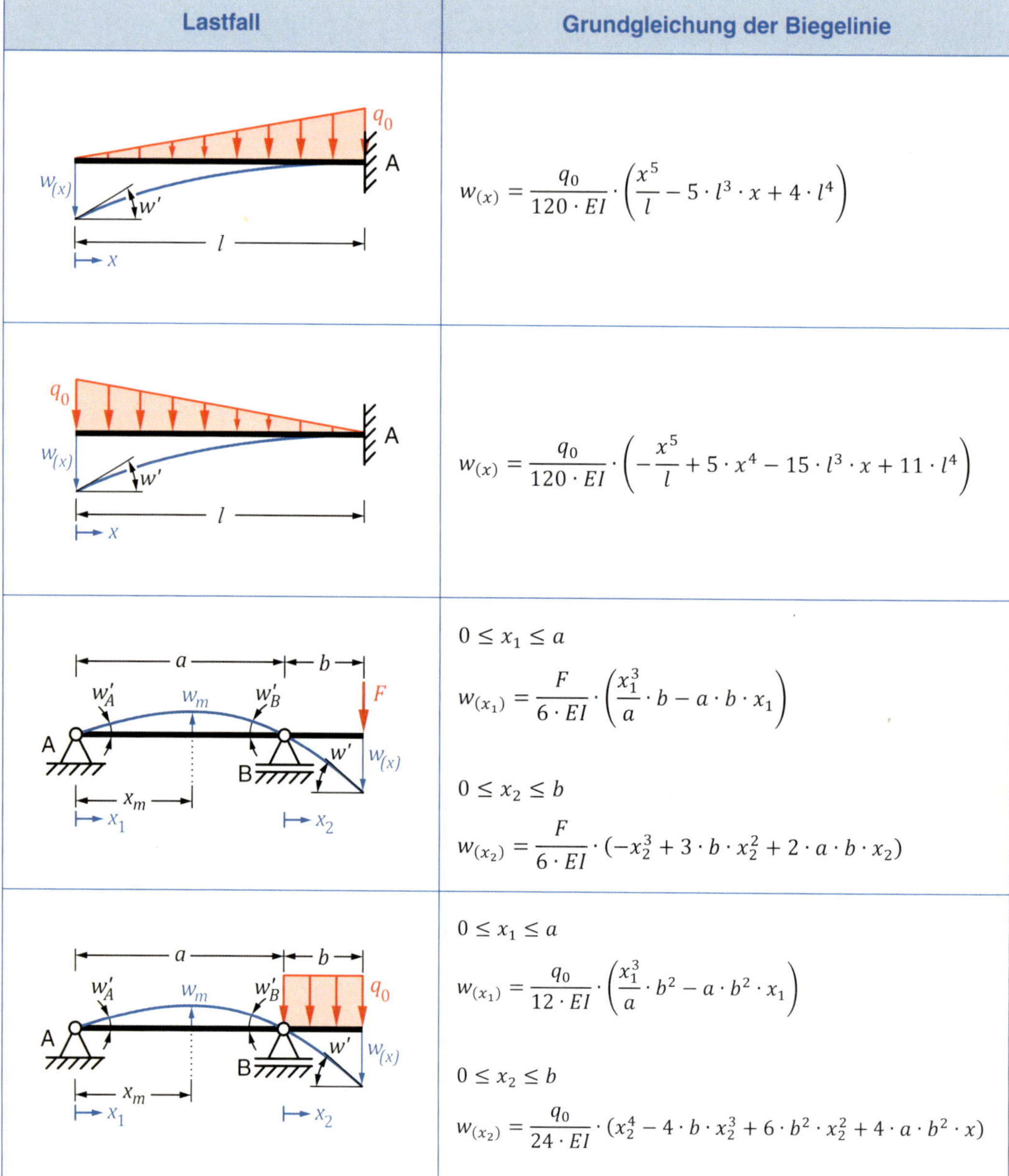

<table>
<tr><th>Lastfall</th><th>Grundgleichung der Biegelinie</th></tr>
<tr><td>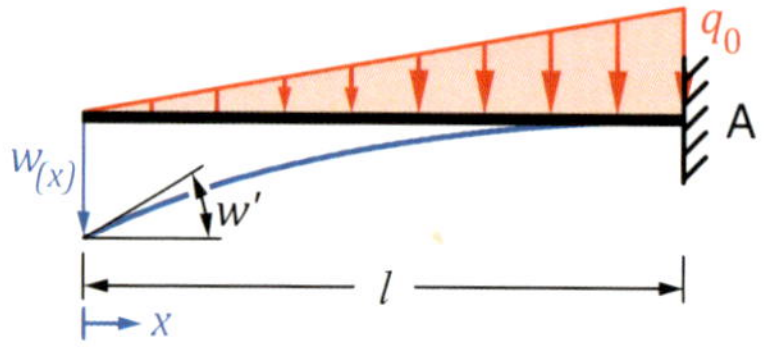
</td><td>$$w_{(x)} = \frac{q_0}{120 \cdot EI} \cdot \left(\frac{x^5}{l} - 5 \cdot l^3 \cdot x + 4 \cdot l^4\right)$$</td></tr>
<tr><td>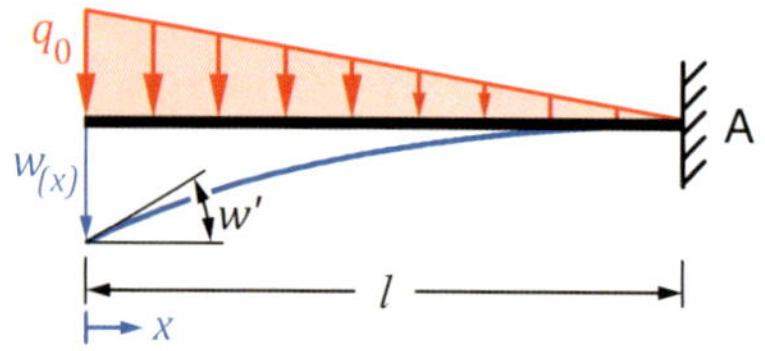
</td><td>$$w_{(x)} = \frac{q_0}{120 \cdot EI} \cdot \left(-\frac{x^5}{l} + 5 \cdot x^4 - 15 \cdot l^3 \cdot x + 11 \cdot l^4\right)$$</td></tr>
<tr><td>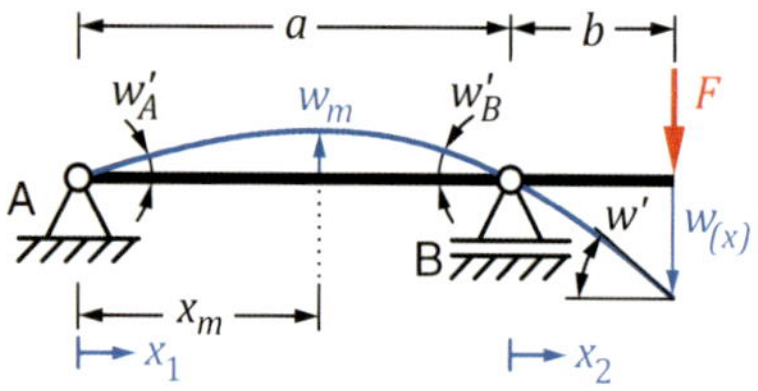
</td><td>$0 \leq x_1 \leq a$
$$w_{(x_1)} = \frac{F}{6 \cdot EI} \cdot \left(\frac{x_1^3}{a} \cdot b - a \cdot b \cdot x_1\right)$$
$0 \leq x_2 \leq b$
$$w_{(x_2)} = \frac{F}{6 \cdot EI} \cdot (-x_2^3 + 3 \cdot b \cdot x_2^2 + 2 \cdot a \cdot b \cdot x_2)$$</td></tr>
<tr><td>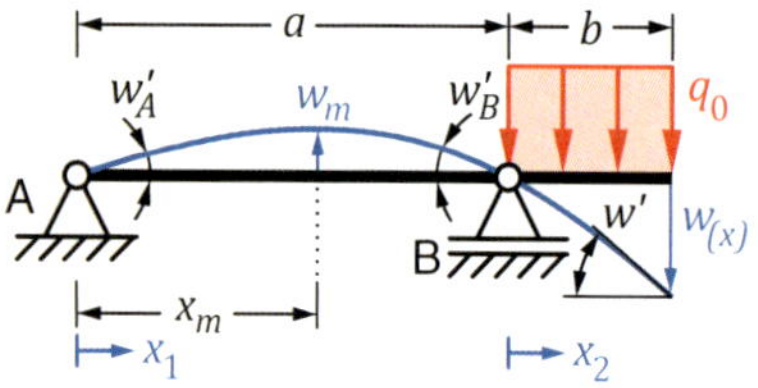
</td><td>$0 \leq x_1 \leq a$
$$w_{(x_1)} = \frac{q_0}{12 \cdot EI} \cdot \left(\frac{x_1^3}{a} \cdot b^2 - a \cdot b^2 \cdot x_1\right)$$
$0 \leq x_2 \leq b$
$$w_{(x_2)} = \frac{q_0}{24 \cdot EI} \cdot (x_2^4 - 4 \cdot b \cdot x_2^3 + 6 \cdot b^2 \cdot x_2^2 + 4 \cdot a \cdot b^2 \cdot x)$$</td></tr>
</table>

max. Durchbiegung	Neigung
$w_{max} = \frac{q_0 \cdot l^4}{30 \cdot EI}$	$w'_{(x=0)} = \frac{q_0 \cdot l^3}{24 \cdot EI}$
$w_{max} = \frac{11}{120} \cdot \frac{q_0 \cdot l^4}{EI}$	$w'_{(x=0)} = \frac{q_0 \cdot l^3}{8 \cdot EI}$
$w_{max,(x_2=b)} = \frac{F}{3 \cdot EI} \cdot (a \cdot b^2 + b^3)$ $x_m = \frac{a}{\sqrt{3}}$ $w_m = \frac{F \cdot a^2 \cdot b}{\sqrt{243} \cdot EI}$	$w'_A = \frac{F \cdot a \cdot b}{6 \cdot EI}$ $w'_B = \frac{F \cdot a \cdot b}{3 \cdot EI}$ $w' = \frac{F}{6 \cdot EI} \cdot (2 \cdot a \cdot b + 3 \cdot b^2)$
$w_{max,(x_2=b)} = \frac{q_0}{24 \cdot EI} \cdot (4 \cdot a \cdot b^3 + 3 \cdot b^4)$ $x_m = \frac{a}{\sqrt{3}}$ $w_m = \frac{q_0 \cdot a^2 \cdot b^2}{\sqrt{972} \cdot EI}$	$w'_A = \frac{q_0 \cdot a \cdot b^2}{12 \cdot EI}$ $w'_B = \frac{q_0 \cdot a \cdot b^2}{6 \cdot EI}$ $w' = \frac{q_0}{6 \cdot EI} \cdot (a \cdot b^2 + b^3)$

Tab. 10-4 Formelsammlung Biegelinien und Neigungen statisch unbestimmter Tragwerke

Lastfall	Grundgleichung der Biegelinie
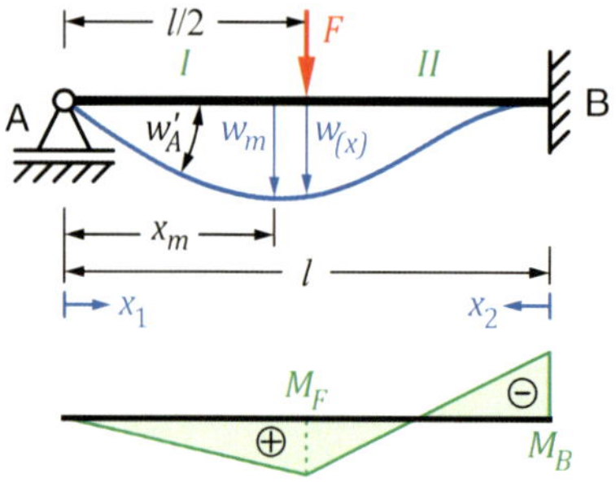	$0 \leq x_1 \leq l/2$ $w_{(x_1)} = \frac{F}{96 \cdot EI} \cdot (3 \cdot l^2 \cdot x_1 - 5 \cdot x_1^3)$ $0 \leq x_2 \leq l$ $w_{(x_2)} = \frac{F}{96 \cdot EI} \cdot (9 \cdot l \cdot x_2^2 - 11 \cdot x_2^3)$
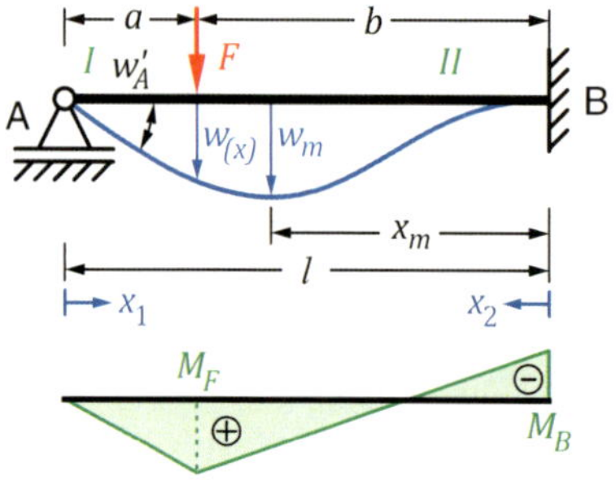	$0 \leq x_1 \leq a$ $w_{(x_1)} = \frac{F}{4 \cdot EI} \cdot \left(\frac{a \cdot b^2}{a+b} \cdot x_1 - \frac{2 \cdot b^3 + 3 \cdot a \cdot b^2}{3 \cdot (a+b)^3} \cdot x_1^3\right)$ $0 \leq x_2 \leq b$ $w_{(x_2)} = \frac{F}{4 \cdot EI} \cdot \left[\left(\frac{a^3}{3 \cdot l^3} - \frac{a}{l}\right) \cdot x_2^3 + \left(a - \frac{a^3}{l^2}\right) \cdot x_2^2\right]$
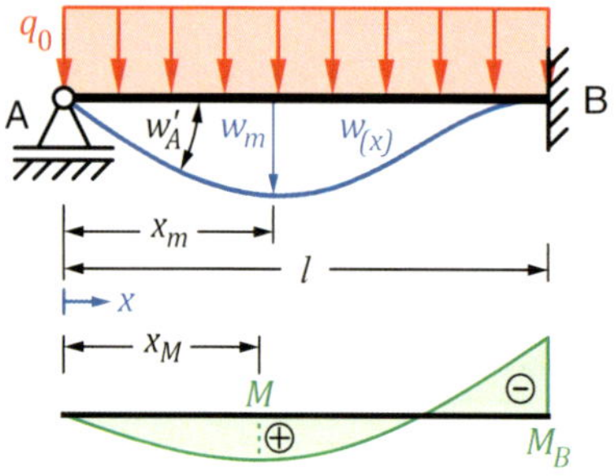	$w_{(x)} = \frac{q_0}{48 \cdot EI} \cdot (2 \cdot x^4 - 3 \cdot l \cdot x^3 + l^3 \cdot x)$
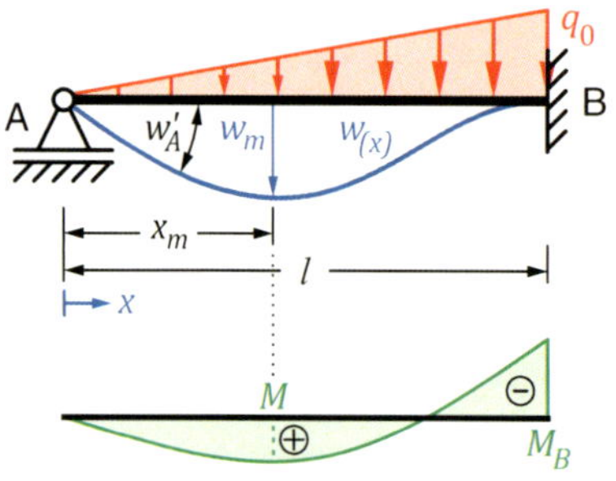	$w_{(x)} = \frac{q_0}{120 \cdot EI} \cdot \left(\frac{x^5}{l} - 2 \cdot l \cdot x^3 + l^3 \cdot x\right)$

max. Durchbiegung	Neigung	Lagerreaktionen, Biegemomente
$w_{(l/2)} = \frac{7}{768} \cdot \frac{F \cdot l^3}{EI}$ $x_{max} = \frac{l}{\sqrt{5}}$ $w_{max} = \frac{F \cdot l^3}{\sqrt{11\,520} \cdot EI}$	$w'_A = \frac{F \cdot l^2}{32 \cdot EI}$	$F_A = \frac{5}{16} \cdot F$ $F_B = \frac{11}{16} \cdot F$ $M_B = -\frac{3}{16} \cdot F \cdot l$ $M_F = \frac{5}{32} \cdot F \cdot l$
$w_{(x_1=a)} = \frac{F}{4 \cdot EI} \cdot b^3 \cdot \left(\frac{a^2}{l^2} + \frac{a^3}{3 \cdot l^3}\right)$ $a \leq 0{,}414 \cdot l$: $x_{1,max} = \frac{b \cdot \left(1 + \frac{l}{a}\right)}{1 + \frac{3 \cdot b}{2 \cdot a} + \frac{b}{2 \cdot l}}$ $a \geq 0{,}414 \cdot l$: $x_{2,max} = \sqrt{\frac{a \cdot l^2}{a + 2 \cdot l}}$	$w'_A = \frac{F}{4 \cdot EI} \cdot \frac{a \cdot b^2}{l}$	$F_A = F \cdot \frac{b^2 \cdot (a + 2 \cdot l)}{2 \cdot l^3}$ $F_B = F \cdot \frac{a^2 b + 2a^2 l + 3abl}{2 \cdot l^3}$ $M_B = F \cdot \frac{a \cdot b \cdot (b - 2 \cdot l)}{2 \cdot l^2}$ $M_F = F \cdot \frac{a \cdot b^2 \cdot (a + 2 \cdot l)}{2 \cdot l^3}$
$x_m = 0{,}4215 \cdot l$ $w_m = \frac{q_0 \cdot l^4}{185 \cdot EI}$	$w'_A = \frac{q_0 \cdot l^3}{48 \cdot EI}$	$F_A = \frac{3}{8} \cdot q_0 \cdot l$ $F_B = \frac{5}{8} \cdot q_0 \cdot l$ $M_B = -\frac{1}{8} \cdot q_0 \cdot l^2$ $M_{\left(x_M = \frac{3}{8} \cdot l\right)} = \frac{9}{128} \cdot q_0 \cdot l^2$
$x_m = \frac{l}{\sqrt{5}} = 0{,}447 \cdot l$ $w_m = \frac{q_0 \cdot l^4}{419 \cdot EI}$	$w'_A = \frac{q_0 \cdot l^3}{120 \cdot EI}$	$F_A = \frac{1}{10} \cdot q_0 \cdot l$ $F_B = \frac{4}{10} \cdot q_0 \cdot l$ $M_B = -\frac{1}{15} \cdot q_0 \cdot l^2$ $M_{(x_m)} = 0{,}0298 \cdot q_0 \cdot l^2$

10

Lastfall	Grundgleichung der Biegelinie
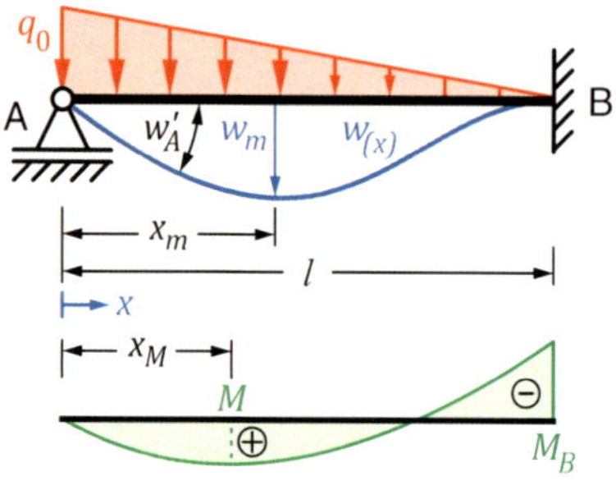	$w_{(x)} = \frac{q_0}{240 \cdot EI} \cdot \left(3 \cdot l^3 x - 11 \cdot l x^3 + 10 \cdot x^4 - 2 \cdot \frac{x^5}{l}\right)$
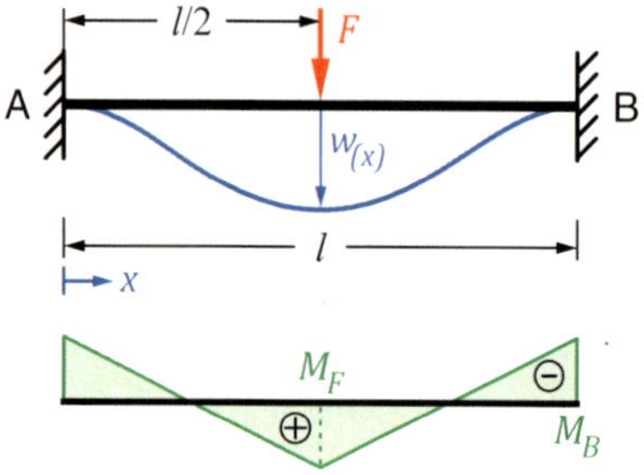	$0 \leq x \leq l/2$ $w_{(x)} = \frac{F}{48 \cdot EI} \cdot (3 \cdot l \cdot x^2 - 4 \cdot x^3)$
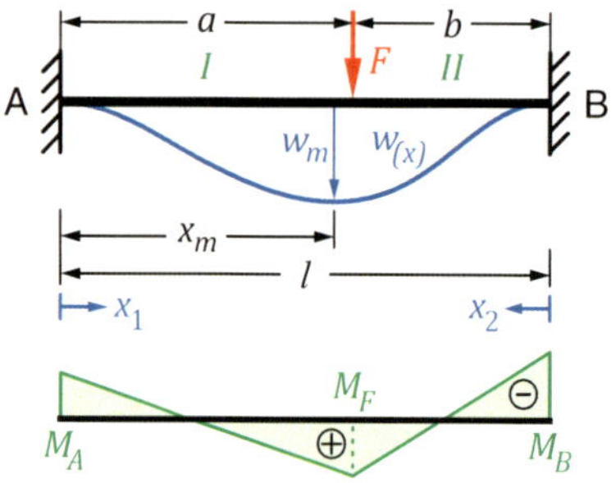	$0 \leq x_1 \leq a$ $w_{(x_1)} = \frac{F}{6 \cdot EI} \cdot \left[\frac{3 \cdot a \cdot b^2}{l^2} \cdot x_1^2 - \left(\frac{2 \cdot a \cdot b^2}{l^3} + \frac{b^2}{l^2}\right) \cdot x_1^3\right]$ $0 \leq x_2 \leq b$ $w_{(x_2)} = \frac{F}{6 \cdot EI} \cdot \left[\frac{3 \cdot a^2 \cdot b}{l^2} \cdot x_2^2 - \left(\frac{2 \cdot a^2 \cdot b}{l^3} + \frac{a^2}{l^2}\right) \cdot x_2^3\right]$

max. Durchbiegung	Neigung	Lagerreaktionen, Biegemomente
$x_m = 0{,}4025 \cdot l$ $w_m = \dfrac{q_0 \cdot l^4}{328 \cdot EI}$	$w'_A = \dfrac{q_0 \cdot l^3}{80 \cdot EI}$	$F_A = \dfrac{11}{40} \cdot q_0 \cdot l$ $F_B = \dfrac{9}{40} \cdot q_0 \cdot l$ $M_B = -\dfrac{7}{120} \cdot q_0 \cdot l^2$ $M_{(x_M=0{,}329 \cdot l)} = 0{,}0423 \cdot q_0 \cdot l^2$
$w_m = \dfrac{F \cdot l^3}{192 \cdot EI}$	–	$F_A = F_B = \dfrac{1}{2} \cdot F$ $M_A = M_B = -\dfrac{1}{8} \cdot F \cdot l$ $M_F = \dfrac{1}{8} \cdot F \cdot l$
$w_{(x_1=a)} = \dfrac{F}{3 \cdot EI} \cdot \dfrac{a^3 \cdot b^3}{l^3}$ $a > b$: $x_m = \dfrac{2 \cdot a \cdot l}{2 \cdot a + l}$ $w_m = \dfrac{2}{3} \cdot \dfrac{F}{EI} \cdot \dfrac{a^3 \cdot b^2}{(2 \cdot a + l)^2}$ $a < b$: $x_m = \dfrac{2 \cdot b \cdot l}{2 \cdot b + l}$ $w_m = \dfrac{2}{3} \cdot \dfrac{F}{EI} \cdot \dfrac{a^2 \cdot b^3}{(2 \cdot b + l)^2}$	–	$F_A = F \cdot \dfrac{2 \cdot a \cdot b^2 + b^2 \cdot l}{l^3}$ $F_B = F \cdot \dfrac{2 \cdot a^2 \cdot b + a^2 \cdot l}{l^3}$ $M_A = -F \cdot \dfrac{a \cdot b^2}{l^2}$ $M_B = -F \cdot \dfrac{a^2 \cdot b}{l^2}$ $M_F = 2 \cdot F \cdot \dfrac{a^2 \cdot b^2}{l^3}$

Lastfall	Grundgleichung der Biegelinie
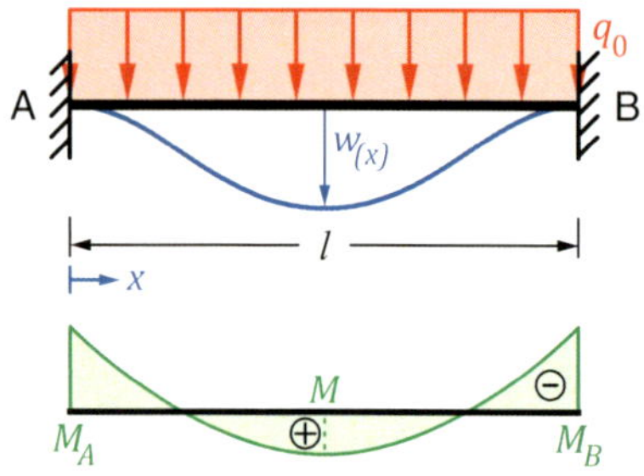	$w_{(x)} = \frac{q_0}{24 \cdot EI} \cdot (x^4 - 2 \cdot l \cdot x^3 + l^2 \cdot x^2)$
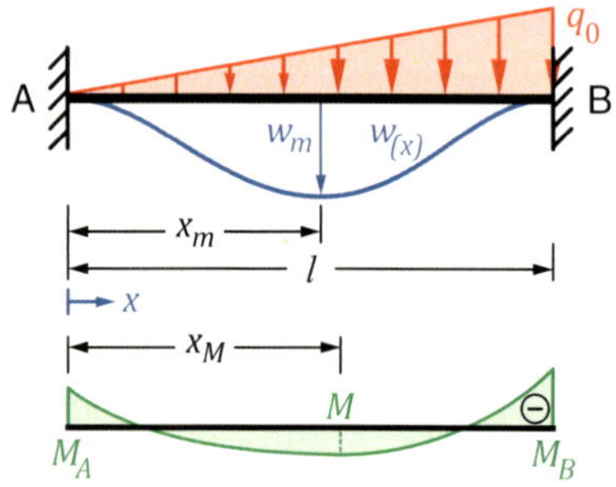	$w_{(x)} = \frac{q_0}{120 \cdot EI} \cdot \left(\frac{x^5}{l} - 3 \cdot l \cdot x^3 + 2 \cdot l^2 \cdot x^2\right)$
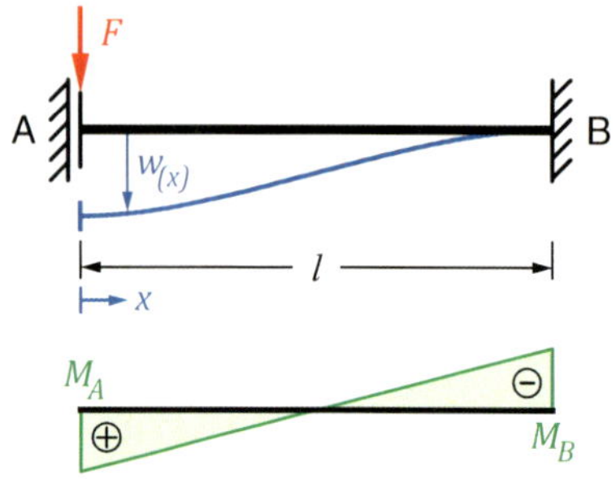	$w_{(x)} = \frac{F}{12 \cdot EI} \cdot (3 \cdot l \cdot x^2 - 2 \cdot x^3)$

max. Durchbiegung	Neigung	Lagerreaktionen, Biegemomente
$w_{max\left(x=\frac{l}{2}\right)} = \frac{1}{384} \cdot \frac{q_0 \cdot l^4}{EI}$	–	$F_A = F_B = \frac{1}{2} \cdot q_0 \cdot l$ $M_A = M_B = -\frac{1}{12} \cdot q_0 \cdot l^2$ $M = \frac{1}{24} \cdot q_0 \cdot l^2$
$x_m = 0{,}525 \cdot l$ $w_m = \frac{q_0 \cdot l^4}{764 \cdot EI}$	–	$F_A = \frac{3}{20} \cdot q_0 \cdot l$ $F_B = \frac{7}{20} \cdot q_0 \cdot l$ $M_A = -\frac{1}{30} \cdot q_0 \cdot l^2$ $M_B = -\frac{1}{20} \cdot q_0 \cdot l^2$ $M_{(x_M=0{,}548 \cdot l)} = 0{,}0214 \cdot q_0 \cdot l^2$
$w_{max(x=0)} = \frac{F \cdot l^3}{12 \cdot EI}$	–	$F_A = 0$ $F_B = F$ $M_A = \frac{1}{2} \cdot F \cdot l$ $M_B = -\frac{1}{2} \cdot F \cdot l$

10

Tab. 10-5 Formelsammlung: Schubspannungsverteilung ausgewählter Querschnitte

	Querschnittsfläche	Schubspannungsverteilung	max. Schubspannung
Rechteck	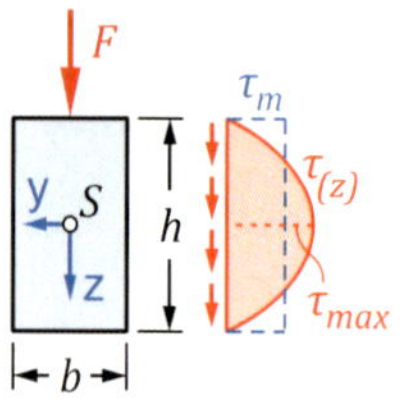	$\tau_{(z)} = \frac{3}{2} \cdot \frac{Q_z}{b \cdot h} \cdot \left(1 - \frac{4 \cdot z^2}{h^2}\right)$	$\tau_{max} = \frac{3}{2} \cdot \frac{Q_z}{b \cdot h}$
Vollkreis	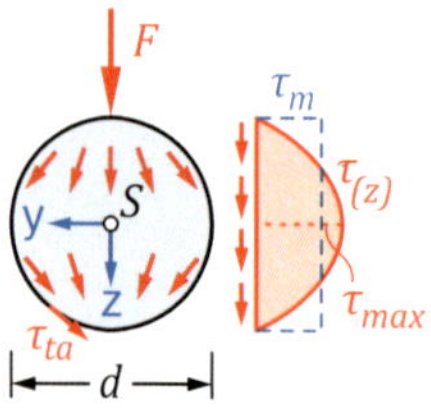	Vertikalkomponente $\tau_{(z)} = \frac{4}{3} \cdot \frac{Q_z}{\pi \cdot r^2} \cdot \left(1 - \frac{z^2}{r^2}\right)$ Tangentialkomponente $\tau_{ta} = \frac{4}{3} \cdot \frac{Q_z}{\pi \cdot r^2} \cdot \sqrt{1 - \frac{z^2}{r^2}}$	$\tau_{max} = \frac{4}{3} \cdot \frac{Q_z}{\pi \cdot r^2}$
dünnwand. Kreisring	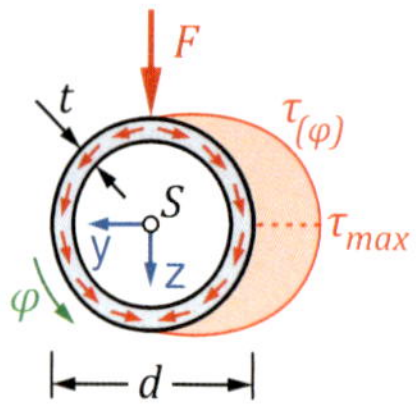	$\tau_{(\varphi)} = \frac{Q_z}{\pi \cdot r \cdot t} \cdot \cos(\varphi)$	$\tau_{max} = \frac{Q_z}{\pi \cdot r \cdot t}$
U-Profil (z. B. DIN 1026)	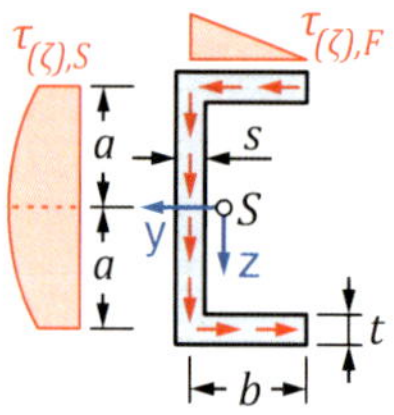	Flansch $\tau_{(\zeta),F} = \frac{Q_z}{I_y} \cdot a \cdot \zeta$ Steg $\tau_{(\zeta),S} = \frac{Q_z}{I_y} \cdot \left(a \cdot b \cdot \frac{t_g}{t_s} + \frac{a^2}{2} - \frac{z^2}{2}\right)$	$\tau_{F,max} = \frac{Q_z}{I_y} \cdot a \cdot b$ $\tau_{S,max} = \frac{Q_z}{I_y} \cdot \left(a \cdot b \cdot \frac{t_g}{t_s} + \frac{a^2}{2}\right)$
I-Profil (z. B. DIN 1025)	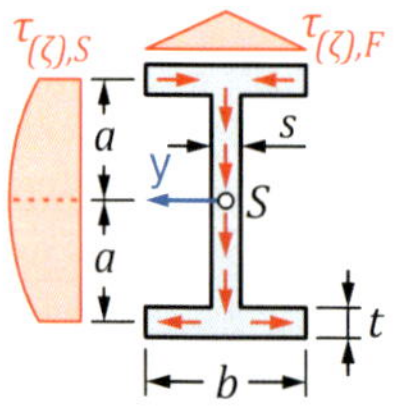	Flansch $\tau_{(\zeta),F} = \frac{Q_z}{I_y} \cdot a \cdot \zeta$ Steg $\tau_{(\zeta),S} = \frac{Q_z}{I_y} \cdot \left(a \cdot b \cdot \frac{t_g}{t_s} + \frac{a^2}{2} - \frac{z^2}{2}\right)$	$\tau_{F,max} = \frac{Q_z}{I_y} \cdot a \cdot \frac{b}{2}$ $\tau_{S,max} = \frac{Q_z}{I_y} \cdot \left(a \cdot b \cdot \frac{t_g}{t_s} + \frac{a^2}{2}\right)$

Tab. 10-6 Formelsammlung axiale Flächenmomente 2. Ordnung - *rechtwinklige Dreiecke*

b, h, S, y, z	$I_y = \frac{b \cdot h^3}{36}$	$I_z = \frac{h \cdot b^3}{36}$	$I_{yz} = -\frac{b^2 \cdot h^2}{72}$
b, h, S, y, z	$I_y = \frac{b \cdot h^3}{36}$	$I_z = \frac{h \cdot b^3}{36}$	$I_{yz} = \frac{b^2 \cdot h^2}{72}$
b, h, S, y, z	$I_y = \frac{b \cdot h^3}{36}$	$I_z = \frac{h \cdot b^3}{36}$	$I_{yz} = -\frac{b^2 \cdot h^2}{72}$
b, h, S, y, z	$I_y = \frac{b \cdot h^3}{36}$	$I_z = \frac{h \cdot b^3}{36}$	$I_{yz} = \frac{b^2 \cdot h^2}{72}$
b, h, S, y, z	$I_y = \frac{b \cdot h^3}{36}$	$I_z = \frac{h \cdot b^3}{36}$	$I_{yz} = -\frac{b^2 \cdot h^2}{72}$
b, h, S, y, z	$I_y = \frac{b \cdot h^3}{36}$	$I_z = \frac{h \cdot b^3}{36}$	$I_{yz} = \frac{b^2 \cdot h^2}{72}$
b, h, S, y, z	$I_y = \frac{b \cdot h^3}{36}$	$I_z = \frac{h \cdot b^3}{36}$	$I_{yz} = -\frac{b^2 \cdot h^2}{72}$
b, h, S, y, z	$I_y = \frac{b \cdot h^3}{36}$	$I_z = \frac{h \cdot b^3}{36}$	$I_{yz} = \frac{b^2 \cdot h^2}{72}$

Tab. 10-7 Formelsammlung axiale Flächenmomente 2. Ordnung - *Allgemeine Formen*

Fläche		I_y, I_z	W_y, W_z
Rechteck	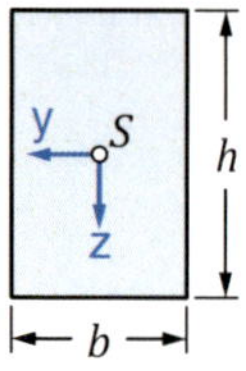 y, S, z, h, b	$I_y = \frac{b \cdot h^3}{12}$ $I_z = \frac{h \cdot b^3}{12}$	$W_y = \frac{b \cdot h^2}{6}$ $W_z = \frac{h \cdot b^2}{6}$
Quadrat	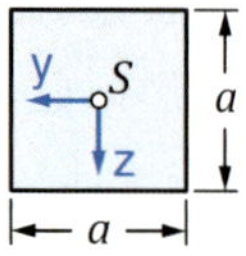 y, S, z, a, a	$I_y = \frac{a^4}{12}$ $I_z = \frac{a^4}{12}$	$W_y = \frac{a^3}{6}$ $W_z = \frac{a^3}{6}$
gleichschenkliges/ -seitiges Dreieck	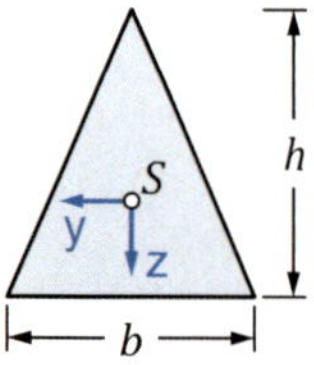 S, y, z, h, b	$I_y = \frac{b \cdot h^3}{36}$ $I_z = \frac{h \cdot b^3}{48}$	$W_y = \frac{b \cdot h^2}{24}$ $W_z = \frac{a \cdot b^2}{24}$
Kreis	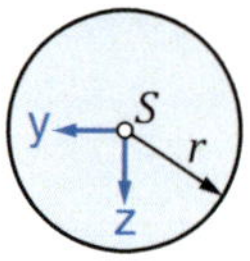 y, S, r, z	$I_y = \frac{\pi}{4} \cdot r^4 = \frac{\pi}{64} \cdot d^4$ $I_z = \frac{\pi}{4} \cdot r^4 = \frac{\pi}{64} \cdot d^4$	$W_y = \frac{\pi}{4} \cdot r^3 = \frac{\pi}{32} \cdot d^3$ $W_z = \frac{\pi}{4} \cdot r^3 = \frac{\pi}{32} \cdot d^3$
dünner Kreisring $t << r_m$	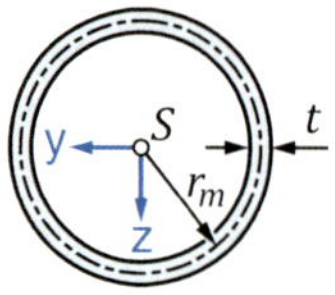 y, S, t, r_m, z	$I_y = \pi \cdot r_m^3 \cdot t$ $I_z = \pi \cdot r_m^3 \cdot t$	$W_y = \pi \cdot r_m^2 \cdot t$ $W_z = \pi \cdot r_m^2 \cdot t$
dicker Kreisring	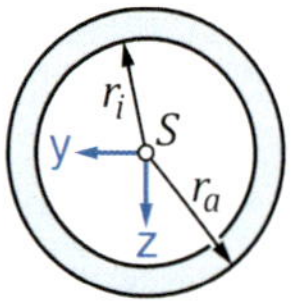 r_i, S, y, r_a, z	$I_y = \frac{\pi \cdot (r_a^4 - r_i^4)}{4}$ $I_z = \frac{\pi \cdot (r_a^4 - r_i^4)}{4}$	$W_y = \frac{\pi \cdot (r_a^4 - r_i^4)}{4 \cdot r_a}$ $W_z = \frac{\pi \cdot (r_a^4 - r_i^4)}{4 \cdot r_a}$

	Fläche	I_y, I_z	W_y, W_z
Halbkreis	y, S, r, z	$I_y = \frac{9 \cdot \pi^2 - 64}{72 \cdot \pi} \cdot r^4$ $I_z = \frac{\pi}{8} \cdot r^4$	$W_y = \frac{9 \cdot \pi^2 - 64}{72 \cdot \pi - 96} \cdot r^3$ $W_z = \frac{\pi}{8} \cdot r^3$
Ellipse	y, S, z, b, a	$I_y = \frac{\pi}{4} \cdot a \cdot b^3$ $I_z = \frac{\pi}{4} \cdot b \cdot a^3$	$W_y = \frac{\pi}{4} \cdot b^2 \cdot a$ $W_z = \frac{\pi}{4} \cdot a^2 \cdot b$
Ellipsenring	y, S, z, b, B, a, A	$I_y = \frac{\pi}{4} \cdot (A \cdot B^3 - a \cdot b^3)$ $I_z = \frac{\pi}{4} \cdot (B \cdot A^3 - b \cdot a^3)$	$W_y = \frac{\pi}{4} \cdot \frac{B^3 \cdot A - b^3 \cdot a}{B}$ $W_z = \frac{\pi}{4} \cdot \frac{A^3 \cdot B - a^3 \cdot b}{A}$
Sechseck	y, S, z, a	$I_y = \frac{5 \cdot \sqrt{3}}{16} \cdot a^4$ $I_z = \frac{5 \cdot \sqrt{3}}{16} \cdot a^4$	$W_y = \frac{5}{8} \cdot a^3$ $W_z = \frac{5 \cdot \sqrt{3}}{16} \cdot a^3$
Achteck	y, S, z, a	$I_y = \frac{8 \cdot \sqrt{2} + 11}{12} \cdot a^4$ $I_z = \frac{8 \cdot \sqrt{2} + 11}{12} \cdot a^4$	$W_y = \frac{2^{(1/4)} \cdot (8 \cdot \sqrt{2} + 11)}{6} \cdot a^3$ $W_z = \frac{2^{(1/4)} \cdot (8 \cdot \sqrt{2} + 11)}{6} \cdot a^3$
Vierkantrohr	y, S, z, h, H, b, B	$I_y = \frac{B \cdot H^3 - b \cdot h^3}{12}$ $I_z = \frac{H \cdot B^3 - h \cdot b^3}{12}$	$W_y = \frac{B \cdot H^3 - b \cdot h^3}{6 \cdot H}$ $W_z = \frac{H \cdot B^3 - h \cdot b^3}{6 \cdot B}$

10

Tab. 10-8 Formelsammlung Torsionsträgheitsmomente

Fläche	I_t	W_t
Rechteck	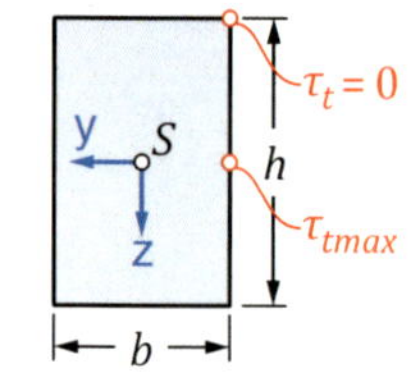 $I_t = c_1 \cdot h \cdot b^3$ $c_1 = \frac{1}{3} \cdot \left(1 - \frac{0{,}63}{h/b} + \frac{0{,}052}{(h/b)^5}\right)$	$W_t = \frac{c_1}{c_2} \cdot h \cdot b^2$ $c_2 = 1 - \frac{0{,}65}{1 + (h/b)^3}$
Quadrat	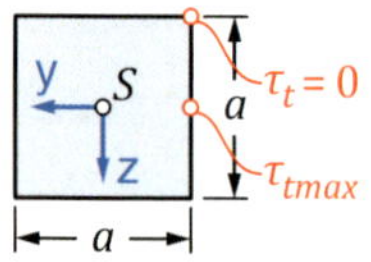 $I_t = 0{,}141 \cdot a^4$	$W_t = 0{,}208 \cdot a^3$
gleichseitiges Dreieck	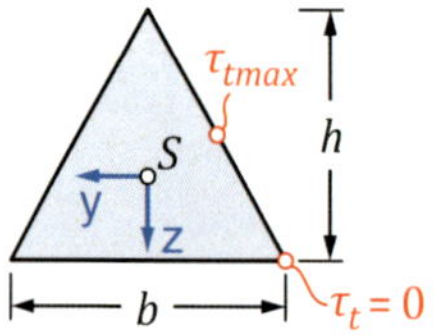 $I_t = \frac{b^4}{46{,}2} = \frac{h^4}{26}$ $\left(h = b \cdot \frac{\sqrt{3}}{2}\right)$	$W_t = \frac{b^3}{20} = \frac{h^3}{13}$
Kreis	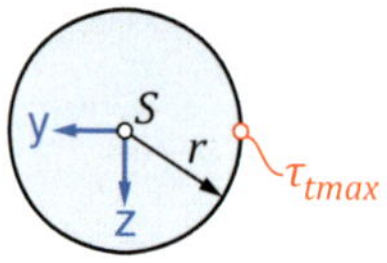 $I_t = \frac{\pi}{32} \cdot d^4$	$W_t = \frac{\pi}{16} \cdot d^3$
dünner Kreisring $t << r_m$	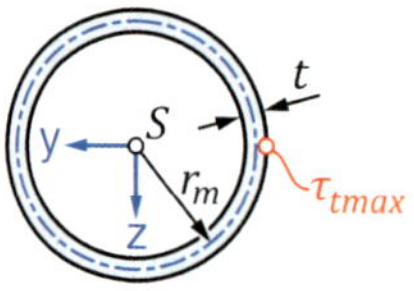 $I_t = 2 \cdot \pi \cdot r_m^3 \cdot t$	$W_t = 2 \cdot \pi \cdot r_m^2 \cdot t$
dicker Kreisring	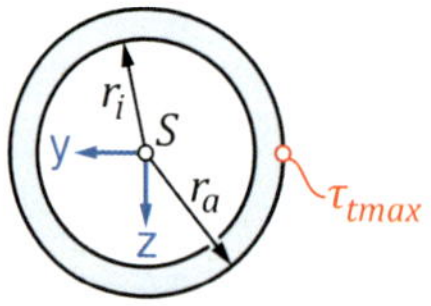 $I_t = \frac{\pi}{2} \cdot \left(r_a^4 - r_i^4\right)$	$W_t = \frac{\pi}{2} \cdot \frac{r_a^4 - r_i^4}{r_a}$

<table>
<tr><th colspan="2">Fläche</th><th>I_t</th><th>W_t</th></tr>
<tr><td>**Ellipse**</td><td>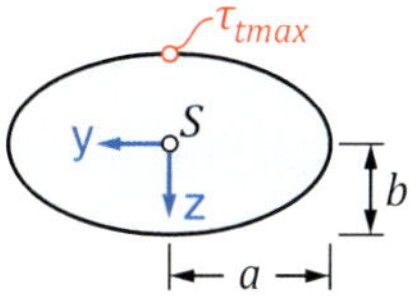</td><td>$$I_t = \pi \cdot \frac{a^3 \cdot b^3}{a^2 + b^2}$$</td><td>$$W_t = \frac{\pi}{2} \cdot a \cdot b^2$$</td></tr>
<tr><td rowspan="2">**dünnwandig geschlossene Profile mit variabler Dicke *t***</td><td>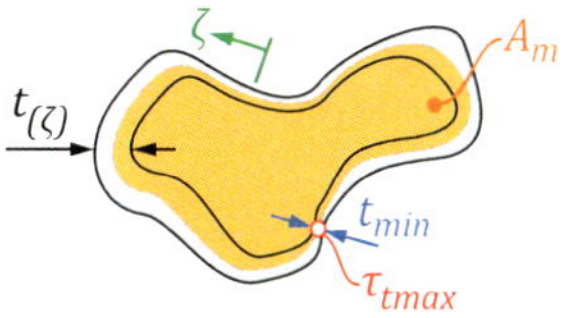</td><td>$$I_t = \frac{4 \cdot A_m^2}{\oint \frac{1}{t_{(\zeta)}} \cdot d\zeta}$$</td><td>$$W_t = 2 \cdot A_m \cdot t_{min}$$</td></tr>
<tr><td>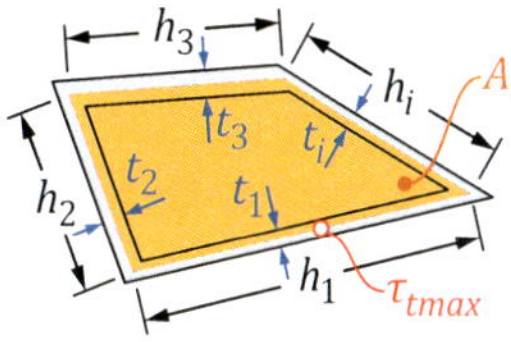</td><td>$$I_t = \frac{4 \cdot A_m^2}{\sum\left(\frac{h_i}{t_i}\right)}$$</td><td>$$W_t = 2 \cdot A_m \cdot t_{min}$$</td></tr>
<tr><td>**dünnwandig geschlossene Profile mit $t_{(\zeta)}$ = konst.**</td><td>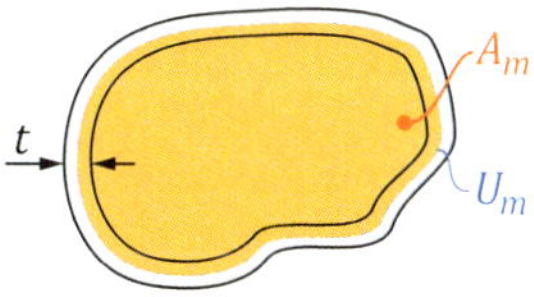</td><td>$$I_t = \frac{4 \cdot A_m^2 \cdot t}{U_m}$$</td><td>$$W_t = 2 \cdot A_m \cdot t$$</td></tr>
<tr><td rowspan="3">**dünnwandig offene Profile**</td><td rowspan="3">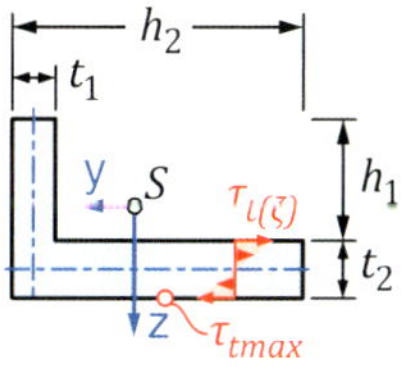</td><td>$$I_t = \frac{K}{3} \cdot \sum_{i=1}^{n}\left(h_i \cdot t_i^3\right)$$</td><td>$$W_t = \frac{I_t}{t_{max}}$$</td></tr>
<tr><td colspan="2">Profilform: I | L | T | U | □</td></tr>
<tr><td colspan="2">K: 1,3 | 1,0 | 1,12 | 1,12 | 1,0</td></tr>
</table>

A_m: Hohlfläche (gesamte Fläche, welche von der Profilmittellinie eingeschlossen ist)

U_m: Länge der Profilmittellinie

Tab. 10-9 Formelsammlung Schwerpunkte

Viereck	Rechtwinkliges Dreieck	Allgemeines Dreieck
$A = a \cdot b$	$A = \frac{a \cdot b}{2}$	$A = \frac{a \cdot b}{2}$
$x_S = \frac{a}{2}$	$x_S = \frac{2 \cdot a}{3}$	$x_S = \frac{a + e}{3}$
$y_S = \frac{b}{2}$	$y_S = \frac{b}{3}$	$y_S = \frac{b}{3}$
Kreis	**Halbkreis**	**Viertelkreis**
$A = \frac{\pi \cdot d^2}{4}$	$A = \frac{\pi \cdot r^2}{2}$	$A = \frac{\pi \cdot r^2}{4}$
$x_S = r$	$x_S = 0$	$x_S = \frac{4 \cdot r}{3 \cdot \pi}$
$y_S = r$	$y_S = \frac{4 \cdot r}{3 \cdot \pi}$	$y_S = \frac{4 \cdot r}{3 \cdot \pi}$
Kreisausschnitt	**Kreisabschnitt**	**Trapez**
$A = \alpha \cdot r^2$	$A = \frac{r^2}{2} \cdot (2\alpha - \sin 2\alpha)$	$A = \frac{h}{2} \cdot (a + b)$
$x_S = \frac{2 \cdot r \cdot \sin \alpha}{3 \cdot \alpha}$	$x_S = \frac{s^3}{12 \cdot A} = \frac{4}{3} \cdot \frac{r \cdot \sin^3 \alpha}{2\alpha - \sin 2\alpha}$	$x_S = \frac{a^2 - b^2 + e \cdot (a + 2 \cdot b)}{3 \cdot (a + b)}$
$y_S = 0$	$y_S = 0$	$y_S = \frac{h}{3} \cdot \frac{a + 2b}{a + b}$

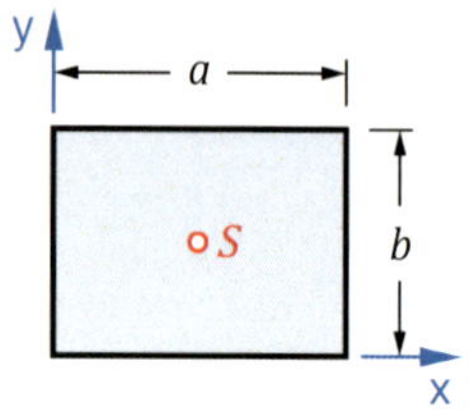

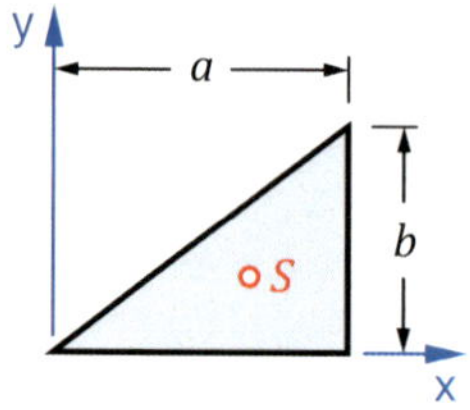

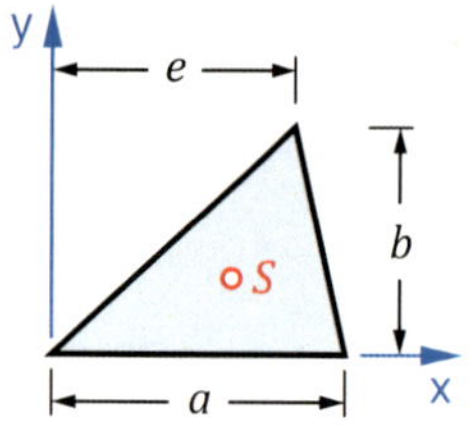

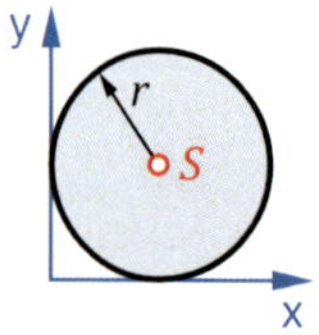

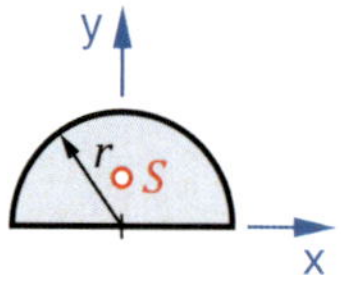

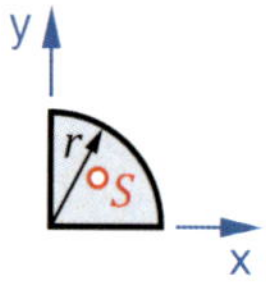

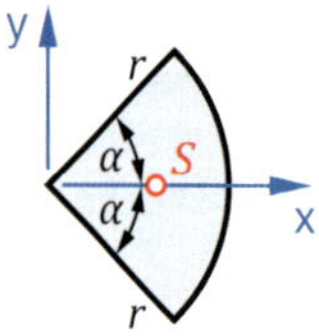

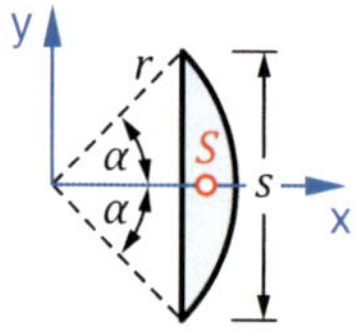

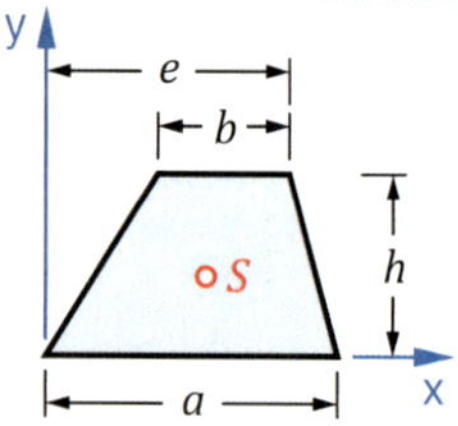

Hinweis Sollen die hier aufgeführten Körper bzw. Flächen als Ausschnitte verwendet werden, so ist das Volumen bzw. der Flächeninhalt mit einem *negativen* Vorzeichen zu verwenden.	**Quader**	**Zylinder**
	$A = a^3$ $x_S = 0, \quad y_S = 0$ $z_S = \frac{a}{2}$	$V = \pi \cdot r^2 \cdot h$ $x_S = 0, \quad y_S = 0$ $z_S = \frac{h}{2}$
Kugel	**Kegel**	**Kegelstumpf**
$V = \frac{4}{3} \cdot \pi \cdot r^3$ $x_S = 0, \quad y_S = 0$ $z_S = 0$	$V = \frac{1}{3} \cdot \pi \cdot r^2 \cdot h$ $x_S = 0, \quad y_S = 0$ $z_S = \frac{h}{4}$	$V = \frac{\pi \cdot h}{12} \cdot (D^2 + D \cdot d + d^2)$ $x_S = 0, \quad y_S = 0$ $z_S = \frac{h}{4} \cdot \frac{R^2 + 2 \cdot R \cdot r + 3 \cdot r^2}{R^2 + R \cdot r + r^2}$
Halbkugel	**Pyramide**	**Pyramidenstumpf**
$V = \frac{2}{3} \cdot \pi \cdot r^3$ $x_S = 0, \quad y_S = 0$ $z_S = \frac{3}{8} \cdot r$	$V = \frac{1}{3} \cdot A \cdot h$ $x_S = 0, \quad y_S = 0$ $z_S = \frac{h}{4}$	$V = \frac{\pi \cdot h}{12} \cdot (D^2 + D \cdot d + d^2)$ $x_S = 0, \quad y_S = 0$ $z_S = \frac{h}{4} \cdot \frac{A_1 + 2 \cdot \sqrt{A_1 A_2} + 3 \cdot A_2}{A_1 + \sqrt{A_1 A_2} + A_2}$

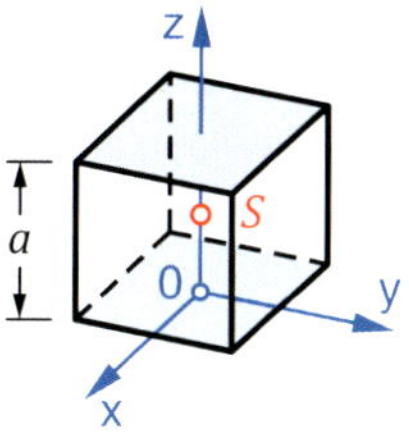

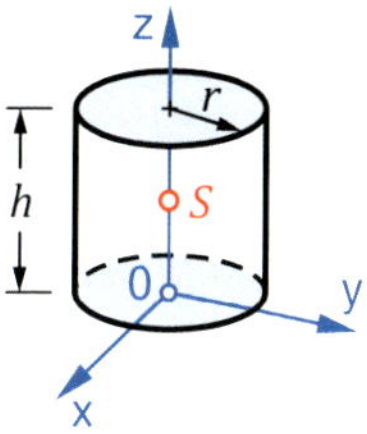

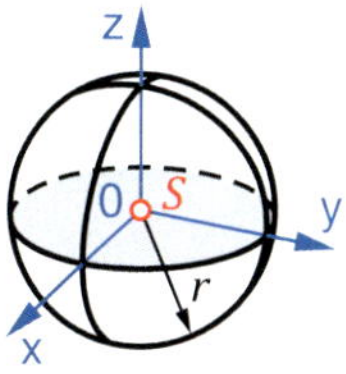

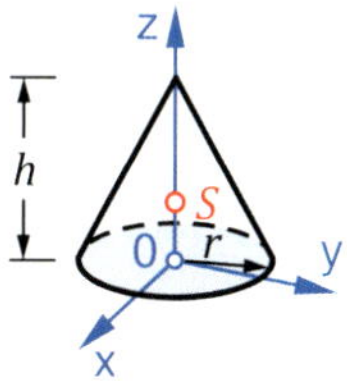

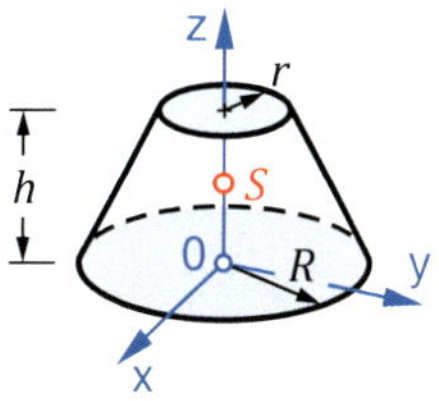

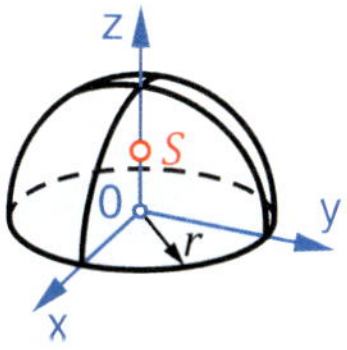

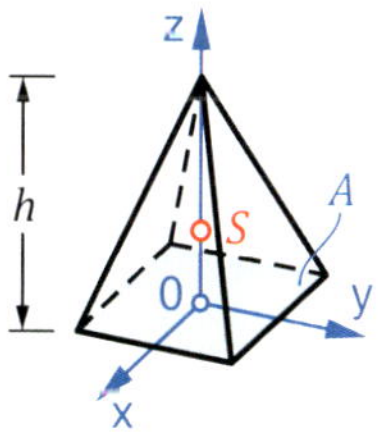

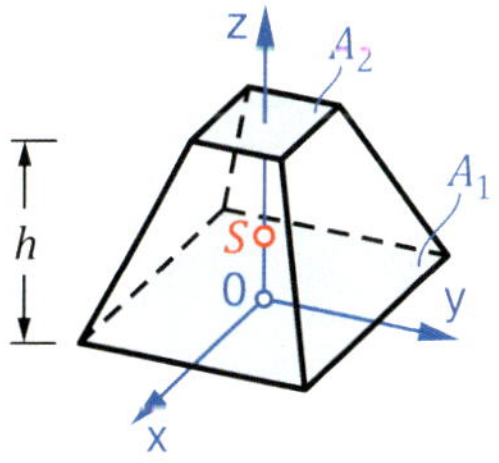

10

Tab. 10-10 Differenzieller Zusammenhang der Schnittgrößen

Normalkraft

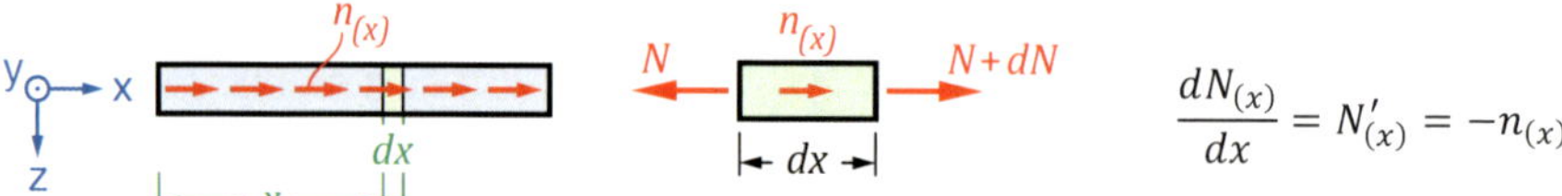

$$\frac{dN_{(x)}}{dx} = N'_{(x)} = -n_{(x)}$$

Querkraft in der x-z-Ebene

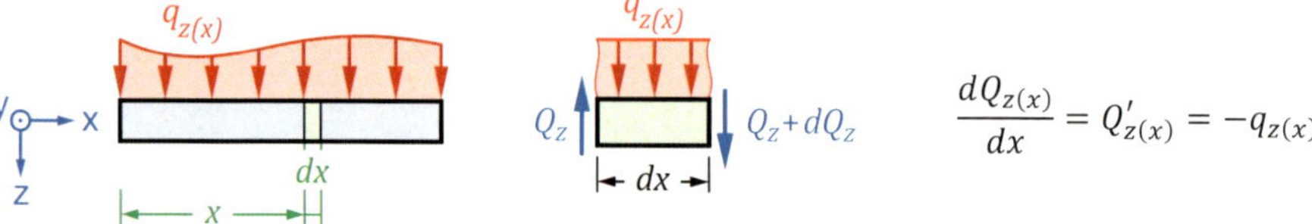

$$\frac{dQ_{z(x)}}{dx} = Q'_{z(x)} = -q_{z(x)}$$

Biegemoment in der x-z-Ebene

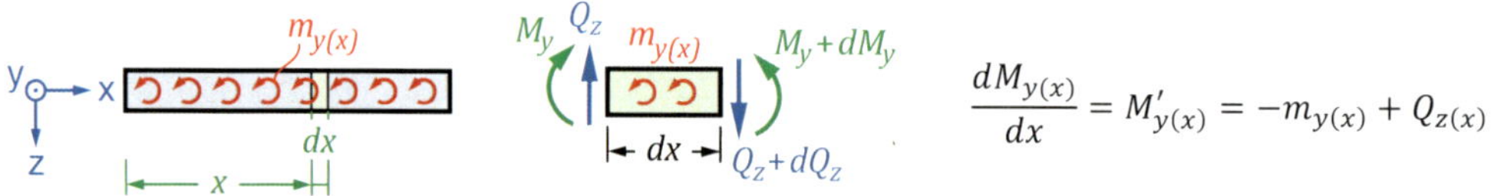

$$\frac{dM_{y(x)}}{dx} = M'_{y(x)} = -m_{y(x)} + Q_{z(x)}$$

Querkraft in der x-y-Ebene

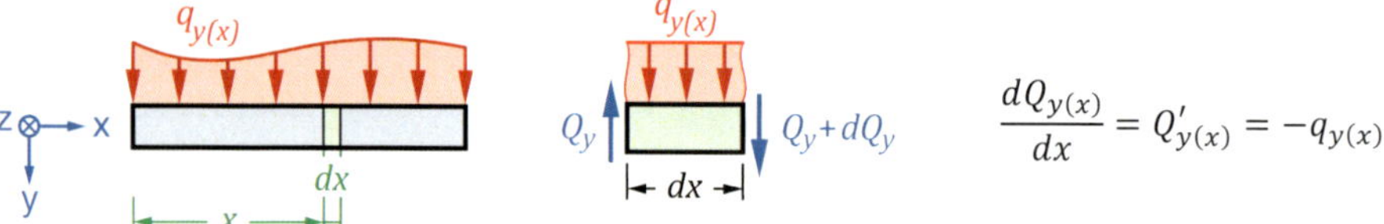

$$\frac{dQ_{y(x)}}{dx} = Q'_{y(x)} = -q_{y(x)}$$

Biegemoment in der x-y-Ebene

$$\frac{dM_{z(x)}}{dx} = M'_{z(x)} = -m_{z(x)} - Q_{y(x)}$$

Torsionsmoment

$$\frac{dT_{(x)}}{dx} = T'_{(x)} = -m_{t(x)}$$

Literaturverzeichnis

1. Balke, H.: *Einführung in die Technische Mechanik - Statik.* 3. Aufl., Springer, Berlin, 2010.
2. Bruhns, O.: *Elemente der Mechanik I - Einführung, Statik.* Shaker, Aachen, 2001.
3. Bruhns, O., Lehmann, T.: *Elemente der Mechanik II - Elastostatik.* Friedr. Vieweg & Sohn Verlagsgesellschaft mbH, Braunschweig/Wiesbaden, 1994.
4. Dankert, J.; Dankert, H.: *Technische Mechanik.* 7. Aufl., Springer Vieweg, Wiesbaden, 2013.
5. Dinkler, D.: *Grundlagen der Baustatik.* 5. Aufl., Springer Vieweg, Wiesbaden, 2019.
6. Flügge, W.: *Festigkeitslehre.* Springer, Berlin Heidelberg New York, 1967.
7. Göldner, H.; Holzweißig, F.: *Leitfaden der technischen Mechanik.* 11. Aufl., VEB, Leipzig, 1989.
8. Gross, D.; Hauger, W.; Schröder, J.; Wall, W. A.: *Technische Mechanik 1 - Statik.* 13. Aufl., Springer Vieweg, Berlin, 2013.
9. Gross, D.; Hauger, W.; Schröder, J.; Wall, W. A.: *Technische Mechanik 2 - Elastostatik.* 13. Aufl., Springer Vieweg, Berlin, 2017.
10. Gross, D.; Hauger, W.; Wriggers, P.: *Technische Mechanik 4.* 10. Aufl., Springer Vieweg, Berlin, 2018.
11. Hibbeler, R. C.: *Technische Mechanik 1 Statik.* 12. Aufl., Pearson, München, 2012.
12. Kurrer, K.-E.: *Geschichte der Baustatik - Auf der Suche nach dem Gleichgewicht.* 2., Aufl., Ernst & Sohn Berlin, 2015.
13. Linke, M.; Nast, E.: *Festigkeitslehre für den Leichtbau.* Springer, Berlin Heidelberg, 2015.
14. Mahnken, R.: *Lehrbuch der Technischen Mechanik - Band 1: Starrkörperstatik.* 2. Aufl., Springer, Berlin Heidelberg, 2016.
15. Mahnken, R.: *Lehrbuch der Technischen Mechanik - Elastostatik.* Springer, Berlin Heidelberg, 2015.
16. Meskouris, K.; Hake, E.: *Statik der Stabtragwerke - Einführung in die Tragwerkslehre.* 2. Aufl., Springer, Berlin Heidelberg, 2009.
17. Müller, W. H.; Ferber, F.: *Technische Mechanik für Ingenieure.* 4. Aufl., Hanser, München, 2011.
18. Spura, C.: *Technische Mechanik 1. Stereostatik.* 2. Aufl., Springer Vieweg, Wiesbaden, 2019.
19. Spura, C.: *Technische Mechanik 2. Elastostatik.* Springer Vieweg, Wiesbaden, 2019.
20. Szabo, I.: *Einführung in die Technische Mechanik.* Springer Vieweg, Berlin Heidelberg, 2003.
21. Szabó, I.: *Geschichte der mechanischen Prinzipien.* 3. Aufl., Birkhäuser, Basel, 1996.
22. Wetzell, O. W.; Krings, W.: *Technische Mechanik für Bauingenieure 3.* 2. Aufl., Vieweg+Teubner, Wiesbaden, 2011.

C. Spura, *Energiemethoden der Technischen Mechanik*,
https://doi.org/10.1007/978-3-658-29574-5

23. Willner, K.: *Kontinuums- und Kontaktmechanik. Synthetische und analytische Darstellung.* Springer, Berlin, 2003.

24. Wriggers, P.; Nackenhorst, U.; Beuermann, S.; Spiess, H.; Löhnert, S.: *Technische Mechanik kompakt - Starrkörperstatik, Elastostatik, Kinetik.* Vieweg+Teubner, Wiesbaden, 2006.

25. Wunderlich, W.; Kiener, G.: *Statik der Stabtragwerke.* B. G. Teubner, Stuttgart Leipzig Wiesbaden, 2004.

Aufgabensammlungen

26. Berger, J.; Jahr, A.: *Klausurentrainer Technische Mechanik.* 3. Aufl., Springer Vieweg, Wiesbaden, 2013.

27. Bruhns, O.: *Aufgabensammlung Technische Mechanik 1.* 2. Aufl., Vieweg, Braunschweig/Wiesbaden, 2000.

28. Bruhns, O.: *Aufgabensammlung Technische Mechanik 2.* 2. Aufl., Springer Vieweg, Wiesbaden, 2000.

29. Gross, D.; Ehlers, W.; Wriggers, P.; Schröder, J.; Müller, R.: *Formeln und Aufgaben zur Technischen Mechanik 1.* 12. Aufl., Springer, Berlin Heidelberg, 2016.

30. Gross, D.; Ehlers, W.; Wriggers, P.; Schröder, J.; Müller, R.: *Formeln und Aufgaben zur Technischen Mechanik 2.* 12. Aufl., Springer, Berlin Heidelberg, 2017.

31. Gross, D.; Hauger, W.; Schröder, J.; Werner, E.: *Formeln und Aufgaben zur Technischen Mechanik 4.* 2. Aufl., Springer, Berlin Heidelberg, 2012.

32. Hauger, W.; Mannl, V.; Wall, W.: Werner, E.: *Aufgaben zu Technische Mechanik 1-3.* 8. Aufl., Springer Vieweg, Berlin, 2014.

33. Müller, W. H.; Ferber, F.: *Übungsaufgaben zur Technischen Mechanik.* 3. Aufl., Hanser, München, 2015.

34. Ulbrich, H.; Weidemann, H.-J.; Pfeiffer, F.: *Technische Mechanik in Formeln, Aufgaben und Lösungen.* 3. Aufl., Vieweg+Teubner, Wiesbaden, 2011.

Formelzeichen

Griechische Symbole

A	α	Alpha	N	ν	Ny
B	β	Beta	Ξ	ξ	Xi
Γ	γ	Gamma	O	o	Omikron
Δ	δ	Delta	Π	π, ϖ	Pi
E	ε, ϵ	Epsilon	P	ρ, ϱ	Rho
Z	ζ	Zeta	Σ	σ, ς	Sigma
H	η	Eta	T	τ	Tau
Θ	θ, ϑ	Theta	Υ	υ	Ypsilon
I	ι	Iota	Φ	φ, ϕ	Phi
K	κ	Kappa	X	χ	Chi
Λ	λ	Lambda	Ψ	ψ	Psi
M	μ	My	Ω	ω	Omega

Formelzeichen

Symbol	Einheit	Bezeichnung
A	mm^2	Fläche
E	$\mathrm{N/mm}^2$	Elastizitätsmodul
E	$\mathrm{J = Nm}$	Energie
$E \cdot A$	N	Dehnsteifigkeit
$E \cdot I$	Nmm^2	Biegesteifigkeit
F	N	Kraft
F_H	N	Haftkraft
F_N	N	Normalkraft
F_q	N	Einzelkraft einer Streckenlast
F_R	N	Reibkraft
G	N	Gewichtskraft
G	$\mathrm{N/mm}^2$	Schubmodul
$G \cdot A_S$	N	Schubsteifigkeit
$G \cdot I_t$	Nmm^2	Torsionssteifigkeit
I_p	mm^4	polares Flächenmoment 2. Ordnung
I_t	mm^4	Torsionsträgheitsmoment

C. Spura, *Energiemethoden der Technischen Mechanik*,
https://doi.org/10.1007/978-3-658-29574-5

I_y, I_z	mm^4	axiales Flächenmoment 2. Ordnung bzgl. der *y*-, *z*-Achse
I_{yz}	mm^4	Deviationsmoment / Zentrifugalmoment
M	Nm	Moment, resultierendes Moment
$M_{(x)}$	Nm	Biegemoment (Schnittgröße)
$N_{(x)}$	N	Normalkraft (Schnittgröße)
$Q_{(x)}$	N	Querkraft (Schnittgröße)
S	N	Seil- bzw. Stabkraft, Schwerpunkt
S_y, S_z	mm^3	statisches Moment einer Fläche um die *y*-Achse, *z*-Achse
V	mm^3	Volumen
W^*	J = Nm	komplementäre Arbeit
W	J = Nm	Arbeit
f	mm	allgemeine Verschiebung (in beliebiger Richtung)
g	m/s^2	Erdbeschleunigung (9,81 m/s^2)
$m_{t(x)}$	Nm/m	Torsionsstreckenlast
$n_{(x)}$	N/m	Normalstreckenlast
$q_{(x)}$	N/m	Streckenlast
r	mm	Radius, Abstand
x, y, z	mm	Koordinaten
Π^*	J = Nm	komplementäre Formänderungsenergie
Π	J = Nm	Formänderungsenergie
γ	rad	Gleitung / Scherung (Winkeländerung)
δr	mm	virtuelle Verrückung
δW^*	J = Nm	virtuelle komplementäre Arbeit
δW	J = Nm	virtuelle Arbeit
$\delta \Pi^*$	J = Nm	virtuelle komplementäre Formänderungsenergie
$\delta \Pi$	J = Nm	virtuelle Formänderungsenergie
$\delta \varphi$	°, rad	virtuelle Verdrehung
ε	-	Dehnung
ϑ	rad	Verdrehwinkel (Torsion)
κ	-	Schubkorrekturfaktor

ν	-	Querkontraktionszahl (POISSON'sche Zahl)
σ	N/mm²	Normalspannung
σ_V	N/mm²	Vergleichsspannung
τ	N/mm²	Schubspannung
τ_m	N/mm²	mittlere Schubspannung
τ_{tF}, τ_{tB}	N/mm²	Torsionsfließgrenze, Torsionsbruchgrenze
$\tau_{(z)}$	N/mm²	realer Schubspannungsverlauf
φ	°, rad	Drehwinkel
ψ	rad	Drehwinkel / Neigungswinkel

Indizes

1, 2	Hauptachsen
H	horizontal
max	maximal
S	Schwerpunkt
V	vertikal
x	*x*-Richtung
y	*y*-Richtung
z	*z*-Richtung

Sachwortverzeichnis

C. Spura, *Energiemethoden der Technischen Mechanik*,
https://doi.org/10.1007/978-3-658-29574-5